全国建设劳模刘振海

姚兵

张德舜　陈树隆　张克伟　编著

中国建筑工业出版社

图书在版编目（CIP）数据

全国建设劳模刘振海／张德舜，陈树隆，张克伟
编著.—北京：中国建筑工业出版社，2019.8
ISBN 978-7-112-23747-0

Ⅰ.① 全… Ⅱ.① 张… ② 陈… ③ 张… Ⅲ.① 刘振
海—传记 Ⅳ.① K826.16

中国版本图书馆CIP数据核字（2019）第092711号

责任编辑：刘　江　岳建光　封　毅　周方圆
书籍设计：锋尚设计
责任校对：赵　菲

全国建设劳模刘振海

张德舜　陈树隆　张克伟　编著

＊

中国建筑工业出版社出版、发行（北京海淀三里河路9号）

各地新华书店、建筑书店经销

北京锋尚制版有限公司制版

北京富诚彩色印刷有限公司印刷

＊

开本：787×1092毫米　1/16　印张：25½　字数：365千字
2019年10月第一版　　2019年10月第一次印刷
定价：**128.00**元
ISBN 978-7-112-23747-0
（33932）

劳动光荣

刘振海从穷乡僻壤的农村娃

到国家房屋建筑施工总承包一级资质企业董事长

全国建设劳模

以牛一样的韧性,开拓、创新

不屈不挠、砥砺前行

五十年打拼

成就一番事业

———————— ★★★ ————————

奉献光荣

刘振海不忘初心

扶危济困、回报社会

漫漫人生路上

践行诺言

挥洒心血和汗水

浇灌出嫣红的花朵、孕育出丰硕的果实

成就美好人生

刘振海

东平县人民政府大楼（1977 年承建）

2006 年 2 月 12 日，中共西藏自治区党委代理书记张庆黎（右）到东平调研，与东平鑫海建工党委书记、董事长刘振海合影

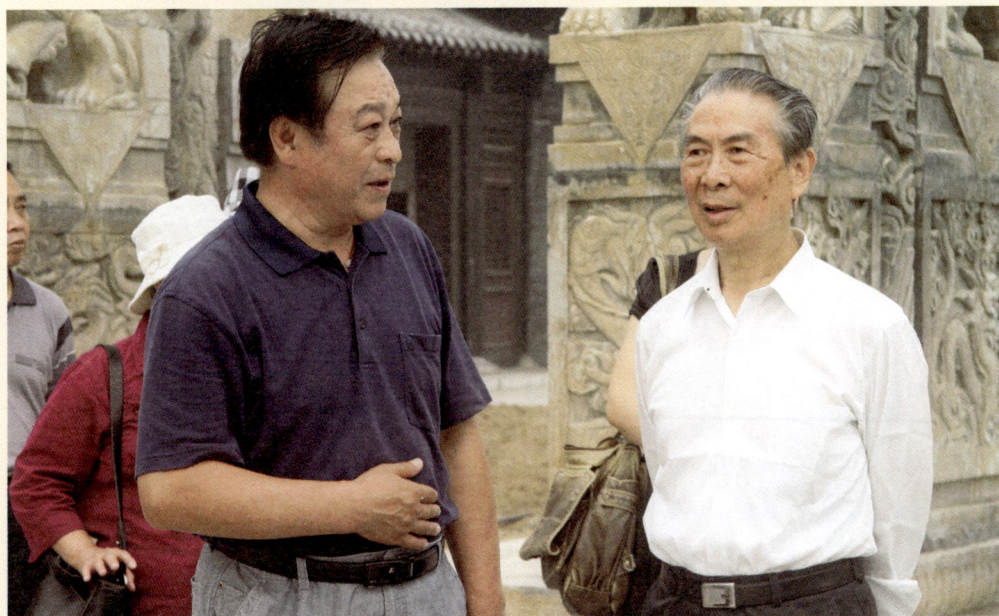

2010 年 6 月 16 日，中共中央党校原副校长刘海藩（右）到东平参加中国书画名家作品邀请展暨东平"鑫海杯"书画大赛开幕式，与东平鑫海建工党委书记、董事长刘振海亲切交谈

2012 年 11 月 11 日，《东平鑫海建工志》发行，住房和城乡建设部原总工程师、中纪委驻部纪检组组长姚兵参加会议并讲话，会议期间与东平鑫海建工董事长刘振海合影

1999 年 10 月 25 日，"迈向新世纪的中国建设"会议在北京召开，
与会的建设部总工程师姚兵（左）与公司副总经理赵刚（中）、人
秘科科长陈树隆（右）合影留念

2012 年 3 月 29 日，在住房和城乡建设部，中国建筑业协会副会长姚
兵（右）与东平鑫海建工总经理刘虎（中）、党委副书记陈树隆（左）
畅谈企业管理及文化建设工作

2001年8月16日，在东平湖抗洪抢险现场，泰安市委书记鲍志强（中）
与参加抗洪抢险的公司党委书记、总经理刘振海研究施工方案

1993年10月31日，东平县委书记赵传香（右三）、县长张广胜（左一）
到公司施工的泰安体育场检查指导工作

2001 年 8 月 21 日，东平县委书记宋鲁（右四）视察公司施工项目

2011 年 6 月 8 日，县委书记陈湘安（右三）视察鑫海建工东澳新科木塑门生产情况

2010 年 5 月 21 日，县长赵德健（前排左四）视察鑫海建工东澳新科项目建设

2010 年 7 月 15 日，刘振海向东平县县委书记陈湘安（左一）汇报东平县第四实验小学建设情况

2011 年 12 月 9 日，东平县委副书记、代县长王骞（中）视察鑫海建工施工的东平县第四实验小学项目

山东东平鑫海建工有限公司班子成员。
左起：王风国、陆阳、王供海、马文广、郑军、赵平、刘虎、刘振海、杨杰、赵刚、陈树隆、乔峰、邢家昌、熊延奎

2018 年 7 月 1 日，中国共产党建党 97 周年，中共山东东平鑫海建工有限公司党委举行隆重庆祝活动，毛主席塑像顺利迁入新落成的鑫海公司总部办公大楼，刘振海为塑像揭幕。毛主席塑像塑于 20 世纪 60 年代中期，石膏质

鑫海建工、鑫海房地产、鑫海安装公司的部分员工在主席像前留影

山东东平鑫海建工有限公司总部办公大楼

　　2012年，我应中国建筑工业出版社的同志之邀，翻阅《东平鑫海建工志》，对时任鑫海建工董事长、党委书记的刘振海有了一些了解。今又翻阅《全国建设劳模刘振海》，看到这位东平贫困农民家庭出身的汉子，于20世纪60年代在县石灰厂任壮工开始，即坚持勤奋学习，奋力拼搏，持之以恒，一步一个脚印，先后任县石灰厂副股长，县建筑公司股长、副经理、代经理、经理，到东平鑫海建工董事长兼总经理、党委书记，前后主持县建工作30年有余。其贯穿始终、矢志不渝的是学习探索、拼搏奋斗、回报奉献。为企业经济文化建设、为地方经济社会的发展不惜挥洒心血与汗水，做了大量卓有成效的工作，赢得了企业员工及社会各界的普遍认可。正如书中所言，从穷乡僻壤的农村娃到国家房屋建筑施工总承包一级资质企业董事长、全国建设劳模，50年的打拼，写就壮丽人生。刘振海的人生是拼搏奉献的人生，是挥洒血汗的人生。血汗铸就了他的事业，血汗让他的事业绚丽多彩。汗水浇灌出嫣红的花朵，汗水孕育出万紫千红的新春；心血孕育出丰硕的果实，心血孕育出万物丰盈的金秋。

　　对于持之以恒地坚持学习探索、拼搏进取、回报奉献的人生，我持赞成态度，愿意写此序言，支持此类书的出版发行，力推这种精神的发扬光大，并提出三点希望。

一、在建筑业及其全社会大力倡导劳动光荣、创造光荣、奉献光荣、诚实劳动者光荣、不断创造者光荣、坚持奉献社会者光荣的思想。

二、力挺社会主义核心价值体系的学习教育，用社会主义核心价值体系引领社会思潮，凝聚共识，为经济社会的持续健康与和谐发展传播、积累正能量。

三、培养造就一支稳定的优秀企业家队伍。我们认为，三年五年的优秀厂长经理比比皆是，十年二十年的优秀厂长经理就少了，三十年五十年如一的优秀厂长经理，是企业员工的福分，也是党和国家的宝贵财富。我们要大力倡导并努力打造一支由优秀人才组成的稳定的企业家队伍，以确保国家经济社会持续健康发展和长治久安，人民小康，国家强盛。

姚 兵

姚兵

历任国家建设部党组成员，中纪委驻建设部纪检组组长，建设部总工程师，同济大学博士生导师等。

前言

编著动机

本书编著者系党史、方志工作者，于2009～2011年曾主编《东平鑫海建工志》。在查阅大量档案资料，走访企业发展不同阶段的当事人、知情人，和相关领导、员工代表座谈的过程中，不断加深对本书主人翁刘振海的认识，不断被他持之以恒的学习探索、拼搏进取、回报奉献的精神所感动。一桩桩动人的场景敲击着我的心扉，一个个动人的故事缠绕在我的脑海……

把一个真实的刘振海，把刘振海的成长历程、拼搏奉献的人生、感人心扉的故事集于一书，呈献给读者，成为编著者的初衷。

宗旨

全面贯彻2015年4月29日《习近平在庆祝"五一"国际劳动节暨表彰全国劳动模范和先进工作者大会上的讲话》精神，弘扬劳模精神、劳动精神，为中国经济社会发展汇聚强大正能量。

劳模的胸怀、优秀品质和精神风貌集中体现了社会主义核心价值观。通过劳模成长历程、拼搏奉献人生的宣传，推动社会主义核心价值体系的学习教育活动不断深入，凝聚共识。在全社会形成"勤奋劳动、扎实工作，锐意进取、勇于创造"的浓厚氛围，为实现"两个一百年"奋斗目标作出贡献。

编写原则

　　本书坚持人物传记真实的首要特征，做到人真、事真（加附佐证资料，穿插现场图片）、言真、情真、意真，以真取信，以真感人。为解决生动、可读的问题，采用故事化叙述、场面化处理、解读传主以及适当"穿插对话""细节描写"、调动"形象思维"等表现手法，潜移默化，使读者尤其是青年读者感佩、敬慕劳模，感悟成长、成才、成功的奥妙。

期望

　　本书希望通过一位普通劳模的传记，再现栩栩如生的血肉之躯的成长、奋斗历程，成功及回报奉献社会的胸怀、喜悦，激励读者在不同岗位、不同方面坚持学习探索、拼搏奋进、回报奉献，脚踏实地学劳模，圆个人梦、中国梦，为建设小康社会、实现中华民族复兴的伟业不断作出新贡献。

　　让热爱劳动、勤奋劳动的风气强劲兴起，让劳模队伍不断壮大，让劳模精神气贯长虹，以劳动托起中国梦！

开头的话

做新时代泰山"挑山工"

——刘振海

2015年4月28日，习近平在庆祝"五一"国际劳动节暨表彰全国劳动模范和先进工作者大会上讲话，大力弘扬劳模精神，弘扬劳动精神，弘扬我国工人阶级和广大劳动群众的伟大品格。激励了各行各业劳动者的劳动热情和创造激情。劳模光荣、劳动光荣成为时代的主旋律和最强音。我作为共和国同龄的老建筑工人更是倍感亲切，浑身热乎乎的。

回想新中国成立初期，全国人民用勤劳的双手改写"一穷二白"、恢复发展经济的一幕幕犹在眼前，废寝忘食、和衣而睡，那种超乎寻常的干劲、超乎寻常的热情，时刻感动着我。这种"吃大苦、耐大劳"的创业精神成为当代社会的主流，加之学校、家庭的教育和影响，使我走上工作岗位后，对这种拼搏奋斗精神更是孜孜以求。

1987年11月党的十一届三中全会召开，以经济建设为中心、改革开放的春风吹拂大地，我们更是拼着命地抢时间、争速度、保质量、争先进、创辉煌、作奉献，我身体力行，在企业大力开展"比、学、赶、帮、超"活动，推动企业工作连上台阶。一线工作几十年我没有丝毫倦怠，多次被评为先进工作者、先进个人，并获得诸多社会兼职和荣誉，1999年11月被中华人民共和国人事部、建设部授予"全国建设系统劳动模范"称号。

在不同社会时期、不同阶段、不同行业中，包括共产党人在内的先进、劳模，付出的心血和汗水最多，为单位、部门、行业发展尽心尽力，呕心沥血，为国家建设作出一定贡献，被社会、历史认可，其精神是社会财富，是推动各项工作和社会发展的强大正能量。

在决胜全面建成小康社会、夺取新时代中国特色社会主义伟大胜利的关键时刻，习近平总书记提出"大力弘扬劳模精神、弘扬劳动精神"意义重大而深远。我们共产党人、劳动模范和广大劳动者应该永远记取习近平总书记"不忘初心，牢记使命"的教诲，砥砺奋进、再立新功，以现身说法不断发扬和传承劳模精神。在科技飞速发展、生产力极大提高、人们的生产生活条件显著改善的今天，依然应该继续发扬吃苦耐劳、埋头工作、勤奋劳动、勤俭节约、持之以恒的精神和作风。做新时代泰山"挑山工"，使自己的整个人生成为"学习探索、开拓拼搏、奉献社会"的人生，使劳动光荣、劳模光荣蔚然兴起，形成强劲洪流，用劳动托起中华民族伟大复兴的中国梦。

我作为该书主人翁，热切希望与建筑业同行、各界人士，尤其是广大青少年结为知己和朋友，得到更多的指教、鞭策和帮助。同样殷切期望，通过本书和个人人生履历、故事，影响、唤起读者和广大青少年，以新时代泰山"挑山工"的精神、作风，刻苦学习、勤奋工作、诚实劳动，不断创新、不断进步，一步一台阶地奋力攀登，实现个人成长、成才、成业的个人梦，实现中华民族伟大复兴的中国梦。

目录

第一篇——

人生经历

一 少年的梦

"老户人家"喜得子

1949年10月，在距山东东平县城（今州城街道）40华里的东北方向，有一个穷乡僻壤的小村落——后屯村（今东平街道后屯社区）。村庄的东部自北向南依次是平顶山、鸡鸣山、韩山，自韩山而下的龙王沟和自平顶山东麓而下的泉沟在村东交汇。山多、沟多，良田甚少，绝大多数的"石头猴子"地系山水冲下的陈年碎石、杂石与少量泥土淤积而成。地上长满"鸡毛草""赖皮草"①，是典型的穷山村。10月初，村内的土墙上贴上了"庆祝中华人民共和国成立"的大红标语，饱受战乱之苦，抹不掉南跑北颠、逃荒要饭阴影的庄稼人的心中流露出喜悦。一天，村内一户普普通通的汉族刘姓农民家庭里，出生了一个男孩，因为胸前有一块红彤彤的痣，男孩的奶奶高兴地说：孩子自己带名来了，就叫"红孩"（奶讳）吧，他会让我们刘家今后红红火火。到乡政府登记落户口时，按族家人行辈为他起了个大名，叫刘振海（"海"为"孩"的谐音）。他就是本书的主人翁——刘振海。

刘振海的父亲刘泮铭是一个心地善良但有脾气、有活的人。他做事

---

① 当地百姓称不长、不死又极不易根除的野草。

严谨、责任心强，是村内很有名气的生产队长。母亲刘李氏是一个慈善和蔼、有嘴有心的人。夫妻共生育了3女1男，共4个孩子，刘振海按姐弟排行第二，大姐刘振芹，二妹刘振荣，小妹刘振玲。全家六口人的生活重担就压在夫妻二人身上，二人起早摸黑、辛勤劳作，全家确也过着自给自足的生活[1]。夫妻二人治家严谨。小院落内两间半正房，两间东配房，全是土墙软顶的旧屋，屋内家具简单陈旧，但屋里屋外摆置得井井有条，院内打扫得干干净净；孩子们穿着多是旧衣，但合体、整洁；几个孩子活泼可爱，但管束严格、个个懂事。村民普遍称道这一家子为"好人家""老户人家""孩子教养好"。

夫妻二人疼爱孩子，但不溺爱。刘振海是家中唯一的男孩，全家人疼他、爱他，但不宠他，不娇惯、放纵他。父母经常给他讲述历史上英雄的故事，特别是英雄成长的故事，尤其是人民救星毛泽东的故事。《凿壁偷光》《头悬梁，锥刺股》《岳飞》《抗战英雄杨靖宇》以及朱（德）、毛（泽东）井冈山会师，红军爬雪山、过草地、胜利到达陕北，等等，是他听得最多的。他也越来越懂事，和三个姐妹相处得很好，和邻家的小伙伴们也都非常合得来。经常是五六个、八九个孩子和他聚在一起玩"捉迷藏""轰瓦""走迷宫"[2]"捉汉奸"等游戏，孩子们常常会围着他，听他讲述"大羊带着小羊上山吃草""打鬼""小八路张嘎""英勇不屈的刘胡兰"等孩童故事。他俨然像个小"大人"、孩子"领袖"。

贫穷少年求学梦

1958年初夏的一天，刘振海的父亲送他到后屯小学读书。前一天晚

---

[1] 土改时代划为新中农家庭成分。
[2] 当年的孩童游戏。

上，爸爸把刘振海叫到跟前，语重心长地对他说：我们刘家人不笨，肯用功的都能学出来，历史上就曾出过不少有大学问、大本事的人。我们这支的先人就曾位居山西运粮官。到你爷爷和爸爸两代，因社会黑暗（封建统治）、动荡（日本帝国主义的侵略），家境贫寒，未能上学读书。现在社会（指毛主席、共产党领导的社会主义新中国）好了，送你去上学，你就要刻苦读书，学好知识、本领，将来为国家效力，为百姓办事，为家庭增光。坐在一旁的母亲慈祥的脸上流露出期望的目光。刘振海，边听边点头，对上学充满了渴求，他时刻不忘父母的谆谆教诲和殷切期望，尊敬师长，刻苦学习，立志成才。1962年8月，他考入护驾村高级小学五年级读书。整个小学阶段的六年里，他和同学们团结友爱、互帮互学，学习刻苦，成绩优秀，是一个品学兼优的好学生。

1964年8月，15岁的刘振海以优异成绩考入东平二中（亦称赵桥中学）。在中学里，他尊敬师长、团结同学；认真学习，刻苦学习语文、数学、物理、平面几何等课程，各门成绩都很优异；爱好广泛，他尤其喜爱体育课，积极参加体育锻炼和各种文体活动。他曾多次获得学校颁发的内容为"奖给德育、智育、体育全面发展的刘振海同学"的奖状。他热情饱满地学习知识，对前途充满希望，希望通过努力将来考取高中、大学，成为一名有知识的人，成为一名专家、实业家，成为对国家、人民有用的人才。

1966年下半年爆发的"文化大革命"，打乱了一切，打乱了刘振海少年的梦、青春萌动的心。他陷入迷惘之中。

二　初生之犊

历经磨炼

1967年秋，刘振海离开学校回家后，除参加生产队的田间劳动外，还要下坡割青草，喂牛。忙碌的劳作失去了原有学校生活的规律、节奏，使他感到有些不自在，他也慢慢适应着这样的生活。进入冬闲时节，他天天翻看中学课本，增进学识，心中又泛起青春的梦……

春节过后，后屯大队（行政村）分到一批临时工指标。于是，他经后屯大队推荐、宿城公社介绍（介绍信），准备到县石灰厂干临时工。报到的那天，因不是贫下中农成分被搁置。几天后，因伯父刘泮珠是老工人、父亲刘泮铭是生产队长，根红苗正；且经体检、面试认定该青年身体条件良好、整体素质优异。于是，招收主管领导确定破格录用。刘振海高兴极啦！

1968年2月初的一天，刘振海到县石灰厂报到上班，被分配到开山排任开山工。主要工作是开石、打（砸）石、运石、装窑。对这种繁重劳动和当时低标准的生活，他感到身体有些疲惫。尤其是开山打石、钻炮眼、装炸药、放炮又是比较艰苦和危险的工种，他一时有些吃不消。但他想到了康藏公路工地上筑路大军战天斗地的豪迈气概，想到了战斗英雄董存瑞、黄继光英勇献身的顽强意志。他决心和工友们团结一致，战胜一切困难，眼下一块块硬骨头。几天后，他觉得疲倦感轻多了，身体也有劲了。他开始琢磨着如何干得好、干得快，坚持干中学、学中干，不断总结、不断积累，他的劳动技能和劳动兴趣不断提升。譬如，砸石先看纹，撬石先找缝，打眼紧动钎，放炮捻要动脑①，装炮要填实，点炮先吹哨②。随着安全生产事故不断减少，产量大幅提升，生产指标不断突破，刘振海的工作越来越被工友认可、单位认可。他亦从拉石头的普通工，到采石工，到放炮工，再到排（哑）炮手，成为开山熟练工、技工。1971年，他被转为正式工。翌年4月，他加入了中国共产主义青年团。同年底，被评为生产标兵。

之后，刘振海的生产积极性越来越高，坚持大干、苦干的同时，刻苦钻研生产技术和生产工艺。在领导的支持下，通过到外地学习，刘振海和他的工友们将抡锤打钎打炮眼的传统方式改革成利用风机电钻钻炮眼的新方法，减轻了职工劳动强度，生产效率明显提升，产量数倍提高。山石生产成为单位的强项，更是一大经济增长点。

1973年初，刘振海被派到一担土③烧窑。他认真钻研烧窑技术：

加料的时间、数量、方式，加煤的时间、数量及火候控制，漏灰的间隔时间、数量、方式等。他很快成为烧窑的骨干。单位的石灰生产呈现质量优、产量高、效益好的局面。

同年3月，刘振海被派往辽宁省本溪钢铁公司机电车间学习。学习期间，他经受了"吃高粱米、喝白开水"的艰苦考验（不少学员因生活不适而脱逃），遵守规章制度，执行操作规程，虚心向老师傅学习。班上，认真听讲解、一遍遍实习操作；班下，背诵要领、钻研难点，较好地掌握了应学技术。在开风钻和制钎技术表演中，赢得了车间员工的阵阵喝彩。本溪的学习表现，亦赢得了机电车间党组织的充分肯定，在其《鉴定》中写到；能够吃苦耐劳，钻研精神、实干精神强，是"铁人"王进喜式的青

① 长度适当，放药捻头少、中间多。
② 切实注意安全生产等。
③ 东平县村名。

年①。年终，刘振海被东平县石灰厂评为一等先进生产者，出席了县直社会主义革命和社会主义建设突击手大会，并受到县领导的奖励。

此后，刘振海积极建议企业领导开发新产品、上新项目。在领导的支持下，他带领几名职工赴淄博、济南、青岛等地进行市场考察、调研。他们历尽艰辛，跑遍了同行业的销售市场、较大客户，掌握了当前先进的生产工艺。

经刘振海提议，确定生产轻质碳酸钙这一新产品。刘振海在分管副厂长领导下任新项目上马领导小组组长。他带领职工迅速展开建厂房、打机井、购置设备、安装机器等多项工作。他和职工同吃、同住、同劳动，日夜奋战，克服了一个个困难，度过了一道道难关。在项目建设最繁忙的时候，妻子临产，家人和妻子几次捎信、传信，要他回家护理。刘振海坚持守在工地上，没有抽出时间去看望、照顾自己分娩的妻子。3个月后，项目竣工投产。轻质碳酸钙的生产，填补了东平化工产品的空白，产品除在本县畅销外，还销往新泰、淄博等地。该产品的大量生产、销售，成为县石灰厂的一个新的经济增长点。刘振海又一次赢得职工信赖、企业信任。

刘振海在一次次磨炼中，坚贞不渝，拼搏前行，开拓进取，事业不断走向成功，自己则不断走向成熟。

注重学习

在紧张的工作、生产中，他始终不忽视学习。他认为，读书、学习可以获得知识本领、汲取精神养分；书籍是人类的精神食粮，书籍是人类进步的阶梯。他坚持每天晚上读书2～3小时，多次阅读《为人民服务》《纪念白求恩》《愚公移山》，反复学习《实践论》《矛盾论》《关于正确处理人

---

① 当时全国学大庆，学习"铁人"王进喜。

民内部矛盾的问题》等毛泽东的重要著作和文章。白天，饭前、饭后及中午休息时间，他经常到厂部办公室，在那里阅读报纸、刊物，勤做读书笔记、摘录等。

在厂部办公室读书看报的过程中，他结识了厂革委会副主任梅成然。梅成然是1938年参加工作，是曾在部队服役多年的"老三八"干部，言谈举止严谨、温和，很受职工敬重。梅成然也是一个爱看书报学习的人。时间长了，二人经常交流看书学习情况，探讨心得体会，相互推荐一些书目、文章。梅成然对刘振海的工作生产情况也很了解，他喜欢这位年轻人，有时就说一句：小伙子，好好学习，好好生产。

这期间，刘振海注重学习《人民日报》《大众日报》的社论、文章，研读毛泽东的《继续保持艰苦奋斗的作风》等著作。他决心发扬艰苦奋斗的作风，学习大庆铁人王进喜，持之以恒地大干社会主义。1974年、1975年，刘振海连续两年被评为先进生产者。1976年初，他被宣布成为开山二排排长。

一天中午，他和梅成然又在厂部办公室相遇了，二人聊了些学习情况后，梅成然建议刘振海学习《共产党宣言》《中国共产党章程》。于是，刘振海孜孜不倦地攻读《中国共产党章程》，读懂字句，深刻领会精神，指导自己的思想，并将其切实落实在行动上，他决心做一名工人阶级的先进分子。

1976年1月，刘振海经梅成然、赵厚信二人介绍加入中国共产党，成为中共党员。自此，他的工作生产积极性更高了。翌年1月、12月，刘振海先后被县政府人事局公布，任为生产股副股长、股长。一年内，两次受到上级重用、肯定，这是少有的，是他刻苦学习、提高思想觉悟、勤奋工作的必然结果。紧接着，他被评为1977年度"工业战线先进标兵"，并于次年3月出席了"泰安地区工业战线先进标兵会议"。

刘振海在学习中不断确立新的人生观、价值观，不断发扬艰苦奋斗的作风，持续拼搏，不断进步。

明辨是非

刘振海在他的工作、生产、生活中，有时也会遇到一些不和谐的音符，碰到一些不该发生的事情。但他明辨是非，坚持原则。在任开山二排排长期间，个别职工有迟到、旷工及不爱惜生产工具等现象，他都及时地说服教育、劝诫甚至严肃批评。在一担土烧窑期间，他对售灰小窗口（开发货单）随意关闭提出批评；对于个别职工为家人或亲友一块块挑拣好灰块，而把挑拣过的次灰，强派给乡下农民，和农户争吵，甚至扣留农户拉灰车等现象，表示强烈不满。此间，他还积极参与蹲守捉拿，并支持清除偷盗企业财物的盗贼。

同时，他却十分关心职工及客户的冷暖和切身利益。帮助职工及时维修值班室的御寒门窗，解决生产、生活中的困难；经常帮客户装灰、推（拉）车。后屯村民夏广胜70岁时还经常对人说，"一次拉灰，天晚了些，正愁着难以装上灰要跑第二趟，从山上收工下来的刘振海，脱下外衣，帮我装好灰，又帮我把灰车放下山，这事我一辈子都忘不了。"刘振海实心实意帮职工、帮客户的事，山上、窑上的职工说起来都滔滔不绝，民间亦有不少流传。

1978年春，任生产股长的刘振海仍坚持蹲工地，带头参加生产劳动。一天饭后，刚到工地的刘振海发现忘了一支短钎，回去取时发现：炊事员开起小灶，几个管服人员正在拉凳摆桌。他感到诧异、奇怪、不可理解，便匆匆忙忙上了山。后来，不少员工告诉他，个别领导和几个管服人员开小灶、摆桌聚餐吃喝是经常的事。他认为，这种严重脱离职工群众、吃喝享乐的情况，是与党中央的精神，与毛泽东提倡的"继续保持艰苦奋斗的作风"，与当前国家、企业的财政经济状况，与《党章》对共产党员的要求格格不入的，是忘本，是刘介梅[①]。

---

① 当时社会上正在放映影片《刘介梅忘本回头》。

几天后的一次党的民主生活会上，刘振海郑重其事地指出了这种开小灶聚餐享乐的吃喝现象，并发表了批评意见。梅成然和多数党员表示支持，并发表了各自的意见。当政者表示接受，但也面露不悦。

会后，当政者对一个同僚说：这"犊子"，有虎相，有虎威，并将手向外轻轻甩了一下，同僚会意地一笑。

广大党员、职工则对刘振海更加尊重，有的员工还悄悄竖起大拇指，以示高度赞成、支持。

9月、10月间，2%的员工工资升级，石灰厂采用分组评议的方式投票确定。刘振海以最高票成为工资升级第一人。他十分感激，表示一定不辜负员工的期望，好好工作，搞好生产，回报员工，回报企业！

一身正气、忘我工作，并怀着美好愿望的刘振海理应得到应有的正面回报，这是天经地义、人间正道。然而，事情往往不是那么直来直去……

姗姗来迟的召唤

1980年3月，刘振海被调离县石灰厂。

县石灰厂的吃喝享乐之风又死灰复燃。

20世纪80年代初期，东平尚属典型的贫困县，县财政及各单位经济情况都很紧张，县内不少员工工资不仅严重偏低而且经常被拖欠。不少职工，尤其是临时工，依靠从家中背煎饼、地瓜补充生活、出工上班。在这节衣缩食、靠腰带上紧、牙齿上刮，持家、办企业的艰苦时期，部分人的吃喝享乐吃凉了员工的心，也蚕食和亏空着企业单薄的积累。县石灰厂的经济状况一天天吃紧，生产经营一天天滑坡，而且越滑越快。一年以后，县石灰厂面临下马。

时任县基本建设委员会①主任温兆勤（多年的老基建局长），一心要保住本系统的几大企业。他深入县石灰厂了解情况，在广泛接触、座谈中，员工纷纷表示：要刘振海回县石灰厂主政。面对此情此景，温主任动了心，他想同各方面座谈、沟通的基础上，报请组织部门研究决定后，公布刘振海为县石灰厂党支部书记兼厂长。

温主任带着自己的想法来到县建筑工程公司。刘振海向温主任汇报了自己工作后说，他很热爱自己的新岗位、新工作，希望温主任支持他。县建筑工程公司经理乔丙俊及几位副经理一致表示：刘振海已成为他们企业的骨干，要抽走他，领导班子不会同意，企业的员工更不会答应。

县石灰厂的员工得知县建筑工程公司诚恳而强硬的态度后，纷纷表示理解：这样正直的同志、企业的优秀人才，哪个单位不留、不争。并万分惋惜地表示，我们的决心下得晚了，召唤得迟了、迟了、太迟了……

---

① 1981年4月由县基建局改设。

三 崭露头角

赢得重视

1980年3月，刘振海到县建筑工程公司供销股工作。在新的岗位上开始了他新的征程、新的拼搏。

供销股是县建筑工程公司的一大实体机构，负责企业的安全生产、材料供应、设备管理等一大摊子工作，由王金楼负责，共6人组成。其中，负责人王金楼，60岁，保管员于瑞江、程厚田、候召奎、侯家读、赵平。除赵平是毕业的学生外，其余都是老同志，文化程度低。

很明显，这个机构的主体属于"黄忠"组合，老龄化的"土字号人员"大集合。大家掏心窝干活，忙忙碌碌，不辞艰辛，但常常误事，领导不欣赏，员工埋怨，有所谓"瞎忙瞎乱、累死落抱怨"之闲言。究其原因，是缺乏现代化管理理念和管理手段，分工不明，程序不清，有一拥而上的"一窝蜂"现象，重复劳动多，效率低。

企业党组织和管理班子认为，大胆改革，彻底扭转"管理混乱"局面，是供销股的当务之急。所谓"管理混乱"的实质及症结所在就是缺乏"明白人"，缺乏现代管理人才。

供销股的同志早已闻听，刘振海是个一身正气的中青年，尊重领导及长者，团结同志；擅长学习，思想进步，业务熟练；工作肯吃苦，成绩显著；擅长探索，坚持改革。他们都非常欢迎来自县石灰厂的朝气蓬勃的刘振海同志。

县建公司领导班子期望刘振海，在供销股、在县建公司大胆改革，开拓新局面，奉献青春才华。

刘振海痛下决心，绝不辜负领导和同志们的期望，把自己的汗水和心血全部贡献给供销股，奉献给县建公司。

刘振海进入供销股后，立即投入夜以继日的工作、探索和学习中。他虚心向老同志、内行学习，跑业务、谈业务，看仓库、清库存，验货，入库，出库，跑工地……夜晚，坚持学习、思考。重点学习《党章》的"概述"和"党员"两部分，学习业务员守则、业务知识，思考总结自己一天的工作态度和工作情况。理清思路，坚定信心，强化进取意识，并实事求是地探讨供销股工作的自身规律，发现优势，总结经验；查出短板，确定整改措施；制定程序，完善制度；研究市场需求，行业动态，开拓创新。

"天道酬勤""功夫不负有心人"，这些中国人的谚语不断应验。这位原县石灰厂的生产股长、开山英雄，很快成为县建公司供销股一名精通业务的骨干，能干的建筑人。供销股的新局面不断开创、形成。对此，领导和同志们都看在眼里，喜在心上。

1980年10月，负责人王金楼离职，公司确定由刘振海主持股内全面工作。

刘振海按每人业务专长，将地材、钢材、木材分开采购，并规范一系列的工作流程，账、卡、物、据等一应俱全的责任制、责任人。同时，建立健全材料出入库管理台账，以方便领导查询、调度，供销股出现了领导满意、工地满意的可喜局面。

他主要分管木材采购和设备管理工作。

他是一个爱动脑筋、爱钻研问题且勤奋刻苦的人。对于木材采购工作，采购、运输，质检、入库、摆放、出库等多方面，工作严谨、及时、有条理，赢得了领导、同行及员工的好评。但他更注重的是，企业的设备管理。他深知，在企业技术装备率不高的情况下，其机械设备的利用率、完好率对生产经营有着极其重要的作用。在他大力倡导建立机械设备使用、管理、维修等系统责任制的同时，为减少机械设备的闲置，确保及时调度，他制作了《机械设备管理图版》。该图版的上墙，使企业的机械设备在各施工队、各工地的分布一目了然。企业机械设备的调度频率大大提高，其利用率由1980年的74.14%提高到1984年的83.00%[①]，为企业的生产经营和经济发展作出重大贡献。

1983年，泰安市建管处在东平召开材料及设备管理现场学习会，东平县建筑工程公司介绍的做法、经验受到与会者的广泛好评。此后，新泰、肥城建筑公司又派出专人来东平学习、取经。东平县建及刘振海的口碑逐渐形成。

期间，县建筑工程公司于1981年10月在召开首届职工代表大会前，经层层推荐，员工一致推选刘振海为职工代表。在10月28日召开的首届职工代表大会会议上，与会代表一致选举刘振海为经济监督委员会主任。1984年1月，县建筑工程公司召开第二届职工代表大会，刘振海再次当选为职工代表。1月16日召开的第二届职工代表大会会议上，刘振海又被与会代表选举为经济监督委员会主任。

期间，供销股多次被评为先进股室、先进单位，刘振海多次获评先进个人、模范党员，这期间，县建公司百分之二的员工工资升级，公司采用分组评议后投票确定。刘振海高票当选为升级人选。

至1986年12月25日，企业党组织为在全公司树立学习榜样，开展学习先进活动，特印发优秀共产党员宫传奎、陈梦清、刘振海等人先进事迹。企业党组织在印发的优秀共产党员刘振海的先进事迹中指出：

"他抱着为四化贡献一切的愿望，凭着一种拼搏精神，处处以身作则，带头苦干，在平凡的岗位上，做出了不平凡的事迹。多次被评为先进个

---

① 详见《东平鑫海建工志》1978～2010年东平鑫海建工机械设备发展情况一览表。

人、优秀党员，赢得了领导和同志们的高度赞扬；刘振海同志认真学习马列主义、毛泽东思想，认真执行党的路线、方针、政策，热爱党的事业，有着强烈的事业心和工作责任感。

自1980年调入县建公司以来，自觉维护党的利益和团结，靠自己的模范行动赢得了党心、民心和工作的主动权。他担任供销股长初期，供销股材料管理混乱，用料无计划，有的工地甚至连材料账都没有。刘振海同志从材料管理入手，制定了较为系统、较为全面的材料管理规定，使大家有章可循，责任具体。材料从购置到入库，从领料到工地收料都有详细的规定。同时，对公司的大仓库进行了彻底地整理，各类材料按规定型号堆放。账目日清月结，公司的材料管理逐步走向正轨。"

清正廉洁。他当供销股长近六年的时间，每年都有近百吨钢材、几百吨水泥从他手里经过，但他从未私自动用一斤一两。自己家中盖房子的用料，都是从物资局高价买的。一次，有位亲戚找他，家里急需线材，这时仓库里虽然有，是工程上的急需材料，刘振海同志认为绝对不能动用。他耐心地做通那位亲戚的工作，通过物资局花高价给他买到。

刘振海的一身正气、忘我学习工作的拼搏精神、不断开拓的进取精神和工作业绩，赢得了党组织、广大党员及员工的普遍认可。

一年连升两级

一位老农说得好，心血和汗水是不会白撒的。当然，农民靠汗水和心血迎来五谷丰登，工人靠汗水和心血迎来产品升级和丰盈。一个忠诚的共产党员，一个诚实的中国人则靠心血和汗水，实现自己的价值，迎来大地的微笑，迎来辉煌的明天。刘振海正是靠着自己持之以恒的学习探索、拼搏奋斗、回报奉献，不断实现自己的价值，赢得党组织和广大员工的认可和尊重。

1984年7月，刘振海被公布为县建筑工程公司供销股股长。

主持供销股全面工作的刘振海，对自己思想上的要求更加苛刻，学习更刻苦，工作更认真。他不会忘记祖训、父训，坚持"为国家效力，为百姓办事，为家庭增光"；他更是牢记，自己是一名共产党员，应该为党和人民的事业奋斗不息。

1985年7月，刘振海被任命为县建筑工程公司副经理，成为一名企业管理人员，一年连升了两级。

这不是偶然，是顺应了"天道"和"民意"，顺应了广大党员和职工的心，是必然。刘振海这个穷乡僻壤的农村娃，从种地、开山打石起步，坚持拼搏奋斗，持之以恒，一步一个脚印，一步步成长为一名企业管理人员。良好的家庭教养、共产党员的党性及他本人的品行素养，决定着他会持之以恒地奋斗、奋斗、再奋斗。

委以重任

刘振海任公司副经理之后，对自己分管的工作，深入调查研究，注意发现各项工作的强势和短板，并有针对性地补短板、增强势，有效地推动着各项工作的落实和提升。以高度负责的精神，巩固发展改革成果，切实提高公司的经营管理水平。为加强经营管理，提高工程质量，缩短建设工期，降低成本，使企业效益、素质有一个大的提升，竞争能力不断增强，他发动群众，揭矛盾、找差距、摆现象、论危害、定措施，使企业经营管理不断深入扎实，不断上水平、提档次。为切实提高生产效率，他深入施工现场办公，采取集中领导、集中施工力量、集中机具设备的办法，抓重点，促全面，推动各施工工程质量、效益不断提升。1986年10月份，县商业大楼施工进入装饰工程的紧张阶段，县领导要求务必于12月15日前竣工交付。刘振海带领员工投入紧张的施工中。他始终坚持在工地上组织指挥，和职工同吃同劳动，并肩战斗。职工加班他加班，从未休过星期天和节假日。每天提前赶到工地，帮助施工班长制订施工计划，并逐日检查落实。哪里有困难就出现在哪里，对新情况、新问题及时研究，当场拍板解决。在施工中，他不仅关注安全生产、施工进度，还特别关注工程质量，及时询问听取质量检查员的检查情况汇报，参加定期的质量大检查，发现问题，提出整改措施，立即整改。职工纷纷说："商业大楼装饰工程，我们奋战了六十天，刘经理和我们出了一样多的力，流了一样多的汗"。在他的领导下，商业大楼工地大打突击战，黑白不停，多工种立体交叉作业；逐级实行小段承包，责任具体，任务明确，质量有保障。使这一时间紧、任务重、要求高的装饰工程高质量地于12月14日提前完成，受到县领导的表扬，为建筑公司赢得了社会信誉。

刘振海任公司副经理后，仍和以前一样，平易近人，自觉联系员工群众；自觉维护团结，自愿当好行政参谋；时时以共产党员的标准严格要求自己；勤勤恳恳、踏踏实实。为企业、为社会不断作出自己应有的贡献，获得企业党政领导和广大党员职工的信任，在这次全企业开展的大评比中，再一次被评为模范共产党员。东平县建筑工程公司党总支印发了表彰决定，同时印发了模范共产党员刘振海的事迹。刘振海在广大党员、职工群众中的威信进一步提升。

1987年1月19日，县建委党委决定，东平县建筑工程公司经理武文合调往建委工作，由副经理刘振海主持全面工作。此后，被任命为公司代经理。

1987年6月4日，县企政办主任张德林、县建委党委书记李方华、主任金甲祥到县建筑工程公司召开全体干部会议，宣布刘振海为公司经理，会场内响起了一片热烈鼓掌。会议还作出决定，全面推行经理负责制。37岁的刘振海被委以重任，成为县属大企业之一的县建公司的掌门人。

会场上掌声不断，会场外职工奔走相告，广大员工拥护县建委党委的决定，支持刘振海做公司的掌门人。欣欣鼓舞的员工深信，企业全面深入改革指日可待，县建辉煌的明天正一步步向员工们走来！

四

投标承包

坚定承包信心

刘振海被县建委任命为建筑工程公司经理后，对领导的信任、职工的期待感到兴奋，更感到这副重担的压力……

是年，建筑市场在全国都呈现滑坡态势，各路建筑队伍竞争激烈，大并小、强吞弱的现象屡见不鲜。名不见经传的东平县建筑工程公司的生存、发展受到严峻挑战。

县建公司现实的状况是，技术人才奇缺，设备落后、老化，没有一个优质、名牌产品，是一个"老牛拉破车"、走走停停、腹内空空的企业，又是一个五六百人的县内大企业，是一个穷困潦倒的包袱企业。职工要吃饭，企业要生存、要发展，这谈何容易！

受命于危难之中的刘振海反复思索，想了许许多多……他横下一条心，绝不辜负领导的信任、职工的期望，要拼搏，要出实招，下决心拼出一条新生路，进而摆脱企业困境，开创企业发展的新局面。

他认为，企业的现状是落后、"可悲"，但面临的改革开放的形势是大好、可喜。企业要拓宽生存、发展空间，摆脱落后困难局面、跃入先进行列，就要乘改革开放的东风，率先改革，彻底改革，层层承包，人人承包，将职工的责、权、利捆绑在一起，使企业职工的责任心、积极性真正调动起来；要全面承包，首先从个人做起，坚持个人和职工摆在同等的位置上，才能使职工心服口服。承包企业必然触动每一名员工，全面、彻底地激活企业活力，穷则思变，开启员工和企业大发展、快发展的巨大潜力和积极性，使企业走出低谷、后来居上并不断开创新的辉煌。

期间，他反复学习中共东平县委、县人民政府《关于推行厂长（经理）责任制的意见》，与多名员工座谈，并带领相关人员先后赴平阴、烟台等地建筑工程公司参观学习企业管理及推行承包责任制的经验、做法。途中，他兴致勃勃地对一行人说，我们要认真学习先进，更要赶先进、超先进、做先进，我们要敢于做别人没有做过的事，走前人没有走过的路，采取更大举措，推动企业快发展、大发展，造福员工、造福百姓、回报社会。

他全面分析东平县建筑工程公司当前的状况，认为企业改革、改制尚处于起步阶段，计划经济时期的管理模式仍根深蒂固，企业生产经营能力低下、经济状况差，员工生活水平低，吃惯了计划经济下大锅饭的员工怕这怕那，总想待在原来的位置上，等待"救世主""计划"他们的工作，恩赐他们"碗"中的米和饭……改革开放的难度和阻力是可想而知的。刘振海以大无畏的精神，顺应改革开放的大潮，义无反顾地搬掉铁交椅、砸烂铁饭碗，挣脱思想上、体制上的桎梏，决心用自己的汗水、智慧和创造性的诚实劳动，摆脱贫困，发财致富，发展壮大企业，为国家做贡献。这是时代的呼唤，是企业及员工的前途所在，是我们这一代企业家义不容辞的责任。于是，他反复琢磨职工队伍状况，职工承受能力，企业的潜能，科学技术在未来生产中不断产生的作用；他的奋斗目标，他要采取的具体措施，他的承诺，他的标书……经过三天三夜的苦苦思索，厘清了思路，进一步坚定了带头改革、承包企业的信心、决心。他要下战书了。

成功中标

刘振海带头改革，面向社会公开投标承包企业的思想，顺应了时代潮流，得到上级领导的支持和广大员工的一致拥护。

1987年11月、12月，在进一步广泛征求意见的基础上，由县分管领导、县建委领导主持，经过报名、核定标底、筛选投标人等工作后，举行答辩。县委、县政府领导，县建设、税务、财政等部门负责人及300多名职工代表集聚一堂。胸有成竹的刘振海侃侃而谈，他大胆而严谨的构想、科学而细密的计算、稳妥而极富开拓性的陈述，不断征服与会者；面对尖锐而中肯的提问，他准确而翔实的答辩，令与会者折服……经过评委会成员投票，他高票中标。刘振海成为县建委系统第一个竞争中标承包企业的经理。在阵阵掌声中刘振海与县建委主任金甲祥签订了1988年完成产值400万元（1986年产值为232.04万元），实现利税20万元（1986年利税为10万元），并以年20%递增的承包合同。县建委主任金甲祥充满喜悦，他十分自信地对与会的县委、县政府领导及各部门负责人说，"我们找准了使企业重整旗鼓的带头人"。县建筑工程公司沸腾了，员工们欢呼企业的创举，欢庆刘振海成为企业的承包者、掌门人。

刘振海以企业家的胆略和气魄，通过公开向社会招标投标的激烈竞争，中标承包县建筑工程公司的举措，赢得社会的认可、上级领导的肯定。翌年5月22日，泰安市建委、市建筑企业协会在肥城召开建筑安装工程先进会员座谈会，刘振海应邀赴会介绍推行承包责任制的做法、成效。会议一致推选东平县建筑工程公司为泰安市建筑企业先进单位，推选经理刘振海为先进个人。

刘振海投标承包企业的举措，全面激活了企业，彻底唤醒了企业员工，东平县建筑工程公司全面、深入改革，即将拉开序幕。一个快发展、大发展的东平县建筑工程公司正在向员工、向社会招手并快步走来。

五 大胆改革

三把火

刘振海这位改革开放的弄潮儿不会亦不可能停息，他在日记中写道"做改革和奋斗的强者，做一支腾飞的箭，开了弓就绝不回头"。他决心全面改革，彻底改革，将企业管理机制诸多方面的改革坚定不移地进行下去，并不断推动企业机构体制的改革，将企业推向快发展、大发展的轨道，不断开创企业的新辉煌。

1987年12月，刘振海中标承包企业后，经过对公司各机构职能及经营状况全面调查和深入细致的分析，提出"内改、横联、外拓"的经营指导思想，同时烧起"三把火"。

头一把火"烧"在"内改"方面。他大刀阔斧地进行五个方面的配套改革：一是推行公司及处长、厂长负责制（含分包处厂责任制）、任期目标责任制和离任审计制。二是本着高效、精减的原则，将9个科室归口合并为5个，将行管58人精减到21人，并调整一些不称职的干部、管服人员，将有才干的人提拔到领导岗位上。他以身作则，坚持每天下工地，有时外出开会回来，第一件事就是到重点工程去。在他的带动下，到工地现场办公、跟班跟点，成了公司干部的自觉行动。三是进一步修订完善公司内部经济承包责任制和分配制度。除实行生产定额计酬外，还设立风险基

021

金，彻底打破"大锅饭"，开始用经济手段管理经济。四是实行质量、工期、效益、安全、材料节约等五项目标管理，健全质量、工期、安全、效益保障体系，明确岗位经济责任制。五是实行奖金定向投放及重奖重罚等措施，强化生产指挥和经营管理系统，提高经营决策的准确性、权威性和经营管理的实效性。

第二把火"烧"在"横联"方面。鉴于公司技术装备力量较强、管理水平较高而工程设计环节薄弱、技工力量缺乏等自身特点，采取横向联合，取长补短。先后与省建委勘察设计院、乡镇建筑队建立"横联"关系；新建试验室一处，并与县建委质检站试行联合。此举，使公司由封闭型经济向外向型经济发展。

第三把火"烧"在"外拓"方面。刘振海坚持开拓经营、着眼向外、广开建筑市场的思想，采取走出去的方法，先后在本县及新汶、肥城等地承揽施工任务500余万元，外拓市场不断扩大。

刘振海的三把火"烧"醒了这个组建30多年的老企业，使其焕发出前所未有的生机和活力。八大经济技术指标大幅度上升，职工收入相应增加，企业面貌明显改观。1988年，企业完成建安总产值662万元，是年计划330万元的200%，比1987年的430万元提高53.5%；实现利润17.4万元，是年计划12万元的145%，比1987年12万元提高45%。职工工资人均达106.40元/月，比1986年[①]的人均69.20元/月提高154%。

随着企业的发展、经济状况的不断好转，先后投资近40万元，更新添置了一批机械设备、检测仪器。同时，企业技术改造、技术革新进一步加快。所有这些，都为企业的快发展、大发展奠定了坚实基础。

与此同时，如何使工程质量再上一个新台阶，提高企业的经济效益和社会效益，是刘振海思考的又一个重要问题。为使公司向大跨度、高层次、高装饰装修方向发展，他着手主持制订公司三年及长远发展规划。

---

① 1987年无资料。

刘振海更是将员工素质的提升摆在重要位置。他十分重视职工的学习、工作与生活。注重职工培训，鼓励青年工人自学成才，支持部分青年工人进校学习。注重职工的工资及福利待遇，坚持在企业生产经营不断发展的情况下，依据国家政策规定及时调整职工工资，坚持临时工与正式工同工同酬、同等待遇。为丰富活跃员工生活，坚持兴办图书室、游艺室、理发室、电视室、篮球场、浴池、招待所，试行职工住宿旅馆化。

1988年底，东平县建筑工程公司先后被东平县、泰安市评为先进企业、安全生产先进单位和泰安市集体企业协会先进会员单位。

刘振海为进一步完善和推动经济承包责任制，推动企业持续更快发展，决定奖惩实施经济承包责任制的承包人5名，其分别获得754元、452元、1300元和932元的奖金，兑现奖金总额近3500元，罚款总额500余元。此举，使受奖惩人员及广大员工激动不已，纷纷表示：奖惩兑现，承包责任制见真点、来实事，我们员工可以放心甩开膀子大干了！

随着奖罚兑现，经济承包责任制的日臻完善，企业活力不断增添，企业发展进入快车道。

深入改革纪实

（一）深化承包经营（企业管理机制）改革

在认真总结全面改革的经验和广泛征求意见、酝酿的基础上，深化改革的重大举措相继出台。

刘振海对承包经营的拓展和深入实施采取了六步走。

1. 承包经营首轮研讨会。1996年6月26日，公司经理刘振海提议并主持召开深层次承包经营第一轮研讨会，公司党、政、工、团的负责同志参加了会议。

刘振海说：县建公司自1952年创建以来，历经坎坷，有了很大发展，浸透了几代人的心血。但企业管理始终未挣脱计划经济的桎梏，企业生产经营时好时差，一直未迎来快发展、大发展的黄金时代。1987年实行承包经营责任制之后，公司终于走出了传统的管理窠臼，实现了企业规模和经济实力的跳跃式发展。先后组建了第一设备安装公司、装饰装潢公司、保温材料厂、涂料厂，工程队伍由原来的3个队，发展到11个工程处，职工人数达到2000余人，形成庞大的施工、安装、装潢、加工、制作、营销阵容。但在改革开放的新形势下，存在的矛盾和问题也日益突出，企业潜力、职工生产积极性还没有得到充分挖掘。尽管小段包工和全方位考核分配的管理模式获得一定成绩，但还远远不够，与国外的先进管理方式和核算办法对照，不足之处一目了然。要全面启动企业活力，必须大刀阔斧地改革。

刘振海强调指出："不破不立，必须打破一切旧框框、旧制度，经营承包一步到栋号（施工项目），削减一切中间环节，让项目承包人放开手脚，敢闯敢干，独立自主，放开搞活，依法经营，独立核算，自负盈亏。"

经初步研讨，决定先易后难，砍去处级管理层，全面推行项目经理施工法。

2．6月29日，承包经营第二轮研讨会召开，主要审定承包经营的管理方案和实施办法。刘振海主持会议，袁恒华、宫传奎、李本山、刘茂和、杨杰、刘曰厚、李建奇、叶桂英、陈树隆参加会议。

会上，研究审议并通过了石灰厂、保温材料厂、预制厂、项目施工处、第一设备安装公司、装饰装潢公司的承包方案。主要内容有：①承包基数测算；②上交费用测算（税金、管理费、劳保支出等）；③机械租赁费及取费标准；④各项目（单位）账户设立；⑤周转材料的租赁与管理；⑥工伤事故的处理；⑦人事管理及工资分配；⑧风险金；⑨承包者的产生与承包班子的认定；⑩供应处变更为经营型；⑪卫生所变更为经营型；⑫施工工程结算与往来账目归集；⑬工程的招揽与合同签订；⑭工程预决算管理；⑮质量控制，技术监督手段；⑯奖罚条例；⑰固定资产增值；⑱优质优价；⑲落聘人员培训；⑳科室、后勤管理等。

3．7月18日，承包经营第三轮会议召开，主要布置实施工作任务。划分为三个小组，即工程量清核组、物料盘点组和账目归集组，分别由宫传奎、李本山、刘茂和牵头负责。

4．7月22日下午4时，全面推行承包经营动员大会召开，公司全体管理服务人员及处、厂、队副职以上干部参加会议，袁恒华主持会议，刘振海作重要讲话。会上，刘振海分析了当前经济和企业发展的新形势和大趋势，号召全体干部职工响应改革、参与改革、积极投身改革；宣布推行全面承包的决定和承包方式、管理办法；广泛集纳干部职工的合理化建议，对部分条款进行修改和完善。对职工工资的分配形成4种方式——计件、小段包工、技术岗位等级制和民主评定，彻底打破原有的工资界线。

5．7月23日，对承包人及承包班子成员资格审定。采取了竞争承包、毛遂自荐、民主选举和公司确认的形式。承包人的审定结果如下：

第一工程处张西振，第二工程处王德河，第三工程处张德元，第八工程处刘殿军，第九工程处程洪泉，第十工程处何庆山，第十一工程处贾传林，保温材料厂石家林，石灰厂井维平，预制厂吴绪法。

相继，公司调整了部分科室和成员，形成了一科多能、一任多职的管理模式。

6．7月24日上午，在公司会议室举行经营承包合同签订仪式，生产经营承包工作落到了实处。

期间，刘振海还在经营承包中大胆尝试项目风险承包施工法。该法按照工程总造价一次性向总公司交纳一定数额的承包风险金，工程竣工后，通过对合同条款履行情况决定予以返还、奖励或处罚。《中国建设报》于年内1月17日刊发东平县建筑安装总公司刘振海推行的项目风险承包施工法。翌年6月3日，泰安市建筑业集体企业协会年会在东平召开。本次会议的中心议题是：学习推广东平县建筑安装总公司独创性的企业管理模式——风险项目施工法。刘振海作典型发言，该公司被表彰为泰安市集体企业协会先进会员单位。

企业管理机制上的几项重大改革，践行了县委、县政府关于"改革的步子再快一点，再大一点"的指导思想，是县建筑公司发展史上的又一里程碑。经理刘振海深有感触地说：社会主义计划经济改革为市场经济，我们传统的思想观念和管理模式必须来一个大的变革，适应市场经济的发展。否则，就会被发展的形势所抛弃。企业管理的小格局必须无条件地服从市场经济的大格局。此次改革的意义，远非是一个机制交换，而是告别昨天走向未来。此次全面推行经济承包责任制，就是把企业推向市场，把职工推向市场，经济核算一步到位，承包人集责、权、利于一身，单位与职工双向选择，充分体现了市场经济的要求和发展特色。改革还将继续，主要任务是，使适应市场经济的企业管理模式日臻完善。期间，为将确保企业管理机制改革的健康发展，还不断探索企业机构（体制）的改革。

（二）推行企业机构（体制）改革

在不断深化承包责任制的管理机制改革过程中，刘振海还大胆探索企业机构（体制）改革，并取得成功。

1994年4月21日，为响应县委、县政府提出的"改革的步子再快一点，再大一点"的号召，刘振海主持召开县建筑安装集团公司股份制改造动员会议，并作动员报告。县体改委主任张德林、县股份制改造工作小组成员、建委负责人赵魁盈等出席会议并讲话。刘振海在讲话中指出，贫穷不是社会主义，依靠政府救济养活不了企业、富不了职工。我们务必乘改革开放的东风，搞承包经营，走强企业、富职工的路子。通过试点，员工尝到了甜头。我们就是要靠诚实劳动，发财发家致富，发展壮大企业。我们还要以企业机构（体制）的改革确保承包经营这一管理机制改革不断深入进行下去。我们要摒弃"大锅饭"，不要再幻想国有企业、集体企业，要搞股份制企业。职工成为企业的股东，真正放下心来，为振兴企业甩开膀子大干，实现企业经济文化的快发展、大发展，实现家庭小康并不断走向富裕，同时为地方经济发展带好头作贡献。

在县委、县政府及建设部门的关心支持下，企业通过广泛宣传发动和积极筹备，县建筑安装股份有限公司第一届股东大会及其产生的董事会于5月30日至6月1日先后召开。在董事会一届一次会议上刘振海被选举为董事长并被任命为总经理。同时，周传英（女）、赵刚、赵平、宫传奎、陈吉银被聘任为副总经理，刘茂和、周传英、李启岭分别被聘任为总会计师、总经济师、总工程师。会议还选举产生了公司监事会。

但鉴于企业资产处置及股本、股金等问题未得到彻底解决，县建筑安装股份有限公司的成立成为企业股份制改造的一次有益尝试。

企业机构（体制）的彻底改革已势在必行。

2004年11月26日，县建筑安装总公司印发进行整体改制的《实施方案（讨论稿）》，企业从根本上改制进入分步实施阶段。

12月7日，县建筑安装总公司工会委员会印发《关于选举职工代表的通知》，部署安排（第四届）职工代表选举工作。至11日，对选举产生的87名职工代表进行公示。

12月23日，县建筑安装总公司第四届第一次职工代表大会召开。会议听取和讨论了总经理刘振海的《企业改制动员报告》及企业整体改制《实施方案》。在分组酝酿讨论后，投票表决，一致通过了公司整体改制《实施方案》。

同日，县建筑安装总公司印发《关于募集股金的通知》，就募股原则、股本构成、募股标准及时间作出通告。股金募集届时完成。

12月31日，县人民政府印发经县第十五届人大常委会第十四次会议讨论通过的《县建筑安装总公司进行整体改制的〈实施方案〉》的通知。

同日，山东东平鑫海建工有限公司创立暨第一届股东大会第一次会议召开。会议通过《公司章程》，选举产生了公司董事会董事长、董事及监事会主席、监事，并形成相应决议。刘振海为董事长，陈树隆为监事会主席。

同日，东平县人民政府与山东东平鑫海建工有限公司签订《资产转让合同》。

2005年1月6日，山东东平鑫海建工有限公司第一届董事会第一次会议作出决议：通过《董事会议事规则》；聘任刘振海为公司总经理。

同日，山东东平鑫海建工有限公司第一届监事会第一次会议作出决议，通过《监事会议事规则》。

同日，山东东平鑫海建工有限公司第一届董事会第二次会议作出决议，根据总经理刘振海的提名，聘任赵刚、赵平、陈吉银、刘茂和、杨杰、郑军为山东东平鑫海建工有限公司副总经理。

同日，山东东平鑫海建工有限公司第一届董事会第三次会议作出决议，该公司设置生产、经营、财务、党群工作、后勤工作等5部和房地产开发、设备安装、九鼎建材、装饰、九盛调味品等5公司，即十大机构。

同日，山东东平鑫海建工有限公司第一届董事会第三次会议对其管理班子成员进行明确分工。此后，对班子成员分工情况作出调整，使班子成员分工具体，责任明确。

1月20日东平县工商行政管理局印发《企业名称预先核准通知书》，企业名称"山东东平鑫海建工有限公司"，驻地东平县城龙山街016号。

县建筑公司的体制改革随着山东东平鑫海建工有限公司（简称东平鑫海建工或鑫海建工）的开启与正常运转而宣告成功。

企业机构体制的重大改革，影响和带动着企业管理机制改革的扎实推进。企业员工的积极性、创造性充分发挥出来，公司生产经营日新月异，竣工面积、工程优良品率、全员劳动生产率、完成产值、实现利润不断刷新。其中完成产值、实现利润分别由1994年的2548万元、32万元提升到2005年的12000万元、512万元。员工收入及生活水平大幅提升。在此期间，公司先后接纳了停产、破产或濒临破产的六家企业的职工。鑫海建工一些职工自豪而饶有风趣地说：你们的老总，求稳怕乱，死守铁交椅、死抱铁饭碗，结果锅砸了，碗飞了。我们老总刘振海，率先搬掉铁交椅、砸掉铁饭碗，带头承包，随着企业体制改革的成功，企业层层承包，一包到底，员工责、权、利捆绑在一起，产值、利润不断翻番，员工收入大幅提升，我们捧上了铜饭碗、金饭碗……是刘总带领我们企业员工，在党的改革开放的富民路上拼搏、奔跑啊！

六 求学上进

圆大学梦（1990~1993年）

毅然决定上大学

一向注重学习的刘振海，在主管东平县建筑工程公司全面工作后，尤其是在投标承包、改革企业管理机制和机构体制的过程中，在组织带领企业进行经济文化建设的实践中，更进一步地认识到学习的重要性、紧迫性。在坚持急用先学、学以致用，不断解决思想、工作及生产、生活中实际问题的同时，他决定系统学习高等教育的理论知识，使自己的知识水平、理论水平上一个新台阶。1990年7月，刘振海毅然决定，报名参加北京经济管理函授大学本科专业的学习，以此求深造、求上进。

明确目的，端正态度

北京经济管理函授大学经济管理专业的培养对象及目标要求：主要面向在职从业人员，培养能胜任各级政府经济管理部门工作和企事业单位实际管理工作的应用型人才。要求毕业生比较全面地、系统地掌握管理科学和经济科学方面的基本理论；掌握经济管理的专业知识、基本技能；具备良好的计算机应用能力和经济应用文写作能力；熟悉国家有关方针政策和法规；具备社会经济调查和组织协调的基本能力；能深刻地分析、有效地解决经济管理中的各种问题等。这些知识、技能、能力都是他渴望和需求的。他抱定要文凭更要水平，不为镀金只为淘金（或讨经）。以虔诚的心对待知识、对待教材，务必耐得住寂寞和磨难，坚忍不拔，取得真经，修成正果，使自己不仅能驾驭一个较大企业，而且能够带领员工不断开创企业新辉煌，为地方经济社会的发展作出较大贡献。

按时参加辅导授课

北京经济管理函授大学经济管理专业的课程及知识要点包括：会计学基础、西方经济学、管理学、统计学、企业管理、经济法、市场营销学、组织行为学、技术经济学、财务管理等，教材近20本。一个在职人员，尤其是从事企业主要管理工作的人员，在几年内钻研透这些教材，把握住其精神要点和实质内容是很难的。然而，刘振海则悟出真谛，认为这其中的奥妙和诀窍就是按时参加并切实听好老师的定期辅导授课。辅导授课是教材的导读、重点和精髓所在，是开启知识的钥匙。俗话说得好，师傅领进门处处见真神，自己闷头钻总难见真仙^①。他总是早做打算，安排好工作和其他事情，按时赴济南参加函授辅导学习。一次，函授辅导的前一天，湖南的贵客突然到访。他耐心地向客人讲清楚，听辅导对于他通读教材、做好作业、完成学业的重要性，并与客人协商调整行程，将谈心、交流的时间推迟一两天。得到客人的理解后，他准时参加了济南的辅导授课。事后，客人对他认真学习的精神竖起大拇指，说"佩服，佩服"。四年间的经济管理函授大学学习，他无一缺席。正是他按时并认真听取教师的辅导授课，取得了学习的主动权，提高了学习的

---

① 指精髓及内涵。

自觉性，使整个学习轻松自如。

认真阅读教材，按时完成作业

刘振海认为，学好经济管理专业课程的系统知识、胜利完成学业的关键是，依据辅导教师的要求，一部分一部分地阅读教材，并领会贯通。在此基础上，完成好辅导教师的作业。对于做作业问题，刘振海采用渐进的办法。凡确有把握的一次性做在作业本上；尚需探讨或查阅教科书及相关资料的，则先做在草稿纸上，然后通过翻阅教材、资料，开展专题研讨，形成正式答案后再做在作业本上。这对于解决难点、突出重点、强化记忆，非常有益。这亦是他攻克难点、把握重点的重要学习方法之一。

为确保规范性学习，刘振海为自己定下了严格的学习时间，即每周一至周五的晚上8～10点的两小时为学习时间，若遇会议或重要活动，则由周六或周日晚上8～10点补上，确保每周10小时的学习时间不减少。

鉴于学习时间和精力的保证，刘振海对北京经济管理函授大学规定的课程、教材全部进行了阅读，并一次不缺、一次不拖地完成了作业。答题的正确率、满意度及书写的整洁、清楚程度等均让辅导教师满意。

形式活泼，效果显著

刘振海在攻读北京经济管理函授大学的学习中，坚持理论联系实际，并不断创新形式，使学习形式新颖活泼、学习效果扎实显著。

1. 让妻子做自己的学习"协理员"。刘振海认为，老高小生的妻子，从不介入企业的政务、人事，但喜欢读书看报，她应该是自己学习的陪读生，包括按时安排饮水、吃饭，提醒休息、学习等，就叫作学习"协理员"吧。由她陪自己做作业，向自己提问题，听自己解答问题。岂不与古人的"红袖添香夜读书"情意更深、诗意更浓、画意更美吗？这也必定保证了学习的时间和效果。在此，刘振海亦呼吁业内同仁：在个人学习问题上，除学术研讨外，切莫让秘书介入，更不要让秘书代笔代劳，将这一浓缩的多维素蛋糕①甩给别人啃，壮了别人，却使自己渐变成知识的干瘪②或嘴尖皮厚腹中空的墙上芦苇。他坚信，能够带领一个企业、一个单位不断前进、不断开创辉煌的人，必定是坚持不懈地学习，不断用科学文化知识武装自己头脑的人。

2. 成立参加经济管理专业学员的学习组。采用集中和分散相结合、个人阅读教材和集体讨论问题相结合的方式，推动学员的学习活动扎实开展，学员们互帮互学、相互促进。刘振海以普通学员的身份积极参加学习组的活动。在学习中，他倡导理论联系实际，多思索、多问几个为什么？对于概念性、理论性问题，他不赞成死记硬背，欣赏理解地记忆。尤其是对于理论联系实际的论述题，他喜欢各抒己见，摆明自己的观点。并把这些观点放到实际生产、工作中去验证。问职工赞成不赞成、拥护不拥护，看生产经营的效果好不好，看企业经济文化建设的成效，看企业对地方经济和社会的贡献率提高的幅度。不断深入的学术研讨，端正了学员的学风，调动起学员的学习积极性、主动性，学员的学业成绩扎实提升。这期间，学员们还整理出部分专题材料。刘振海本人整理的专题材料主要有《抓好企业内部的"放开"与"搞活"》《怎样当好企业党委书记》《主业要"主"副业要"富"》《工程质量奖：企业创新的动力》等十余篇。

3. 推动建立职工星期六学校。刘振海坚持学员的学习与职工教育相结合，与创建学习型企业结合起来，不断优化学员的学习环境，拓展学员的视野。依据上级相关精神和先进单位的做法，他积极推动建立职工星期六学校③。星期六学校面向企业中青年员工，参加大学本专科函授学习的学员自然成为学校的活跃分子和中坚力量。他们借助这块阵地传

---

① 指学习。
② 指知识匮乏。
③ 此时尚未推行双休。

授科学知识，拓展自己知识范畴，提高自己理论水平，开展学术研讨和专题报告等。刘振海的诸多专题都曾为学员演讲，并依据反馈的信息进行修改后，多数在东平县或泰安市建工系统的《工作简报》《情况交流》《信息》等内部刊物上刊载，至20世纪90年代末期，先后被《中国建设报》《泰安日报》《厂长经理日报》刊载，成为刘振海的重要署名文章。期间，刘振海还总结、凝练出"宁可不挣一分钱，不让工程留隐患""抓质量就是抓市场，抓安全就是抓效益""施工育人，建楼树人，经济文化，齐头并进""市场的竞争，就是人才的竞争""事业无止境，奋斗天地宽"等一宗治企格言。

4. 坚持进修学习和企业经济文化建设相结合，推动企业经济文化建设的快发展、大发展。组织开展黑板报、墙报、学习专栏等多种形式的学习宣传活动。内容包括：经济管理专业导读、要点，问题解答，趣味知识，政务公开，民主理财，群言录及"我为经济管理献一策"等。同时，发动员工开展突出企业经济管理的文体演唱活动，并不断在经济管理理论指导下总结治企格言，撰写报刊文章等。企业文化建设如火如荼。在文化建设推动下，企业生产经营日新月异，经济文化建设不断开创新辉煌。

同时，这些形式和活动，亦大大浓厚了学员学习氛围，优化了学员的学习环境，学员的学习成绩显著提升，各项学术成果大量涌现，各类专业人才苗壮成长。至1993年10月，该公司的本专科学员和职工中，宫传奎、巩曼丽、刘曰厚、周传英、赵平、吴绪法、林恩来等7人，因学历达标、成果显著，由县职称改革领导小组办公室根据泰安市职称改革领导小组办公室第（1993）178号文件通知公布，自1993年12月30日起具备经济师任职资格。同日，李杰因学历达标、成果显著，由县职称改革领导小组办公室根据泰安市职称改革领导小组办公室第（1993）98号文件通知公布，自1993年12月30日起具备审计师任职资格。在此期间，县职称改革领导小组办公室（1993）东职改办函154号通知，县建筑安装总

公司李进章等14人自1992年7月31日起具备助理会计师任职资格；县企业
政工干部专业职位评聘小组印发《关于公布企业政工专业符合初级职务
任职条件人员的通知》，县安装工程公司杨杰等8人被公布为助理政工师。
刘振海对学员们的进步由衷的高兴。他对攻读函授大学的重大意义亦有
了更深刻的认识和解读，他读本科的信心更大、劲头更足了，决心以优
异的学业成绩、高水平的学术成果顺利毕业。更以"自信人生二百年，
会当水击三千里"的气魄和能量，投身改革开放的大潮，不断开创企业
经济文化建设的新辉煌，为地方经济社会的发展、为实现中华民族复兴
的中国梦作出新贡献。

切实搞好毕业论文

　　刘振海认为，毕业论文是对大学本科学习阶段学业成绩的总体展示
和汇报，务必搞好，务必把自己的水平和实力体现出来。对此，他进行了
一段时间的深入思索和比较充分的准备。他拟定的题目是《深化建筑业改
革》。其主要内容和结构特点是，首先是引论，内容包括企业状况、改革
尝试及其受益情况，提出企业面临的任务和抉择是深化改革。核心部分，
全面阐述深化改革问题。其主要内容包括：管理体制改革，由公司统一核
算，逐步过渡到由公司、施工队、作业班组等的分级核算，同时将质量、
安全指标的管控细化后落实到各级，充分调动和强化各方面的积极性、责
任心；收入分配改革，废除单纯按年限、级别核定员工工资的旧模式，对
施工一线，推行小段包工，按完成工程的数量、质量核发工资，对行管人
员则打破工资级别界限，按工龄、职称、岗位核定工资，同时坚持工效挂
钩；拓展建筑业的市场空间。一是开拓外地市场，二是发展房地产开发，
三是发展建材业和其他副业，四是兼并濒临破产企业搞集团企业；在条件
基本适合的时候，对企业进行股份制改造，"搬掉铁交椅、砸烂大锅饭"，
建立社会主义市场经济管理模式，推动建筑企业持续健康发展。文中以诸

多事例阐释了改革的必要性、方法、步骤、效果及目标。

最后的结论是：改革是出路，改革是动力，改革必将推动建筑业跨过一道道坎、翻越一道道坡而不断发展壮大、不断开创新辉煌。

在论文答辩会上，刘振海凭借着对课本知识的全面了解和对重点问题的重点突破，顺利通过了主考人提出的理论、法规问题。对于理论的应用及水平能力等诸方面的考察问题，刘振海更是得心应手，以企业现状与对策为题，阐述了他决心坚持不断推进管理机制改革，适时推进企业体制改革，搬掉铁交椅、砸烂大锅饭，让企业摆脱计划经济的桎梏，逐步建立社会主义市场经济管理模式的观点、做法、探讨及誓将改革进行到底的决心。他的回答不断赢得主考人赞许的目光，论文答辩顺利通过。

1993年7月，刘振海领取到北京经济管理函授大学颁发的大学本科毕业证书，圆了他的大学梦，实现了他学历、水平的双提升。刘振海在"修得正果"的路上又迈出了坚实的一步。

晋升高级经济师

1992年，东平县职称改革领导小组依据上级部署，组织开展技术职称的申报工作。刘振海参加了建工序列高级经济师的申报。对几年来，本人在企业管理中的政绩、成果进行了如实填写。由县职称改革领导小组审核后报送泰安市职称改革领导小组办公室。

1993年11月，泰安市职改领导小组组织的建工序列高评委开始工作。15名评委成员一一审阅各申报人员的资料后，进行投票表决。刘振海以15票顺利通过评定。

1994年12月28日，东平县职称改革领导小组印发《关于公布东平县1994年高级专业技术职务任职资格的通知》，县建筑安装股份有限公司刘振海被公布成为高级经济师。刘振海晋升为高级经济师，是他历经长期学习、探索的磨难而修成的"正果"，成为他组织带领员工开创企业新辉煌的新起点。

　　刘振海成为东平县建筑安装股份有限公司第一位高级经济师，亦是东平县建筑行业第一位高级经济师。这是刘振海长期坚持勤奋学习、不断探索的结果，是刘振海在工作中拼搏奋斗的结果，更是刘振海的企业经济管理水平和实力不断提升而达到相应水平的必然结果。

第二篇 ——•

企业管理

及所思所想

刘振海十分重视职工的学习、工作与生活，重视职工管理和职工队伍建设。他认为，加强职工管理和职工队伍建设是发展壮大企业经济和文化建设的基础性工作、根本所在，必须依据市场经济深入发展的特点和需求不断加强职工管理和职工队伍建设。

在不断加强职工管理和职工队伍建设的长期工作实践中，他认真总结、探索，感悟、受益颇多，主要概括为以下几点：坚持以表扬、奖励为主的管理手段（即突出管理棱角与特色），关心职工生活（即强化管理的前提），用"心"管理（即用亲情投入强化管理基础），勿忘默默无闻的老黄牛（即提升管理弱项），严明规章制度（即严格查处个别违纪违规人员，强化管理手段），探索、加强管理文化建设（即提升职工管理的普遍性和软实力）等。

坚持以表扬、奖励为主的管理手段

1987年，上任伊始的刘振海就非常注重在员工中开展评先树优工作。翌年1月，他亲自主持组织公司"1987年度先进集体和先进个人"评选活动。经单位、个人总结，小组评议，投票集中，领导审定，政工科、第一工程处、王庆木瓦工班等13个科、处、班被评为先进集体（或双文明班组），144名职工被评为先进个人（其中一等65名，二等79名）。公司召开年度总结表彰大会，宣读公司党政联名的表彰奖励先进单位、个人决定，先进单位、先进个人作典型发言。评选树优活动，表彰、奖励成为企业对员工教育管理的主要手段。此后，年度评先树优活动趋于规范。

刘振海和他的团队坚持经常性的评先树优活动并不断扩大活动内容、范围和奖惩力度，通过对先进集体、先进个人的表彰奖励，激励职工积极向上的意识和精神风貌，凝聚员工，强化职工管理和队伍建设。

1995年9月8日，刘振海被公布为公司党委书记后，更加重视职工职业道德教育和评先树优工作。翌年初，刘振海即责成企业印发《精神文明建设方案》，就加强职工职业道德教育修养等方面制定出具体意见。与此同时，责成企业党组织和管理机构印发表彰决定、通报，表彰为公司的两个文明建设作出一定贡献，且经党的小组、支部逐级评议推选，党委审定的陈梦清等9名优秀共产党员；表彰年内涌现出的先进单位及先进个人、无私奉献标兵。

1999年3月6日，县建筑安装总公司印发《关于表彰1998年度先进集体、先进个人的决定》，对1998年度涌现出的先进单位（含科室、工程处、厂及分公司科室、班组）、先进个人予以表彰奖励的同时，按照《管理规程》对于相关科室、工程处给予岗位目标兑现奖。

2000年3月8日，县建筑安装总公司印发《关于表彰1999年度先进集体、先进个人的决定》，对1999年度涌现出的先进单位、先进个人予以表彰奖励的同时，按照《管理规程》给予2人招揽工程特别奖、1人技术革新奖。

2001年2月12日，县建筑安装总公司印发《关于表彰2000年度先进集体、先进个人的决定》，对2000年度涌现出的先进单位、先进个人予以表彰奖励。其中授予创出山东省质量最高奖——泰山杯工程的泰安分公司等

4个项目部创优工程先进单位奖。

3月8日，县建筑安装总公司组织女职工先进模范代表31人外出考察学习。3月17～24日，县建筑安装总公司组织优秀项目经理、先进科室负责人和先进个人代表赴上海、广州等地参观学习。彰显先进光荣、模范光荣的企业导向。

2002年3月11日，县建筑安装总公司印发《关于表彰2001年度先进集体、先进个人的决定》，对2001年度涌现出的先进单位、先进个人予以表彰奖励。同时给予泰安分公司三处12000元、十一和十九工程处各8000元、十六工程处及安装分公司各4000元的特殊贡献奖。

2010年3月11日，东平鑫海建工有限公司2009年度总结表彰大会召开。县领导尹承海、孙式川到会祝贺。大会对2009年度涌现出的先进单位、模范个人予以表彰奖励，对张守珍、宋来宾、常海滨、管庆海分别给予15万元、10万元、3.5万元、2万元的重奖。在突出精神鼓励、思想引导的同时，坚持论功（贡献大小）行赏，使表彰奖励更具感召力。

2014年春，东平鑫海建工有限公司对评选出的2013年度先进单位、个人进行表彰奖励的同时，先后组织各类先进个人分两批外出参观学习。

评先树优工作，表彰、奖惩的兑现及深化，使岗位目标完成好、创产值利润高的科室、工程处等得到奖励，使创出各类业绩、成就的集体、个人感到荣光、实惠，使广大员工敬仰先进、羡慕先进，积极向上，学先进、赶先进、超先进、做先进的劳动（工作）竞赛和比学赶帮超活动一浪高过一浪，企业职工管理和职工队伍建设步入全新的阶段。

关心职工生活

在企业生产一线滚打摸爬近10年的刘振海，对企业员工有着深厚感情。他在主持县建筑工程公司全面工作后，坚持以人为本，关心职工的生产生活，关心职工冷暖。他一再强调，改革和企业发展的红利应该让职工受益，要及时落实上级的调资政策，让职工生活不断提高，让职工福利不断提升。

1988年初，县建筑工程公司依照"1987年企业人均1.80元增资额和厂长3%晋级"的规定，为本单位169名职工升级。升级后，该单位干部职工月工资最高达118元。4月13日，公司为所有临时工普升一级工资，并统一纳入国家现行工资标准。临时工工资最高达到88元。

在职工工资普遍提升的情况下，刘振海不忘救助家庭生活困难的职工。1989年3月1日，县建筑工程公司出资1580元发放1988年度的职工救济，46人领到救济，最高100元。

刘振海坚持企业生产、职工技能及收入水平联系在一起。3月2日，公司组织开展"临时职工技术考核晋级暨技术比武（赛）"。历时25天，625名临时职工晋级。5月13日，公司实行"临时职工考核定级"，临时职工级别提升，工资提高（至7月13日，第二次临时职工考核定级后，临时职工月工资最高达104元）。8月29日，该公司按照上级批复意见，办理中年技术专业人员工资升级，部分人员月工资达118元以上，最高达132元。

公司在提高职工工资的同时，不断加大职工福利，加强福利设施建设，提高职工福利水平。先后投资42万元对后勤设施实施修缮、添置，切实达到县总工会"关于厂、矿企业单位职工生活后勤达标条件"的要求。同时，公司不断提高职工福利水平、档次。将职工工作服的发放周期由原来的两年改为现在的一年半，并相应地提高档次；职工之家、电视室、娱乐室、阅览室，坚持正常开放、服务；组织干部职工进行健康查体；为年老体弱申请退休人员及时办理退休手续，并安排好生活。这一切充分体现出刘振海"关爱职工"和"管理就是服务"的理念。

1990年8月31日，公司按照县劳动局的批复，为本单位231名职工增加标准工资。一级半的218人，一级的13人，月增资额4374.00元；45人提高定级待遇，其中提高定级待遇后升一级的12人，升半级的33人，月增资额654.00元；留转人员定级的188人，定五级的81人，四级的107人，月增资额11891元，定级后又升一级半的88人，月增资额3277元。职工月增资总额20196元。调整后，职工最高工资为八级132元。与此同时，公司实行临时工与固定工的"六个一样"，为临时工落实了防暑茶、烤火煤、工作服等，并及时为其办理平价粮供应手续。翌年，公司全面清理审核职工档案标准工资，职工工资又有所提高，最高月工资达到147元。至11月30日，公司依据相关部门的批复意见，对"调整后工资标准起点在现行工资标准起点基础上提高6元"，即该单位职工人均工资额提高6元。

改革开放的成果、红利回报社会、回报人民。刘振海全面落实国家工资调整、升级的文件精神，让企业经济发展的成果回报员工、回报社会。随着员工生活水平的提升，企业的凝聚力、员工的向心力空前提升；员工工作、劳动热情高涨，拼搏、奉献精神显著提升。

注重亲情投入

刘振海和他的团队在企业职工管理方面坚持以人为本，切实注重职工的切身利益，解决职工的实际问题。对于职工中的特殊情况、特殊人群，他更是设身处地、将心比心，注重亲情投入。1988年，公司对参加工作时间较长、贡献较大的职工（含临时工），按照公司、个人各半的比例出资，照顾其一名子女报考技校深造。同年内，县建筑工程公司印发《关于对临时职工的试行规定》，重申：在本公司工作的临时职工，本人申请，公司批准，均可与公司签订录用合同，并享受下列优惠待遇：①照顾其年满18周岁、身体健康的子弟招收到本公司当工人，尽量安排在同一施工处、厂、队、班工作，并根据其表现和实际操作能力，执行固定工2级或2.5级工资待遇，3年转正定级，执行固定工工资待遇。对招收的技工，经考核给予实际定级。②凡属农业户口的临时工，其本人可办理临时户口，供应议价粮，粮食差价由本公司负担。③麦秋大忙季节，因工作需要不放假的工人，可发给特别出勤费。④公司实行的固定工与临时工"六个一样"的规定不变，即入党入团一个样、入校进修学习一个样、提拔重用一个样、劳保福利一个样、升级晋级一个样、退休退职一个样。⑤凡路程在30华里以外者，可享受在本公司招待所住宿优惠待遇。⑥凡在本公司连续工作满20年、年龄满55岁、工资五级以上，对公司发展作出较大贡献者，可享受退休待遇，不满55岁，连续工龄在5年以上者，经县医院证明完全丧失劳动能力的临时工，经公司批准，一次性给予每年一个月的基本工资作为退职生活补助费。⑦允许有技术的工人"以师带徒"。凡四级以上的技工，每人可带1~2名徒弟，两年出徒，并达到三级以上技术水平，又能独立操作的，单位发给带徒技工奖金100元。⑧对有特殊贡献的技术骨干，退休条件放宽到年龄55岁、连续工龄15年、工资5级。

1989年之后，公司遵照上级通知精神，印发《关于清理计划外用工的规定》。公司在按规定清退计划外临时工的同时，对计划内临时工的管理采取了四大举措：一是对现有的1037名临时职工进行重新登记，逐人核实年龄、参加工作时间、从事工种及岗位，并填表造册，为临时工留转奠定基础；二是建立临时职工个人档案，实行统一管理；三是对45岁以下的临时工实行退休养老保险；四是对年满55周岁以上的临时工，按工龄长短分别办理退职或退休手续。此举，增强了临时职工的工作热情和法制意识，树立了临时职工自尊、自重、自爱、自强的社会形象，取得广泛社会效益①。

此后，刘振海和他的团队继续坚持用"心"管理的思想，注重亲情投入。一桩桩、一件件典型而具体的事例让员工从内心感动，令社会及媒体赞叹。谨将1999年2月8日《东平报》刊登的部分典型案例摘录如下：

---

① 县广播电台、省电视台先后进行专门采访和报道。

当红娘　县建筑安装总公司职工韩振虎，生性木讷，二十七八还没对象，党委一班人多次牵线搭桥，并主婚操办婚事，终于使他建立了幸福的小家庭。近年来，经该公司党委搭桥，有36名青年职工喜结伉俪。公司每年还举办两次集体婚礼，大力提倡移风易俗，新事新办，使新婚家庭省心舒心。

守病床　该公司预算劳资员刘日厚患梗阻性食道癌，对生活缺乏信心。党委委员、工会主席就陪他到省医院手术治疗，守在病床前，给他谈心，并帮助他把孩子安排到技工学校学习。使刘日厚解除了顾虑，重新振作起来，手术后不到50天，便重返岗位。在刘振海的倡导下，公司每逢有职工住院，党委成员都要带上营养品到医院看望职工，使职工感到大家庭的温暖。

修房子　去年雨季，党委书记刘振海和副书记袁恒华在家访时，得知女职工谭存兰的房屋漏雨，立即安排调整房屋，组织人员抢修，不到两天时间，房屋修好，谭存兰一家又搬回原居。在住房分配上，该公司规定先一线、后行管，最后才是领导班子。去年该公司新建宿舍楼四栋，安排职工132户，而党委一班人仍住在原旧房之中。

助学童　张珍，今年13岁，是该公司职工张吉新的女儿，因其父有病，其母又无工作，家庭负担重，被迫辍学。党委一班人得知后，找张吉新谈心，安排其妻子干些力所能及的零活，并与学校联系，资助张珍重返校园。孩子的脸上又有了往日的笑容，张吉新的病也减轻了许多。

2000年，在刘振海的倡导下，公司在实行人性化管理方面坚持做到"四必"，即"职工有病有伤必看望，职工闹家务影响工作必调解，职工家属、父母看病住院必慰问，职工婚丧嫁娶和偶遇天灾人祸必到场"。

刘振海和他的团队在职工管理工作中坚持用"心"管理，亲情投入的一系列举措，不仅点亮了一个个希望的灯，更使广大职工从心里感受到集体的关心、领导的爱护和大家庭的无比温暖，企业的凝聚力大大增强。

勿忘默默无闻的老黄牛

刘振海在日常工作和职工管理中发现，一部分职工勤勤恳恳、兢兢业业，埋头工作在自己的岗位上，没有豪言壮语的举动，没有惊天动地的业绩，却像一个个默默无闻的螺丝钉紧固着企业这部大机器，为企业的生产经营活动、经济文化建设无私地奉献着自己。他们是企业中的"小人物""本分人""老黄牛"。刘振海说，我敬重那些敢打善拼、不断抢占一流的勇士们，同样敬重那些使企业稳定发展、永无闪失的"小人物""本分人""老黄牛"。他提倡豪气冠天、开拓奋进的拼搏精神，同样敬重默默无闻、勤勤恳恳的老黄牛精神，把老黄牛精神作为企业精神的重要组成部分。要求宣传工作中不可忽视对老黄牛精神的宣传。2001年11月6日，公司内有老黄牛之称的张德元被评为"以师带徒特殊贡献个人"后，公司印发《关于对张德元同志表彰奖励的决定》，给予通报表彰并奖励。为光大企业中的老黄牛精神，刘振海要求加大宣传。于是公司整理了《公司的老黄牛——张德元》的专题材料刊发在《东建通讯》上，该专题材料内容如下：

公司的老黄牛——张德元

年近六旬的张德元，参加县建筑工作30余年，任劳任怨，勤勤恳恳，屡建功勋，并为公司培养了一批批后备力量。但他仍战斗在施工生产一线，任第一项目部副经理，分管人民医院门诊楼施工现场管理、生产调度。他工作卖力，吃苦耐劳，被大家尊称为"公司的老黄牛"。

张德元，1975年参加工作，由一名普通工人到施工队长、工程处主任，在施工一线奋斗了30余年。先后参与施工县药材公司家属院、本公司住宅楼、商老庄政府、县农业局宿舍楼、九鑫车间、恒德食品、聊城大学、临清御林苑等几十项工程。他勤奋好学，务实开拓，成绩显著，被职工视为德高望重的项目经理。

1998年底，公司为培养技术接班人，成立第六、第十六项目部，张德元作为一名老技术骨干，被公司安排到第十六项目部，作项目经理常海滨的师傅。2001年，张德元又被公司抽调到刚成立的第二项目部，辅助年轻项目经理宋来彬，再作"传、帮、带"。2005年度，张德元带出的两个项目部分别获得"特殊贡献单位""先进单位"荣誉称号。是年10月，公司成立第一项目部，承建人民医院门诊楼工程，张德元又被调到第一项目部负责门诊楼工地现场管理、生产调度。

人民医院门诊楼工程是公司重抓强抓、力创"泰山杯"的重点工程，县委、县府高度重视，工期紧、任务重。第一项目部是一个年轻项目部，班子成员都是从其他项目部抽调来的，第一次合作，互相不熟悉彼此工作方式。针对这种现状，张德元首先从班子成员团结协助抓起，自己在各方面起模范带头作用。他重用能人，特别是年轻人，在具体分工上实行量力分配，把具体工作计划分配给技术员，其余按每人特长安排到不同施工岗位、搞后勤或干保卫。张德元是工地上最忙的人。

张德元每天早上6点就开始工作。第一件事就是围着工地转一遍，查查进度，最重要的是考虑按进度安排布置一天的工作。哪个作业组用多少人，需要什么料、什么机械，完成哪些工作，来什么料、怎么放，哪些工作需要跟甲方协调等，他都赶在工人上班前计划出来。工人一上班，他先布置任务，然后就是备料、查质量、促进度，以至于连早饭都没时间吃，他却说，"忙起来就不觉得饿，习惯了"。11：30下班后，他填饱肚子又开始检查工地。一天中午，由于设计变更，他一直忙到工人下午上班。他吃住在工地，中午加班是经常的事。傍晚工人下班后，他忙着吃完饭即开始检查计划落实情况，对一天的工作作简要总结。晚上，即使不该他值班，他也总是半夜起来围着工地转转。一天下来，身体是劳累的，但他说只有忙活着才充实。他还常说，不怕任务急、任务重，任务越急重他就越有精神。

张德元总是忘我工作。工程挖槽期间正值冬季，地槽内老水管破裂，他在冰冷的水中站了两个多小时，鞋子湿透，双脚冻得像冰块。没有备用鞋，他又不肯离开工地去买，愣是穿着湿鞋子工作七八天。

谈工作，张德元滔滔不绝；谈家庭，他寡言无语。因为他觉得太对不起家人了。家中老父亲已经80多岁，妻子腿有毛病，孩子们又不在家，他们吃水都不容易，更别说忙庄稼活了。张德元离家虽只有十几里路，但他坚守在工地上，几乎一个月才能回去一次。每次回家，他总是把水缸灌得满满的，以宽慰自己作为儿子、丈夫的心。但他认定了以公为重，以工程为重，坚守工地的心。

张德元是公司的老黄牛，不仅因为他吃苦耐劳，还因为他有一股子犟劲。在人民医院门诊楼工地，张德元不止一次让人们见识了他的犟劲和真本领。地下室施工中，他合理计划，周密安排，在钢筋拖延4天的情况下，比公司计划提前1天完工；公司计划4月初完成一层，但张德元说3月底就可完成，并说只要3月底完成一层，他有信心争取麦收前完成全部主体，只要大家齐心协力，创"泰山杯"的目标一定能够实现。这一切，一一得到证实。

"小车不倒只管推"，年近退休的张德元，依然在工作岗位上勤奋工作，无私奉献，以老黄牛的毅力拉紧肩上的绳索，继续为公司的发展出力、流汗、加油、鼓劲。

刘振海勿忘默默无闻的老黄牛，把老黄牛精神作为企业精神的内容之一的指导思想和管理理念，完善了企业精神，并使企业职工管理工作内涵得到扩展完善，职工管理工作上了一个新台阶。

严明规章制度

刘振海对企业的违纪违规现象一向深恶痛绝。至今仍流传着他当一般职工、任中层管服人员时，同企业违纪违规的不良现象做斗争的诸多故事。他主持县建公司全面工作后，一如既往，坚持同企业个别人员违纪违规的不良现象坚决斗争，严明规章制度，推动企业职工管理工作和经济文化建设健康、快速发展。

1988年，在他大刀阔斧地推进企业改革的同时，决定完善制度，并狠抓制度的落实。他和他的团队确定采取教育与惩处相结合的方法解决企业个别人员的违纪违规现象。5月17日，公司印发《关于对旷工职工的处理意见》，规定：①不论正式工或临时工，无故旷工15天，年累计旷工60天以上者（统一放假时间除外），由处、厂审查报请招工领导小组办理辞退，解除合同；②为公司的创建和发展作出贡献的老临时工，脱岗外流后，仍愿回公司继续工作者，可给予照顾，并于6月30日前到公司签订录用合同，其原在公司工作时间仍按连续工龄计算；③脱岗外流的老临时工，凡6月30日以后归队者，任何单位和个人一律不准录用；④对无故旷工的固定工，各承包单位务于6月30日前书面通知本人，立即回队，凡逾期不归者，按职工奖惩条例严肃处理。家中确有特殊情况，可履行续假手续（15日以上须经公司经理批准）；⑤本意见自1989年6月1日正式执行。随着《关于对旷工职工的处理意见》的贯彻落实，企业违纪违规现象明显好转。

1992年，公司进一步强化职工管理工作，要求严格执行规章制度。同年内，公司依据相关规定，对盗取公司财物的李某等给予开除留用一年、降低两级工资和罚款600元的处分。同时，对维护公司财产的有功人员予以现金奖励；对于违反公司工作制度、串岗、玩扑克、早退人员亦给予一定数额的罚款；对敢于负责且有一定工作能力的职工评聘为干部。翌年8月30日，公司印发的《关于加强机关工作作风整顿的补充规定》指出：①凡公司科室工作人员，严禁在承包单位或工地就餐，发现一次罚款50元，二次罚款100元，三处以上停职待业；②对确需承包单位招待的，由分管经理批准后，派人员参加。对无故招待的，对承包人和被招待人员分别罚招待费的100%；工作期间禁止喝酒。对饮酒过量扰乱工作秩序、不能保质保量完成工作的，一次罚款10元，二次罚款50元，三次罚款100元，三次以上自行待业，强行上班的，不计发工资。

1996年，公司为严肃厂规厂纪，先后对自1994年7月以来拒不归队或连续旷工的孟某，李某等人作出除名的决定；对截留4车红砖（8000块）据为己有的杜某给予一次性罚款并除名；对酗酒闹事的李某等人印发了处理通报。企业狠刹歪风邪气，正气得到弘扬。

刘振海和他的团队，在企业管理上严明规章制度，坚持同违规违纪的不良现象和歪风邪气做坚决、及时的斗争，推动了职工教育管理工作健康发展，良好的生产经营秩序得到保障，职工维护集体、遵纪守章、拼搏进取、积极向上蔚然成风。

探索、加强管理文化建设

1996年初，刘振海责成企业印发《精神文明建设方案》，就加强职工职业道德教育修养等方面制定出具体意见。与此同时，刘振海责成企业党组织和管理机构开展评先树优活动，印发表彰决定、通报，为公司的两个文明建设作出一定贡献，且经党的小组、支部逐级评议推选，党委审定的陈梦清等9名优秀共产党员受到表彰；表彰年内涌现出的先进单位及先进个人、无私奉献标兵。刘振海还要求，采用快板、评书、演唱等多种文艺形式宣传企业中的各类先进模范，宣传员工遵纪守法的动人事例、事迹。企业员工遵纪守法、做好人好事的越来越多，精神风貌和文明程度不断提升。公司党委副书记陈树隆风趣地说：我们企业的职工管理工作使企业成为一所培养教育人的大学校，成为培养"圣人"的地方。

此后，公司坚持严格落实各项规章制度与积极倡导健康向上的生活习俗相结合。公司总经理办公会决定推行、实施《禁酒令》，即反对"酗酒""严禁工作期间饮酒和酒后上岗"。并将《禁酒令》印发各科室、分公司、处、厂，要求"人人遵守，人人监督，举报重奖"。同时，对个别方面出现的不良现象及其个人予以及时处罚、通报批评，使其发挥警示和反面教员作用，推动行业风气、企业风气的好转。

2001年，在不断增强、提升企业凝聚力和员工上进心的同时，公司党委讲党课，并组织安排党员重温入党誓词活动；组织党员及干部职工收看《广夏万间铸辉煌》（公司党委创业纪实）党员电教片；对党员开展"理想信念、廉政纪律"教育；对全体党员民主评议活动中评选出的优秀共产党员予以通报表彰，树立榜样；组织党员开展"保持共产党员先进性"教育活动等，加强党员的党性教育。党员及干部职工的开拓进取精神和奉献精神不断提升。

随着各项宣传教育活动的深入开展，各项规章制度的有效落实，奖惩规定的兑现，工资的及时调整，企业职工管理工作健康发展。企业成为一个和谐的大家庭，一个开拓奋进、朝气蓬勃的战斗集团，一所物质文明、精神文明建设的大学校。

八 强化工程质量管理

1987年，刘振海投标承包企业并大刀阔斧进行改革的同时，如何使工程质量再上一个新台阶，提高企业的经济效益和社会效益，成为刘振海思考和关注的一个重要问题。他提出"宁可不挣一分钱，不让工程留隐患"的指导思想，坚持将工程质量管理摆在施工生产及工程管理的首位，采取强化员工工程质量第一的思想意识、强化工程质量管理的组织领导和制度建设、不断规范工程质量的检查督导、加强工程质量和创优工作的合同管理等多项举措，使工程质量管理及创优工作不断上台阶，工程质量不断提升。至20世纪80年代末、90年代初，该公司施工工程的合格率、合同创优率均达100%，市优工程层出不穷，省优工程、"泰山杯"获奖工程不断涌现。

强化员工工程质量第一的思想意识

1987年，刘振海上任后，坚持将工程质量管理放在施工生产和工程管理的首位，提出"百年大计，质量第一""宁可不挣一分钱，不让工程留隐患"的指导思想，并采取切实措施，强化员工"工程质量第一"的思想意识。

　　1988年，国家建设部印发修订后的《建筑安装工程质量检验评定标准》，刘振海和他的团队迅速组织企业相关人员进行培训学习，为执行工程质量检验评定的新标准做准备，并以培训学习和组织专题宣传为契机着力提高员工"工程质量第一"的思想意识。同年9月30日，县建筑工程公司特派党总支书记袁恒华及质安科长程吉海参加县建委组织的赴泰安市泰山区、新泰市、莱芜市工程质量观摩学习班。对于观摩学习活动情况在管服人员和各工程处相关人员中进行广泛宣讲，以此推动企业员工工程质量意识的提高。年内，泰安市建委质检站检查组到东平检查建筑工程质量、安全生产工作，该公司被评定为全市工程质量第二名、安全生产第三名。对于员工质量第一思想意识的提升和取得的初步成效，刘振海感到满意，脸上露出了笑容。但员工都清楚刘振海的胸怀性格，他是一个办大事、办成事的人，他不会因挫折而灰心，更不会因胜利而沾沾自喜。他会坚定不移地抓下去，不断取得一个又一个的新胜利，并把成功实践上升为理论、成为文化，成为员工的思想意识和自觉行动。

　　1990年，东平县建筑安装工程公司承建的建筑面积1860平方米的县计生委综合服务楼，被评为山东省优良工程。翌年3月14日，县人民政府办公室、研究室编印的《情况通报》，刊登《县建安公司重视质量管理创出省优工程》的文章指出："由这个公司承建的东平县计划生育服务大楼被评为省级优良工程，填补了我县省优工程的空白"。是月26日，县建筑安装工程公司经理刘振海参加泰安市建筑业工作会议，并作创省级优良工程（东平县计划生育服务楼）的重点发言。大会授予东平县建筑安装工程公司"质量效益"奖杯。相继，宁阳县建委、县建筑公司代表团等兄弟单位慕名前来学习观摩，东平县建筑工程公司强化工程质量管理的举措及取得的成效受到充分肯定，信誉突增。刘振海在成绩面前更显清醒，他以此为契机，要求创出省优工程的工程处及其施工人员认认真真地总结，让实践上升为思想理论。并组织企业全体员工向创出省优工程的工程处及其施工人员学习。要求全体员工对照创优工程处及其施工人员，从措施上找差距，更要从思想深处查找不足，从质量第一的思想意识、拼搏精神与精益求精的态度上找原因。切实推动企业员工的质量意识和创优意识的不断提升。

刘振海和他的团队还注重在施工生产活动中培养、提升员工的质量意识和创优意识。1992年，东平县招待所客房楼工程，造型新颖，结构复杂，施工难度大，质量要求高。公司现场办公，精心安排，严密组织施工人员，严格依照程序，细心操作，精益求精，并采取样板段、样板间、样板指导员、宣讲员等措施，使质量意识、创优意识及举措贯穿于施工生产活动的全过程。该工程被质量监督部门评定为优良工程。年内，县粮食局宿舍楼工程、县保险公司综合楼和县税务局办公楼工程施工中，除强化工程质量的动态管理外，大力倡导拼搏精神、奉献精神和精益求精的精神，实现了员工工程质量意识和工程质量的双提升（即建楼、树人双赢）。其中县税务局办公楼经省工程质量监督总站验收为省优工程。1993年6月13日至10月30日，县建筑安装工程公司代表东平承担泰安体育中心建设任务。该工程系泰安市委、市政府1993年度十件大事之一。鉴于全体参建员工的工程质量意识强以及拼搏精神、严谨作风，工程进度快、质量高，多次受到各方肯定和好评。建设指挥部对工程质量全面检查中，东平施工段综合评分为91.5分，受到建设指挥部及市委、市政府领导的高度肯定和赞扬。公司被中共泰安市委、泰安市人民政府表彰为先进单位，同时，中共泰安市委、泰安市人民政府给予经理刘振海等6人记大功、毕于俊等5人记功、贾传林等33人为先进个人的表彰。

1994年5月30日，县建筑安装工程公司改组为东平县建筑安装股份有限公司后，刘振海和他的团队继续坚持"以质量求生存、以工期求效益、以信誉求发展"的方针，把工程质量管理放在首位，并不断采取新举措，强化、提升员工的工程质量意识和创优意识，激发员工精益求精和拼搏奉献精神。

1998～1999年岁末年初，几起震惊全国的工程质量事故相继发生，引起中央领导层的高度重视。2月1日，国务院总理朱镕基在京主持召开全国建筑工程质量会议，研究和部署全面加强基层设施工程质量工作。3日，东平县建筑安装股份有限公司总经理刘振海，受国家建设部邀请赴京参加全国工程质量研讨会。4日，《人民日报》发表《百年大计，质量第一》的社论。8～9日，全市、全省质量工作会议召开。3月3日，全县质量工作会议召开。县政府副县长李宗乾作重要讲话，县建筑安装股份有限公司总经理刘振海介绍全国工程质量研讨会的情况并作典型发言。

在全国、全省质量会议的推动下，刘振海和他的团队把工程质量视为百年大计和企业的命根子，加大措施，进一步强化员工工程质量意识的教育、培养和提升。同时，将风险项目施工法运用于工程质量管理中，按照国家验收规范定期检查，肯定正确和典型作法，整改不足并查找责任人思想上的问题和不足。公司还坚持"创名牌工程，树企业形象"的目标，实施创优工程合同制。坚持确保每建设一个工程必创优良工程、每开辟一个工地必创安全文明卫生工地，优奖劣罚，责任落实到人，使工程质量意识和创优意识不断扎根于员工心中。

1999年3月26日，东平县建筑安装总公司总经理刘振海和全体干部及其管服人员一起，收看重庆綦江人行桥垮塌案件审理，教育、激励员工进一步强化和提高工程质量意识。

5月4日，东平县建筑安装总公司总经理刘振海带领企业质检科、技术科人员及工程处主任、技术员等50余人，到济南中医药学院急救中心、北园住宅小区和本年度全省唯一申报中国工程最高奖——"鲁班奖"的信息广场等工程工地参观学习，激发、提升员工的质量意识和创优意识。

期间，刘振海和他的团队还经常组织员工参加工程质量和创优工作学习班、研讨会，对企业工程质量和创优工作畅所欲言、献计献策，激发、提升员工的工程质量意识和境界。在《中国建设报》发起"要不要工程质量奖的大讨论"的时候，公司要求人人参与，办墙报，出专栏，把讨论不断引向深入。2001年11月5日，刘振海的论文《工程质量奖：企业创新的动力》在《中国建设报》刊载，为全国的大讨论画上了句号，为公司开展的"工程质量和创优工作的大讨论"定了音。

2002年，国家紧缩银根，建筑市场低迷，工程质量下滑。在此情况下，刘振海和他的团队仍坚定不移地抓住工程质量不放松。从通病上找不足，在深层次找差距，并集中精力突破这一道道难关，把本企业的工程质量档次不断提高，使企业员工的工程质量意识和创优意识得以巩固并不断强化、提升。5月27日，泰安市建筑业工作会议召开。会上，东平县建筑安装股份有限公司荣获山东省工程质量最高奖——"泰山杯"工程奖及"山东省建设系统1999~2001年度先进集体"等8项奖励。

2005年1月，山东东平鑫海建工有限公司创建之后，刘振海和他的团队继续坚持将质量放在工程管理的首位，进一步加强对施工技术资料、施工图纸及质量通病技术问题的监督、审查、指导和跟踪检查，对发现的问题限期整改。并充分利用和发挥实验室的作用，切实做好工程材料的质量检验。同时，注重收集、整理内部质量体系审核报告，技术及时纠正和预防措施要求，并跟踪验证，不断提高质量管理的水平和实力，不断加强员工的工程质量意识和创优意识。翌年3月26日，鑫海建工有限公司总经理刘振海号召全体干部职工开展"质量安全效益年"活动。相继，鑫海建工监事会主席陈树隆及成员深入生产一线，检查指导"质量安全效益年"活动的开展。各分公司、项目部深入落实质量管理和安全生产工作，使"质量信誉是企业的生命和生产安全第一的思想意识"牢牢扎根在企业员工心中。

强化组织领导和制度建设

1988年，刘振海和他的团队，采取强化工程质量管理的组织领导和制度建设的重大举措，推进工程质量管理和创优工作。①加强领导，完善制度。公司调整充实质量检查领导小组，设立质安科，选派有工作能力且敢于负责的第二工程处主任程吉海任科长，专职质检员达到8人，并要求处、厂有1名领导主抓。同时，完善自检、互检、专检、交接检等制度。②完善经济责任制，使工程质量和经济利益紧密挂钩。③严格施工管理。建立"技术质量交底制""技术复核制""隐蔽工程三不制""材料试化验制"等制度。④典型推动。公司对一些重要结构和装饰工程，首先搞出样板墙、样板间、样板段、样板块，作为操作和质量验收标准。这些举措，推动了工程质量的提高。至1988年底，所有竣工交付的工程，点合格率平均为83.7%，一次验收合格率达100%。并创出新泰市协庄煤矿职工教育培训中心及东平县劳动服务公司营业楼、农机公司营业楼、农行营业楼等一批累计6799平方米的泰安市级优良工程。

　　1990年，在刘振海的主持下，县建筑安装工程公司对于质量管理和创优工作进行全面总结，对行之有效的措施、制度加以完善，同时采取"自我加压、自我约束"机制，推出新的举措。一是强化质量保证体系。公司成立以经理、工程师、质安科长、技术科长、计量科长等5人的技术质量领导小组，刘振海任组长。同时，选拔思想好、技术高、敢说敢干、以身作则的职工担任质量检查员，并使之有职、有责、有权。二是推行目标管理。明确质量标准，细化承包形式、内容，加大奖惩力度。三是超前控制，从源头开始培育优良。即由原来的仅查项目质量，变为对原材料，构配件综合检查。对材料实行现场开箱验收，不合格的材料绝不使用。四是强化过程控制。以样板引路，定标准、定人、定位、定岗、定责任，达不到标准要求，推倒重来。五是及时检查验收。坚持班前交底，中间检查，班后验收。对质量隐患早发现，早查除，早整改，确保每道工序每个环节的质量标准。六是组织技术力量攻克质量通病。

　　1992年2月，在刘振海的倡导下，公司设立独立的质检科，选派年轻有为的管庆海任科长，切实加强工程质量的检查监督。翌年4月13日，县建筑安装工程公司印发《关于工程优质优价规定的调整决定》，将质量合格率达到70%~79%、80%~89%、90%以上者每个定额工日分别按3.80元、4.50元、5.00元计发，使工程质量与个人收益直接挂钩。这些新的举措对工程质量的提升起到重要保障作用。

1994年6月20日，县建筑安装股份有限公司印发《技术管理和质量管理规定》，使企业工程技术、质量管理制度化、规范化。县直招待所客房楼装饰工程，成为全市一流。泰安市中心医院直线加速器、钴60房工程，技术质量要求独特、苛刻。施工期间不能停顿，仅用48小时，破了山东同类工程施工时间的记录。期间，该公司预制厂生产的构件连续夺得全市第一名，该厂被泰安市质量监督站列为免检单位。至1996年，该公司技术水平、质量管理能力具备了承担高度100米以内、跨度30米以内的所有工业与民用建筑工程，尤其是框架式结构、砖混式结构的办公楼、宿舍楼、厂房及大型复杂的设备基础施工。

1998年4月5日，东平县建筑安装总公司印发修订的《技术质量管理规定》，对技术、质检及施工单位、人员的职责和管理作出具体规定。为提高工程质量、推动创优工作奠定了制度保障。

此后，刘振海和他的团队持续抓住工程质量管理和创优工作不放松。要求质检科针对通缝、拉接筋不标准等质量通病难点，制定措施，消除隐患；要求小工种加强技术标准学习，切实提高装饰工程质量。在此基础上，公司又推行两大新举措：一是强化质量保障体系的运转。设立由总经理刘振海任组长，高级工程师、工程师、技术员、工人技师为成员的质量监督领导小组，并明确责任，分解目标；制定比国家标准高十五个百分点的检查验收标准作为质量自控指标；严格检查，加大奖惩，每月组织一次质量大检查并通报；坚持优质优价，劣质受罚，当月兑现；公司领导和专职质检员分包工程项目，将责任落实到人。二是优化现场管理。对每一新开工程，组织技术人员、项目班子，到现场进行施工组织规划、设计，防止盲目开工；坚持工程定点，机械定位，设施有区，材料有序；技术人员做好技术交底，详细具体地写明分项工程名称、图纸要求、规范标准、工艺流程，注明所需材料性质、技术参数及安全事项等，质检员跟班作业，边施工边检查，从筛选材料、品种入手，严把材料试化验关，检测中心跟踪监督，杜绝不合格材料进入现场；施工班组首先做好样板段、样板块、样板墙或样板间；选派技术好、素质高的职工做好滴水、阴阳角等细部处理；按部就班，环环相扣。并组织QC小组攻克国家建设部提出的11项质量通病（至2000年，该公司技术科王承瑜等人取得屋面卫生间防水QC成果，受到国家劳动和社会保障部颁发的证书）。切实根除管道根部渗漏、天沟积水、地面起沙、空鼓、墙面开裂等难题，使工程质量再上新台阶。

2000年9月9日，刘振海和他的团队为进一步提高工程质量，决定设置ISO9000办公室，确保GB/T19002—ISO9000质量保证体系有效运转。公司聘任内部质量审核员5人，ISO9000办公室编制出《质量手册》和《程序文件》，为确保工程质量和创优工作提供了保障。

2003年10月16日，泰安市质量技术监督局印发《关于表彰泰安市质量管理先进单位和先进个人的通知》，东平县建筑安装股份有限公司被评定为泰安市质量管理先进单位。此后，在完成《质量手册》和《质量程序文件》改版的基础上，按新标准强化质量管理工作。加强对材料的试验检测，对地槽、基础的核验和楼板试压。期间，创出省、市优质工程25个。

2005年1月，山东东平鑫海建工有限公司创建后，刘振海和他的团队坚持把工程质量提上重要议程，于3月即印发《管理制度》。在其总则中确立了"保持泰山杯，问鼎鲁班奖"的工程质量管理和创优目标，并规定：工程质量，按照国家验收规范验收的程序、奖惩办法执行。随着《管理制度》的贯彻落实，工程质量管理和创优工作深入人心。企业工程质量管理的组织领导、制度建设均步入成熟和规范阶段。"百年大计，质量第一"成为员工的共识和行为准则，企业施工工程合同合格率、创优（优质结构）率稳居100%。.

规范工程质量的检查督导

1987年4月28日，县建筑工程公司代经理刘振海组织相关人员对县城内的所有工地进行质量检查。共检查940个点，其中合格807个，合格率为85.9%。此次质量检查，提高了施工人员的质量意识，推动了工程质量的提高。翌年11月20日，刘振海和他的团队再次组织相关人员，对在建工程进行质量大检查。对进度快、质量优的，给予表扬。对施工质量差及存在安全隐患的，要求限期整改，消除质量隐患。工程质量的检查督导工作确保了工程质量在掌控之中，并稳步提升。

此后，随着工程质量管理及创优工作组织领导的不断强化，尤其是在1999年5月，以刘振海为组长的质量监督领导小组的设立，强有力地推动了包括以工程质量检查督导为内容的工程管理工作的相关政策规定不断健全、完善与落实。公司质检科设立后，随着质检人员的充实、加强，质检人员的专业水平和素质的不断提升，其检查督导程序不断规范、细化，标准要求不断提升。公司质检科规范有效的检查督导成为公司强化工程质量管理和创优工作的坚实保障。

加强工程质量和创优工作的合同管理

1987年，县建筑工程公司经理刘振海在推行经济承包合同管理之始，即把"包质量""不允许出现不合格的分部、分项工程"等写入合同。

1990年后，县建筑安装工程公司经理刘振海对项目施工及其生产经营的厂、公司全面推行承包制度，签订承包合同。在其合同中明确规定，返工工料由作业组全额包赔，耽误工期从重处罚。此规定使项目承包人及所有施工生产人员的质量意识和责任心进一步加强。刘振海推行的承包合同管理，保障工程质量管理和创优工作进入稳步提升的轨道。

1994年6月，县建筑安装工程公司改建为建筑安装股份有限公司后，总经理刘振海更加注重推行工程的承包合同管理。1996年5月，公司在总结项目承包合同管理经验的基础上，推行竞争投标和项目风险承包合同制。一是对承接到的工程项目实施内部招标投标，优者上，劣者下，将市场竞争机制引入工程管理；二是实施项目管理人员竞争上岗；三是对项目承包实行独立核算、自负盈亏，将质量、工期、安全、合同履约等均纳入承包合同；四是按照工程总造价100万元之内的2%、100万～200万元的1.5%、200万元以上的1%的承包风险金一次性交公司财务科。工程竣工后，按照工程质量、工期、安全生产等条款的履行情况，经审定后予以返还、奖励或处罚。将工程质量管理纳入工程项目风险承包合同制之首。

随着工程项目风险承包合同制的实施，企业的工程质量与安全文明卫生施工不断出现新局面、新成果。1997年8月22日，全县建筑企业"施工安全文明卫生与治理质量通病"现场会，在县建筑安装股份有限公司承建的县公安局宿舍楼工程工地召开。通过参观、座谈，与会人员对于该施工单位过硬的技术质量和规范的现场管理给予极高评价。

1998年初，刘振海和他的团队实施名牌战略，签订创优合同。总公司与各工程处主任、水电安装队主任、技术科长、质检科长等分别签订创优工程合同。合同规定，创出优良工程奖，奖励工程处主任2000元，奖励水电安装队主任1000元，奖励分管该工程的质检员1500元。否则，处罚工程处主任1500元，撤销其职务，处罚质检员750元。合同还明确规定各自的责、权、利。公司按照创优工程合同和考核制度的规定，定期进行检查、验收、评定、兑现，不断强化监督考核机制。各施工处对照创优合同逐条落实。技术、质检和分公司等则采取切实可行的措施，任务分工到人，责任落实到人（对一线职工推行优质优价），并跟踪指导、检查，月考核奖惩，使职工收入与工程质量挂钩。质量管理和创优工作的合同管理不断趋向规范、完善。

同年4月6日，总经理刘振海与相关工程处主任依次就县粮食局宿舍楼、北实验小学（即县第二实验小学）宿舍楼、国税局宿舍楼、邮电局宿舍楼、山东矿业学院学生公寓和公安局2号宿舍楼签订创优工程合同。各承建创优工程的单位、人员，严格按照优良工程的施工程序和高质量标准操作。至8月18日，在泰安市建委组织的全市建筑工程质量年度大检查中，该公司施工的东平县供电局宿舍楼工程获得97.5分的优异成绩。县移民局宿舍楼工程实测80个点，全部合格，获得100分，且技术资料和观感项目也获得100分。市建委领导称之为"泰安建筑史上的奇迹"。期间，该公司承建的泰山石化东平总公司宿舍楼工程，合同签订为合格工程。但施工人员本着"宁可不挣一分钱，不让工程留隐患"的原则，坚持一丝不苟，严把质量关。后经县质检站核验，达到优良标准。对此，《东建通讯》道出真谛："这不是偶然，而是必然"。其奥妙之一，质保体系健全是100分的首要前提；奥妙之二，严格控制标准是100分的可靠保障；奥妙之三，职工的质量意识和素质是100分的牢固基础；奥妙之四，创一流的精神是100分的内在活力。

1999年4月27日，县建筑安装股份有限公司总经理刘振海与相关工程处主任等就县工具厂办公楼、湖管局办公楼、粮食局宿舍楼、移民局宿舍楼、公安局3号宿舍楼、交警大队宿舍楼、国税局2号和3号宿舍楼、第二中学教学楼、自来水公司宿舍楼、县政府宿舍楼、县人民医院病房大楼等11处工程签订创优工程合同书11份。公司以该创优工程合同书的具体规定实施管理，并跟踪指导、检查，落实奖惩，确保工程合同管理落到实处。至2000年1月16日，省、市、县工程质量验收小组对该公司1999年度创优工程进行复查，均给予较高评价。1月底，国税局1号、公安局2号宿舍楼被评为省级优良工程，并下发证书；另有9项工程被评为市级优良工程。

2002年9月30日，县建筑安装股份有限公司总经理办公会决定，对工程项目实行承包经营。公司总经理刘振海与各承包人（项目经理等）签订《工程项目承包合同》14份，其中项目经理（承包人）承包合同12份，另有公司所属厂企单位2份。承包合同指出，为深化企业改革，调动一切积极因素，促进企业的长足发展，全面落实经济承包责任制，真正使项目承包人（项目经理等）责、权、利相统一，一包到底，确定上缴承包费，盈余归己，亏损自负，经甲乙双方协商，乙方对工程项目实行承包，特签订合同，并商定与东建安〔2002〕15号文《项目承包经营实施决定》一并实施。在其合同中明确规定了"质量责任""安全责任""工期责任"和"经济责任"。对于"创优工程合同"的质量目标更确切。工程质量和创优工作的合同管理不断完善强化。

2005年，山东东平鑫海建工有限公司建立之后，刘振海和他的团队继续坚持工程承包合同（含"创优工程合同"）管理，其中质量管理仍居于合同管理的首位，并不断完善相关规定、制度。企业工程质量与创优工作的合同管理走上健康运行的轨道。

鉴于工程质量和创优工作的合同管理持之以恒和不断深入健康的发展，东平鑫海建工对甲方负责、对客户负责的态度和成效不断深入人心，本土品牌值得信赖、鑫海品牌值得信赖、振海品牌值得信赖已成为社会共识。

代表工程选介

刘振海主持东平鑫海建工（含前身机构）全面工作30余年，始终坚持"百年大计，质量第一；工程质量，是企业的命根子"的治企理念。20世纪80年代工程质量逐步提升，90年代后实现了工程合格率、合同成优率100%的夙愿，创出一批批优良工程、形象工程。据1980~2010年共30年间的不完全统计（不包含未申报评优或评优后未发证的部分工程），企业共创出市（地）级以上优良工程82个，其中省优工程14个、"泰山杯"工程2个。谨将部分代表工程介绍如下：

（1）东平县人民政府办公楼

东平县人民政府办公楼工程，砖混结构，主楼高5层，建筑面积9377平方米。该办公楼于1977年开工，1979年竣工。长103米，宽21米，高23.5米，系当时东平占地面积最多、建筑面积最大、投资数额最多、建筑质量最好的建筑物之一。东平县建筑工程公司（东平鑫海建工前身）承接后，自行设计图纸，独立施工。公司领导坚持"百年大计，质量第一"的原则，强化工程质量管理、工期管理、过程控制。参战人员精心细作、奋力拼搏。工程如期完工，并建造成造型美观、结构科学、舒适宽敞的现代化行政办公中心、精品工程，受到中共东平县委、东平县人民政府和上级建设主管部门领导的充分肯定和赞扬。

（2）东平县计生委综合服务楼

东平县计生委综合服务楼，砖混结构，高5层，建筑面积1860平方米。该服务楼于1988年6月开工，1989年5月竣工。1988年，刘振海任县建筑工程公司经理第二年，恰逢县质量监督站成立不久，鉴于两者的创优积极性，公司确定县计生委综合服务楼工程为创建省级优良标准的工程。公司选派优秀施工队长程云珠负责承建，优秀质量检查员管庆海负责质量监督。从材料进场，到每个分项、分部工程验收及过程控制，都坚持按程序、高标准，对于达不到标准要求的及时整改。工程竣工后，各级工程质量监督部门先后开展验收。1990年3月，该工程通过了省级优良标准验收，成为东平第一个省级优良工程。

（3）中国银行东平县支行营业办公楼

中国银行东平县支行营业办公楼工程，框架结构，高13层，建筑面积5800平方米，系东平境内第一高层建筑。1995年，中行东平支行营业办公楼工程确定为东平县重点工程，系县委县府十件大事之一。该工程由泰安市建筑设计院设计，东平县建筑安装股份有限公司（东平鑫海建工前身）承建。公司组织强有力的施工班子，陈吉银任总指挥，王承瑜、彭延胜任技术指导，申万福任质检员，刘殿军任施工处主任。4月25日开工后，工程人员坚持精心管理、科学施工，克服了结构复杂、有大型玻璃幕等诸多困难，于翌年5月1日竣工交付，有效工期300天。工程达到预期目标，受到上级建筑管理部门、县委县府领导及建设单位的肯定和好评。

（4）东平县农村信用合作社营业办公楼

东平县农村信用合作社营业办公楼工程，框架结构，高7层，建筑面积4250平方米。大型玻璃幕墙，精致装饰。该工程由东平县建筑规划设计院设计，县建筑安装股份有限公司（东平鑫海建工前身）优秀项目经理贾传林负责承建。工程于1996年6月放线开工，1997年11月竣工交付。工程质量和外部形象均成为东平县城的一大亮点。

（5）山东省工程质量最高奖"泰山杯"工程奖工程

东平县公安局交警大队3号住宅楼

东平县公安局交警大队3号住宅楼工程，砖混结构，高6层，建筑面积5106.15平方米。1998年，县建筑安装股份有限公司（东平鑫海建工前身）承接后，与其泰安分公司第二项目部经理何敬军签订创优合同。11月16日开工后，项目部经理何敬军和全体干部职工团结奋斗。总经理刘振海时常亲临工地指导。针对该工程工期短、任务重、资金紧张、技术复杂和冬雨季施工等种种困难，总公司调入技术高、干劲强的技术骨干3名；技术科专职技术员跟班指导，质检科制定出比国家要求高15个百分点的标准，并委派1名专职质检员跟班检查、验收。总公司严格实施材料采购控制、施工过程控制、安全文明施工控制、设备管理控制，采取定段定人的方式，验收签字，重奖重罚，确保工程高质量、高速度、高效率。至翌年11月30日竣工交付，历时298天。在施工过程中，该工程先后获得市级安全文明卫生工地、市优质工程、市"十佳工程"、省优质工程等荣誉。2000年12月27日，山东省建筑局授予该工程"泰山杯"工程奖，并在鲁建管〔2000〕第21号文中给予表扬。此"泰山杯"工程的成功创建，标志着该公司质量管理水平和工程施工能力跻身全省前列。

（6）山东省工程质量最高奖"泰山杯"工程奖工程

东平县人民医院病房大楼

东平县人民医院病房大楼工程，框架结构，高10层，建筑面积9600平方米。1998年，县人民医院病房大楼工程由山东省建筑设计院设计，县建筑安装股份有限公司（东平鑫海建工前身）承接后，公司与其第三工程处主任张勇、水电安装队主任车吉胜和李渊晶、技术科长王承瑜、质检科长王供海等分别签订创优工程合同，明确规定各自的责、权、利。各施工生产组织对照创优合同逐条落实。技术、质检和分公司等采取切实可行的措施，任务分工到人，责任落实到人，并跟踪指导、检查。创优工作扎实推进。于2000年9月20日竣工交付，比计划工期640天提前10天。该工程杜绝了工程的质量通病，经县质监站竣工验评为优良工程，主体、装饰、安装分部工程均被评为分部优良，经泰安市建委总工及有关专家验评为优良工程和"十佳"工程。2001年3月，由省建筑工程质量"泰山杯"奖（省优质工程）评审委员会评议并经省建筑业联合会审定为"泰山杯"工程。

（7）山东省优良工程

东平县国税局办公楼

东平县国税局办公楼工程，全混凝土框架结构，高32.3米，地上10层，地下1层，建筑面积8218平方米。该工程由泰安市建筑设计院设计，属施工难度大、要求质量高的现代化报告场所工程，设施包含微机、电话、烟感、消防、电梯等设备。该工程由县建筑安装股份有限公司（东平鑫海建工前身）优秀项目经理贾传林负责承建，于2001年8月开工，翌年11月竣工。2004年，该工程被评定为省级优良工程。

（8）泰安市优良工程

东平县财政局办公大楼

东平县财政局办公大楼工程，框架结构，钢筋混凝土筏式基础，高9层，建筑面积6519.7平方米。该工程由济南军区设计院设计，在东平尚属于结构复杂、施工难度高的工程，设施包含微机、电话、烟感、消防、空调、电梯等办公设备。该工程由县建筑安装股份有限公司（东平鑫海建工前身）优秀项目经理管庆海负责承建，于2002年3月开工，翌年7月竣工，有效工期387天。2004年，该工程以高分被泰安市建工局评定为优良工程。

（9）中央储备粮泰安直属库办公楼

中央储备粮泰安直属库办公楼工程，框架结构，高4层，建筑面积3412.5平方米。该工程由泰安建筑规划设计院设计，东平鑫海建工优秀项目经理张希振负责组织、施工的高标准工程。工程于2004年7月3日放线开工，2005年4月30日竣工交付。期间，施工人员严格程序、高标准操作，精益求精。工程虽小，却不失雄伟壮观，令人充满奋勇向上的艺术享受。

工程受到建设单位和社会各界的肯定和好评。

1980~2010年东平鑫海建工优良工程统计表　　　　　表1

年份	工程名称	面积（㎡）	"泰山杯"	省优	市优	项目负责人
1980	东平县职工俱乐部	1632			市优	赵怀荣
1980	东平县政府办公楼	9377			市优	李长流
1981	东平县供电局办公楼	2274			市优	刘彬月
1981	东平县林业局办公楼	1058			市优	何庆山
1982	新泰市协庄煤矿餐厅	4846			市优	卜祥云
1983	新泰市协庄煤矿调度室	3740			市优	贾传林
1983	新泰市协庄煤矿南小宿舍楼	3456			市优	贾传林
1984	新泰市协庄煤矿职工培训大楼	1701			市优	贾传林
1984	新泰市协庄煤矿单身宿舍楼	3445			市优	贾传林
1984	东平县劳动服务公司营业楼	1225			市优	王庆目
1985	东平县农机公司营业楼	3089			市优	王庆目
1986	东平县县直招待所办公室	624			市优	马建河
1986	东平县税务局宿舍楼	1082			市优	张西振
1986	东平县政府办公楼西楼	1708			市优	李长流
1987	东平县农行办公楼	673			市优	张德元
1987	东平县粮食局办公楼	2236			市优	刘殿军
1988	东平县棉纺厂餐厅	1130			市优	王德河
1988	东平县二中宿舍楼	3450			市优	贾传林

续表

年份	工程名称	面积（m²）	"泰山杯"	省优	市优	项目负责人
1989	东平县计生委综合服务楼	1300		省优		程云珠
1989	东平县畜牧局综合楼	1989			市优	王德河
1989	东平县河务局办公楼	2877			市优	管庆海
1992	东平县县直招待所客房楼	3100			市优	马建河
1992	东平县粮食局宿舍楼	1606			市优	刘殿军
1992	东平县保险公司综合楼	1377			市优	何庆山
1992	东平县税务局办公综合楼	2144		省优		张西振
1994	泰安市中心医院11号楼	6000		省优		阎殿军
1995	东平县保险公司宿舍楼	12700			市优	张树来
1996	东平县检察院办公楼	3900			市优	贾传林
1996	东平县地税局办公楼	4025			市优	张树来
1997	第二实验小学宿舍楼	3500			市优	张树来
1998	东平县邮政新村宿舍楼	3900			市优	代清怀
1999	东平县国税局1号宿舍楼	3738			市优	贾传林
1999	东平县国税局2号宿舍楼	3735			市优	贾传林
1999	东平县国税局3号宿舍楼	3920			市优	贾传林
1999	东平县公安局1号宿舍楼	4211			市优	何敬军
1999	东平县公安局2号宿舍楼	4439			市优	何敬军
1999	东平县公安局4号宿舍楼	2350			市优	何敬军

年份	工程名称	面积（m²）	"泰山杯"	省优	市优	项目负责人
1999	东平县自来水公司宿舍楼	3300			市优	张树来
1999	东平县工具厂办公楼	1460			市优	管庆海
1999	东平县粮食局宿舍楼	3195			市优	刘殿军
2000	东平县公安局交警大队3号宿舍楼	5106.15	泰山杯			何敬军
2000	东平县移民局宿舍楼	2160			市优	何敬军
2000	东平县公安局宿舍楼	2350			市优	何敬军
2000	东平县公安局交警大队宿舍楼	5106		省优		何敬军
2000	东平县政府宿舍楼	2662			市优	管庆海
2000	东平县党校教学楼	3058			市优	陈冠树
2001	东平县人民医院病房大楼	9600	泰山杯			张勇等5人
2001	东平县农村信用社宿舍楼	3822				贾传林
2001	泰山技术学院学生公寓楼	7670			市优	张西振
2001	东平县食品公司1号宿舍楼	2400			市优	常海滨
2001	东平县食品公司2号宿舍楼	2865			市优	常海滨
2001	东平县高级中学1号宿舍楼	4500			市优	贾传林
2001	东平县邮政局综合服务楼	3070			市优	代清怀
2001	东平县广播电视局1号宿舍楼	3750			市优	张树来
2002	东平县二中餐厅	3400			市优	贾传林

续表

年份	工程名称	面积（m²）	"泰山杯"	省优	市优	项目负责人
2002	东平县二中教学楼	2900			市优	贾传林
2002	东平县农业发展银行办公楼				市优	张守珍
2002	聊城职业技术学院3号学生公寓楼	9930			市优	常海滨 代清怀
2002	东平县人民医院1号宿舍楼	6700		省优		张 勇
2003	东平县人民医院2号宿舍楼	4200		省优		张 勇
2003	东平县人民医院3号宿舍楼	3756		省优		张 勇
2003	东平县城市信用联社办公楼	2985		省优		贾传林
2003	东平县城市信用联社宿舍楼	2070		省优		贾传林
2003	东平县国税局办公楼	8200		省优		贾传林
2004	东平县中医院病房楼	6755		省优		张守珍
2004	东平县财政局办公楼	6519			市优	管庆海
2005	东平县政府办公楼东楼	3460			市优	贾传林
2007	东平县人民银行宿舍楼	4670		省优		贾传林
2008	东平县人民医院门诊楼	18514		省优		刘 虎
2008	东平鑫海东晟小区1号住宅楼	6050			市优	张西振
2008	东平鑫海东晟小区2号住宅楼	6050			市优	张西振
2008	东平鑫海东晟小区3号住宅楼	6050			市优	张守珍
2008	东平鑫海东晟小区4号住宅楼	6330			市优	张守珍
2008	东平县杭州花园1号住宅楼	2460		省优		常海滨

续表

年份	工程名称	面积（m²）	"泰山杯"	省优	市优	项目负责人
2009	东平县焦村社区75号住宅楼	3202			市优	高　涛
2010	东平县社会福利中心公寓楼	3300			市优	陈冠树
2010	东平县行政事务管理局服务楼	3080			市优	郑云付
2010	东平县信和家园小区1号住宅楼	7560			市优	张守珍
2010	东平县鑫海山庄1号楼	4643			市优	张智峰
2010	东平县鑫海山庄2号楼	4869.3			市优	张智峰
2010	东平县鑫海山庄3号楼	4983.9			市优	李启刚
2010	东平县鑫海山庄4号楼	5296.2			市优	周兴华

刘振海在工程施工生产和创优工作中，始终坚持安全生产第一原则。他说："安全重于泰山，在所有生产经营活动中安全第一原则永远不能动摇"。他任县建筑工程公司经理以来，注重强化安全生产的宣传教育与检查工作，加强安全生产的组织领导和制度建设，同时不断强化劳动保护。20世纪90年代始，刘振海和他的团队组织开展安全文明卫生工地创建活动，有效地推动着安全生产工作的健康发展。至2010年，东平鑫海建工有限公司（含前身机构）11次领取山东省安全文明卫生工地金牌，59次领取泰安市安全文明卫生工地金牌，安全文明卫生工地创建活动全面、健康发展。企业安全生产及劳动保护工作走上规范化、制度化、法制化的健康发展轨道，并取得一批安全文化建设的积极成果。

强化安全生产的教育与检查

1987年，刘振海在主持县建筑工程公司的全面工作并大刀阔斧进行改革的同时，狠抓安全生产的教育与检查。坚持"五不忘"，即组织学习不忘安全教育、召集会议不忘宣传安全生产、布置生产不忘布置安全措施、检查质量不忘检查安全生产和劳动保护、总结评比不忘安全考核，使安全生产教育渗透到施工生产和工程管理的全过程。安全生产的检查不断加强、规范。主持全面工作并全力推动企业改革的经理刘振海，主动把自己同分管安全工作的副经理赵怀荣一样，置于安全生产第一责任人的位置。把安全生产作为对国家、对人民生命财产高度负责的第一位的工作，在企业管理和施工生产中始终坚持安全第一的原则不动摇。除经常到施工现场宣讲安全生产、检查工地人员的安全意识和安全措施外，多次组织检查组对分布在新汶、后屯、州城、老湖镇等地的20多个施工现场进行全面检查。公司安全生产形势健康发展，在泰安市组织的安全生产大检查评比中取得前三名的好成绩。

1990年10月，经理刘振海亲自兼任公司安全生产委员会主任，企业安全生产工作进一步加强。他以党总支副书记的身份建议、倡导党组织，动员党、政、工、团齐抓共管，全面落实省、市、县建委安全达标会议精神，组织开展安全达标活动。由工会制作流动红旗，实行按月评比，按月奖罚，年终总结，使安全生产的教育活动常抓不懈。与此同时，公司注重现场安全防护标准化实施，在充分利用原有防护设施的基础上，增设安全生产栏板和警示牌、宣传牌，强化安全生产的宣传教育氛围，安全达标活动及夺杯竞赛不断推向深入。

1992年3月18日，公司经理刘振海亲自组织生产工作全面检查。检查内容主要是工程质量和安全生产。依据具体内容及评分标准，对查出的问题当场指出，并限期整改；对评出的先进单位及个人给予表彰奖励。此次检查，有效推动了安全生产工作。年内，经理刘振海还责成公司组成现场整治领导小组，对各工地进行安全卫生整治。与此同时，公司安全科、设备科亦经常深入工地，检查指导、帮助整改。通过宣传发动，树典立范，各沿街栋号设立起围墙，各施工工程全部施行挂牌施工，标语牌、平面图、警示牌、机械手、操作规程等牌匾排列整齐，一目了然，各工地形成安全文明卫生的浓厚氛围。在泰安市组织的安全文明卫生工地检查中受到好评。至1992年12月，公司被泰安市建委评为1992年度安全生产先进企业。此后，公司不断强化安全生产教育与检查工作，不断强化安全文明卫生工地建设，并取得积极成果。在泰安市建委、劳动局及东平县建委、劳动局多次组织的大检查中，均得到检查组的充分肯定和高度评价。

1997年，县建筑安装股份有限公司总经理刘振海倡导和支持下，实施安全生产目标管理，逐级签订《安全目标责任书》。规定，在施工生产和各项工作中，安全目标责任具有一票否决的效力。在《安全目标责任书》签订过程中，公司对安全生产的宣传教育提出明确要求：一是各级领导及安全管理员首先受教育，学法、懂法，学会用法律约束自己，而后教育别人；二是组织开展好"第七个安全生产周"活动；三是抓好新职工三级教育；四是抓好正反两方面典型，奖罚兑现。同时要求，对于从事特种作业的职工必须经过专门培训，考核取证或复审换证。确保安全生产的宣传教育放在首位，贯穿始终，并采取多种形式进行安全生产检查，使事故隐患消灭在萌芽状态。至1997年底，公司伤亡事故杜绝，轻负伤频率降至0.5‰。

1998年4月27日，县建筑安装股份有限公司总经理刘振海亲自主持召开安全生产专题会议，部署深入开展安全周、安全月活动。会议确定本次活动的重点是，不折不扣地按照《山东省建筑施工安全文明卫生工地标准》实施整改；不准有带病运转的设备，平网、立网缺一不可，安全卫生警示牌、标志牌要醒目；管理人员、特殊工种人员持证上岗，佩戴证卡；各科室分片包干、分项定人，深入工地现场宣讲安全生产工作会议精神，指导帮助整改。各工地很快呈现出安全、文明、卫生、整洁、有序的良好局面和氛围。为巩固安全生产宣传教育的成果，公司于7月3日至6日，抽调工程技术人员对吊车司机、电工、架子工、电焊工等60余人进行安全培训考核，提高其操作技能和安全意识。翌年5月，公司再次组织开展"安全生产周"活动。该年度活动的主题是"安全、生命、稳定、发展"。公司制作安全标语条幅20余幅、安全宣传挂图100余份，悬挂、张贴在在建工程或工地上；在各施工队、工地举办安全生产知识的报告会、演讲会，讲解安全操作标准、钢管架搭设安全标准及"四口"安全防护等安全生产知识；组织开展安全生产评比活动，通报表彰安全防护措施落实好、安全生产程序标准的工程处，批评安全工作差的工程处，并要求限期整改；做好安全生产记录并整理归档，总结经验、教训，为开展达标活动及夺杯竞赛打下了坚实的基础，为安全文化建设奠定基础。之后，刘振海和他的团队进一步加大安全生产的措施和力度，对关键部位进行安全交底和跟人指挥。7月29日，公司接受"接山毛巾厂准备车间屋面拆除工程"。该屋面局部塌陷，拆除工程是急、难、险、重工作。刘振海专门召开总经理办公会会议，并形成纪要。依照纪要成立领导小组，并明确宣布各成员责任；按照"先加固，后施工"的程序，组织相关人员现场研究施工方案；杜绝违章指挥，违章操作，圆满、顺利地完成任务。月内，出现个别酒后上岗现象，公司立即责成机关作风小组认真查处，并要求发现一个、处理一个，消除不良现象，清除不安全因素。

2000年，依据总经理刘振海将安全生产教育不断引向深入的要求，县建筑安装股份有限公司申报起重机械拆装资质，对12名拆装人员进行技能和安全生产培训。此后，公司组织安排安全生产员等12大员赴泰安建校集中培训；出资选送60余名安全管理干部职工到外地培训。年内，公司还以ISO9002贯标工作为契机，加大安全教育工作力度，举办特种作业人员培训班2期。印发冬季施工措施，组织职工学习，组织相关科室人员深入工地检查指导。同时，加强对警卫人员的安全教育学习，强化安全保卫措施，坚持巡逻检查和重点看守相结合，确保工地安全保卫工作不断落到实处。翌年，公司在全面总结经验的基础上，坚持"抓安全，以人为本，教育优先"的原则，定期、不定期地举办安全教育培训班，学习新标准、新规范，普及安全生产科学知识，增强职工的安全防范意识和遵守各项安全生产法令和规章制度自觉性，确保安全生产。期间，公司还把安全生产教育引导到安全文化建设上来，组织编唱《现场施工五字歌》《工地快书》等，使职工人人传唱，深入人心。此后，《东建通信》越办越好，一批建设（筑）及安全文化作品在国家、省、市、县报刊相继发表，公司安全生产宣传教育不断攀上新台阶。

2002年5月12日，泰安市建管处长苏中柱带领安全生产检查组到东平县各建筑工程工地检查安全生产工作。检查组对东平县建筑安装股份有限公司施工的县邮政局宿舍楼、地矿大厦、建设大厦等工程工地的安全生产工作提出重点表扬。强调，必须坚持安全文明卫生工地创建标准，确保安全生产。同时决定把地矿大厦工程工地推荐为省级安全文明卫生工地。翌年3月10日，公司还印发《关于各工种机械安全技术操作规程的通知》，要求组织学习并贯彻执行。年内，公司针对个别持证吊车司机、架子工私自外包活，出现伤亡事故印发通知，要求职工认真学习《公司管理规程》，认真反思，汲取教训。同时，责成安全科进行深入检查，切实加强持证人员的管理，杜绝此类现象的发生。

2004年，依据总经理刘振海关于"安全生产教育与检查永远不能歇步"的要求，公司组织特殊工种的132人进行安全培训，其中电工16人、塔吊司机16人、起重工11人、架子工36人、机械工20人、信号工8人、电焊工1人、安全资料员13人。并举办安全负责人和项目经理安全知识培训班。组织培训人员学习安全生产法规，辅导工程施工程序、安全规定和不同工种、岗位的工作程序及安全要求，使其提高安全生产的法律意识，增长安全生产的新知识、新技能。年内，公司还组织相关人员多次深入工地检查指导安全生产工作，查出安全隐患324条，下发整改措施80余份，停工整改5次。持续不断的安全生产教育与检查，保障了企业的安全生产。

2005年初，总经理刘振海与班子成员，各分公司、项目部责任人及新开工程承包单位一一签订承包合同和"一岗双责"安全合同后，公司领导班子成员及相关科室细化责任分工和具体措施，加强对各工地的检查督导，并注重培养典型，宣传典范。3月，在临清御林苑工地召开安全生产现场会，并录制成影像在各工地播放。通过播放录像，彰显差距，成为光荣榜和曝光台，震动大，反响强烈，浓厚了安全生产气氛，大大强化了安全教育的效果。与此同时，公司安全科组织各分公司及项目部正、副经理和安全员召开安全生产专题会，与项目部负责人签订安全工作协议，并相继在施工现场召开现场会，对施工人员进行深入系统的安全教育。在此期间，公司还印发《职工教育读本》，组织职工学习安全生产法规和安全生产知识。通过反复的宣讲教育，使广大职工深刻认识到，安全工作绝不是虚事，应付领导、应付检查，但应付不了事故，应付不了事故的责任和惩罚，只有真抓实干，才能确保施工顺利、生产安全、职工人身安全。在此基础上，公司加大检查力度，要求安全科除每月组织两次安全大检查外，坚持天天深入施工现场，发现问题及时解决，消除事故隐患，兑现安全奖惩，确保安全工作万无一失。期间，下发整改通知14项，通报罚款4项，停工整改1项。10月18日，在总公司组织的安全检查中，发现九州钢业工地第十六项目部有5人未戴安全帽，三分公司12人未戴安全帽；明湖中学工地第六项目部6人未戴安全帽，第三项目部8人未戴安全帽。依照总公司安全规定，决定给予每人50元的处罚，即第十六项目250元、三分公司600元、第六项目部300元、第三项目部400元，并于20日印发《违章作业处罚通报》，为各施工单位和人员再次敲响安全生产的警钟。冬季来临前，公司安全科制定印发《关于加强冬季施工安全生产的通知》，要求各施工处严格按照《建筑施工安全检查标准》施工，重点抓好"双封六防"工作，即施工现场封闭管理、施工作业全封闭防护，和防雨雪、防滑、防火、防坠落、防倒塌、防中毒等，严格"三宝"利用，做好"四口、五临边"及高压线防护，确保施工作业人员及电器、设备安全。要求各项目部克服"以包代管"的错误思想，做到认识、组织、检查"三到位"。安全科强化检查督导，职工安全意识和防范意识进一步增强，杜绝违章作业和违章指挥，确保冬季施工安全。至2005年底，公司创出2个省级安全文明卫生工地和4个市级安全文明卫生工地。此后，公司安全科还对重点工程采取夜间轮查，使安全生产工作不留空挡。

2008年3月18日，山东东平鑫海建工有限公司安全生产工作会议召开，董事长兼总经理刘振海主持会议。刘振海作重要讲话，并与各项目部、分公司负责人签订《安全生产目标管理责任书》，对安全生产目标管理作出明确具体规定。此后，公司紧紧抓住安全生产教育与检查不放松，不断推动安全生产工作健康发展。此后，公司相继制定《重大危险应急救援预案》，并分别在公司施工的青河泮景小区1号楼、水泥厂家属院工地进行演练。此举受到市县安全监管部门的好评，被东平电视台《东平新闻》报道，收到良好社会效果。翌年，公司继续坚持推进安全生产教育与检查工作，组织特殊工种作业人员35人培训，并取得相应资格证书；对132名特殊工种进行为期1周的安全继续教育；印发《安全知识读本》，组织职工学习；组织职工观看安全事故案例剖析VCD。之后，公司坚持定期举办管理人员安全知识培训和特殊工种作业人员的安全继续教育培训、证书年审，组织好6月份的安全生产月宣传活动，并抓安全文化建设，全公司安全生产教育与检查工作持之以恒、健康发展。

至2010年，东平鑫海建工有限公司安全生产教育与检查工作已步入规范化、制度化，且实效显著。连续多年无重大安全事故，连续5年轻负伤率在2‰以下，并取得一批安全文化建设成果，多次被省、市、县考核验收为安全达标单位，68次领取省、市安全文明卫生工地金牌，多次被省、市、县表彰为安全生产先进单位、安全生产先进集体。

加强安全生产的组织领导和制度建设

1987年，刘振海主持县建公司全面工作后，即多次重申，不适应的管理机制要彻底改革、全面改革，但行之有效的安全生产管理制度、规定必须强化、完善，并认真贯彻执行。

翌年3月6日，公司安全生产委员会成员调整后改称安全治保领导小组，由副经理赵怀荣任组长，另设两名副组长。刘振海对赵怀荣说："我们二人是公司安全生产的第一责任人，安全重于泰山，责任重于泰山，必须下大气力、不折不扣地抓好！"

1990年10月，东平县建筑安装工程公司安全生产委员会成立，经理刘振海兼任主任，由副经理宫传奎、郑军任副主任，各分公司、厂领导小组正、副组长为成员。安全生产的组织领导空前加强，并相继出台了安全生产的相关规定、制度。

刘振海认为，安全生产的关键是加强组织领导，重点是健全制度、落实制度，实现安全生产是最高要求。

1992年2月23日，县建筑安装工程公司制定并下发《东平县建筑安装工程公司安全生产管理实施细则》，其中包括《安全生产管理办法》《安全生产检查制度》《安全教育》《安全管理制度》《伤亡事故报告及处理和安全奖惩办法》等。翌年，公司制定《安全生产八项规定》。其中包括，管生产必须管安全，健全安全机构，将安全与经济效益挂钩，严格安全事故报告制度，加强安全培训，严格"三同时"（即同时设计、同时施工、同时投入生产和使用）原则，扎实开展安全检查考核工作等内容。

1994年6月1日，县建筑安装股份有限公司成立后，董事长兼总经理刘振海，要求安全生产管理工作一刻也不能停止，并立即印发修订完善的《管理规程》，对各科室、各单位、各方面的安全生产管理作出具体规定。

对其安全保卫科的安全与保卫工作分别作出明确具体规定。其安全工作的规定包括：①负责公司安全生产工作。认真贯彻执行"安全第一，预防为主"的方针。深入施工现场，加强对工程安全施工的检查指导，杜绝重大伤亡事故的发生，月轻负伤频率不得超过2‰。轻负伤频率每超1‰罚该科5元，出现重伤1人罚150元，出现死亡1人罚300元。全年不发生重大伤亡事故奖300元。②严格执行安全标准。安全帽、安全带、安全网等必须按规定佩戴或架设，否则有权给予处罚或停止施工。发现事故隐患，及时采取措施，制定方案，将事故消灭在萌芽之中。安全科每月组织一次大检查，以公司栋号排出名次，并分别奖前一、二名各5元以上，罚倒数一、二名各5元以上。③认真执行"三不放过"的原则。如发生安全事故，安全科必须在5天内写出调查处理报告，报分管副总经理。每拖延1天，罚该科5元。如漏报或瞒报，发现1次给予30元以上的罚款。④结合职工培训，对职工进行系统的安全知识教育。⑤搞好文明施工，加强文明施工建设。要求做到：A.场地平整、道路畅通；B.现场材料、机具、构件等堆放布置符合施工总平面图；C.有防止物体坠落的有效措施；D.落地灰、碎砖、刨花、漏浆、木屑等每天清理，场地清洁，成品保护好；E.现场设有办公室、厕所；F.料具仓库物品存放门类清楚，整齐有序，现场无长流水、长明灯。同时规定，建筑物周围排水流畅，若出现积水罚该科30元。其保卫工作的规定主要包括：负责公司的治安保卫工作，全方位地维护公司制度的严肃性，最大限度地控制刑事案件的发生；坚持每天的夜间巡回检查，杜绝丢失物品；对广大干部职工进行法制教育，对打架斗殴、酗酒闹事、无理取闹、损害他人利益、扰乱社会工作秩序者，及时采取措施予以制止，防止事态扩大；做好四防管理工作，对器具设施定期检查，重点抓好防火工作，发现问题及时下达整改通知书，对不落实的有关责任者，有权给予5～30元的罚款。并对管理不到位、失职作出罚则。年内，公司还修订印发了《劳动纪律》和《安全纪律》。此后，公司又印发《班组各项管理制度》，将其文明生产制度作为一项重要内容，并作出具体规定。

2002年5月，县建筑安装股份有限公司制定并印发《各级管理人员和各部门安全生产责任制》《建筑工人安全技术操作规程》《安全文明施工管理制度》。《各级管理人员和各部门安全生产责任制》，明确规定了公司经理、副经理、技术负责人、安全科长、安全员、项目经理、技术员、施工员、材料员、机械管理员以及各科室、分公司、项目部、厂等部门、单位的安全职责；《建筑工人安全技术操作规程》具体规定了各工种安全技术操作要求和机械设备使用技术要求；《安全文明施工管理制度》规定了安全教育、安全检查、安全考核、设备管理验收、安全奖惩、班组制度、施工方案审批制度、安全交底制度、安全防护用品管理制度、消防保卫制度、工伤事故报告与处理制度等。

2003年3月10日，县建筑安装股份有限公司印发《关于安全生产责任制的通知》，要求本企业各级各部门切实执行"安全第一，预防为主"的方针，认真落实各项安全生产责任制，使安全生产责、权、利相结合。翌年7月21日，县建筑安装股份有限公司印发《关于禁止使用自制旧式吊笼的通知》。鉴于自制旧式吊笼设计不规范、安全系数低、存在严重隐患的问题，公司根据省市文件精神和本公司的实际，作如下通知：①建立装饰工程备案制度，凡进入工程粉刷阶段的项目部必须到安全科登记备案，由安全科对装饰队伍进行资质、设备审查，验收合格后方可施工，项目部技术人员要做好安全技术交底，进行安全教育；②凡未经省主管部门备案的吊笼一律不得进入施工现场，保险锁、手板葫芦、安全带、安全备绳、安全帽使用齐全，配重符合设计要求，不得使用砂袋；③作业人员要严格安全操作规程，履行安全技术交底。翌年9月1日，公司印发《关于开展安全质量标准化的实施方案》，同时成立"安全质量标准化"领导小组，总经理刘振海兼任组长，副总经理郑军为副组长，安全科长乔峰等相关人员为成员。该小组具体负责落实国务院《关于加强安全生产工作的决定》和县公安局的试点意见，部署本企业"安全质量标准化"活动。方案指出，本公司安全工作有所加强，但安全投入不足，责任措施不到位，安全意识薄弱的矛盾依然存在，必须进一步提高认识，增强开展安全质量标准化工作的自觉性和紧迫感，切实把握安全质量标准化的实质，将活动深入持久地开展下去。

2005年，东平鑫海建工有限公司成立后，董事长兼总经理刘振海和他的团队，在狠抓各项安全生产规章制度落实的同时，进一步完善《公司安全生产责任制》和《各工种机械安全技术操作规程》。相继制定了《山东东平鑫海建工有限公司重大危险应急救援预案》。

2008年，东平鑫海建工有限公司印发《安全质量标准化体系》，并率先在全县建筑企业开展安全质量标准化活动。翌年，刘振海和他的团队进一步修订完善安全文明施工管理制度，增加了安全生产责任制度、安全资金管理制度、起重机械安全使用和保养制度、意外伤害保险制度、安全目标管理制度、安全防护设施准用制度、安全例会制度、安全生产责任追究制度、隐患排查治理制度、分包单位安全管理制度、岗位标准化制度、安全设备设施维护保养等25项制度。至年底，这些安全生产制度通过了县政府安委会的考核验收。随着这些安全生产制度的实施，东平鑫海建工有限公司的安全生产工作步入规范和稳定发展的新阶段，分别被泰安市人民政府安委会、东平县安全监督局和东平县建设局授予2009年度"安全生产先进单位"称号。

至2010年，东平鑫海建工有限公司的各项安全生产制度已基本健全、配套，为公司的施工生产安全、企业经济文化健康发展提供了坚实的制度保障、安全保障。

安全文明工地创建

（一）开展安全文明工地创建活动

刘振海，这个从农村长大、企业最基层打拼出来的汉子，跑工地、蹲工地是他习以为常的事，这是父母传给他的勤劳美德。同样，父母还传给他肯学习、肯动脑筋的美德。他在跑工地、蹲工地的过程中，在要求工地施工人员把安全、质量置于绝对第一位的情况下，还经常和员工探讨文明施工、卫生施工等问题。20世纪90年代初，县建筑工程公司在总结基层施工情况的基础上，开始倡导文明施工活动。各施工处积极响应公司经理刘振海的倡导，推行文明施工活动，降低施工噪声，材料堆放整洁有序，工地经常打扫，垃圾及时清理。通过文明施工活动的开展，干部职工认识到，抓文明、促提高，抓外延、促内涵，抓形象、促经济，抓名牌、抢市场，文明施工是建筑企业事关全局的大事。于是，公司将文明施工、工地（现场）形象管理逐步纳入企业管理制度中来。1994年6月，县建筑安装工程公司改建为县建筑安装股份有限公司后，刘振海和他的团队对于文明施工及工地管理更加重视。

1996年5月，县建筑安装股份有限公司在县府宿舍楼工程施工中，工地提出"施工不扰民、物料不占道、垃圾及时清理和最大限度地降低施工噪声"的标准要求，受到附近居民和建设单位的好评。公司经理刘振海对于该工地的做法高度重视，给予充分肯定，要求认真总结推广。10月，《山东建设报》专题报道了该公司组织开展创文明工地活动的情况和做法。公司以此为契机，加大对创建活动的领导，强化措施，从总公司到分公司、工程项目、栋号，层层设立领导小组，形成指挥、贯彻、执行体系。相继，公司印发《山东省文明工地标准》及实施细则，制定创建计划，明确目标要求、任务措施。为推动创建活动深入扎实开展，公司还制定学习例会制度、情况交流制度、考核奖惩制度，使创建活动制度化、规范化。随着创建活动的深入开展，各工地施工人员安全帽佩戴齐全，施工文明，操作规范，噪声降低；临电线路架设正规，安全网悬挂整齐，警示牌摆放规范整洁；活完料清且无碎砖、落地灰、木头、钉子及其他下脚料。工程质量亦明显提高。至1996年底，各工地的点优良率上升，材料降耗率、轻负伤率明显下降。不少工地的创建活动得到了建设单位的认可和支持，形成施工单位和建设单位共建文明工地活动的良好氛围。

1997年，公司经理刘振海和他的团队提出"八牌两图一围墙"封闭式工厂化管理的施工要求，并着手培植样板。县公安局宿舍楼工程工地全面落实总公司的施工要求，并建起了水冲式厕所，整个工地布置得规范、标准、安全、文明、清洁。该工地还提出"创十佳工程，树公司形象"的口号，不断把创建活动推向深入。县公安局宿舍楼工程工地的创建活动亦受到甲方领导、工作人员及社会群众的一致好评。8月22日，县建委在县公安局宿舍楼工程工地召开"全县建筑企业'施工安全文明卫生与治理质量通病'现场会"。通过参观、座谈，与会人员对于该施工单位过硬的技术质量和规范的现场管理给予极高评价，认为"该工程工地代表了东平县90年代文明施工的最高水平"。在此期间，该公司的县第二实验小学工程工地更不示弱，决心走在创"文明工地"、创"十佳工程"的前列。11月6日，泰安市建委、建管处通过检查验收，将东平县建筑安装股份有限公司承建的县公安局宿舍楼和县第二实验小学两工程工地评定为泰安市"十佳安全文明工地"，授予两块金牌。同时，将县公安局宿舍楼工程作为代表全泰安市水平的唯一工程参加山东省"百佳工程"评选。

1998年，县建筑安装股份有限公司总经理刘振海和他的团队确定，以安全文明卫生工地创建活动为契机强化企业形象建设。在切实抓好工程质量、进度、安全生产及经营的同时，切实注重厂容厂貌、厂风厂纪、员工精神风貌及企业承诺、社会信誉等，狠抓员工，特别是管理人员的学习、修养，提高其自身素质。抓内部团结、外部协作，强化纪律考勤及指令性工作的考核，培养雷厉风行的工作作风。对于甲方提出的意见和要求，做到件件安排落实，件件有回音。注重培养宣传文明典型，培植宣传工作棱角，扩大企业知名度，提高美誉度，树立企业良好的社会形象。企业的社会形象、社会信誉，是企业文化建设的至高成果，也是巨大的无形资产，更是安全生产、安全文明卫生工地创建活动的巨大精神支柱。此后，总经理刘振海和他的团队实施创建河务局[①]办公楼、县粮食局实业公司宿舍楼2个省级安全文明卫生工地。通过不懈努力，至塑

① 东平县湖管局。

年3月23日通过了省、市检查验收。相继，由山东省建委颁发了东平河务局办公楼工程、东平县粮食局实业公司宿舍楼工程2块"省级安全文明示范工程"金牌。

2000年，总经理刘振海和他的团队着手制定公司各项安全管理制度，以严格按照ISO9000体系加强过程控制。在加强安全防护的同时，加强现场文明施工，物料堆放整齐，各类标识挂设齐全。年内，公司承接济南金阁小区3号住宅楼后，成立济南分公司，抽调公司技术骨干力量组成分公司班子，克服外出作业诸多困难，高标准，严要求，架体施工、临电架设、现场防护均严格按照《建筑施工安全检查标准》JGJ 59标准施工，一次性通过济南市建筑安全监督站验收，被评为2000年度安全文明红牌工地，为公司树立起良好的社会形象。

2002年，县建筑安装股份有限公司承建县食品公司1～3号住宅楼。公司针对该年度施工量大的特点，成立安全文明工地领导小组，全员参与，分工协作。领导小组制定了创建省级安全文明卫生工地的措施计划，班组成员各司其职。工地首次采用自制电刨防刨手安全自动装置，率先采用外脚手架外跨式"之"字形安全上人通道，达到安全、实用、美观的要求。安全文明工地创建工作受到县建设局的好评，并通过省级验收，由山东省建管局颁发安全文明工地金牌。年内，高级中学2号宿舍楼、平湖小区8号住宅楼、人民医院3号住宅楼工程工地先后领取泰安市建委、建管处颁发的安全文明工地金牌。翌年，公司创建县建设局宿舍楼工程省级安全文明工地。公司分工领导和小组成员靠在一线，与第六项目部通力合作，采用新式环保型彩板房，建设混凝土道路60米，架体钢管粉刷安全警示色，整个现场整洁、安全、文明、绿化、美化。4月，该工地通过省级验收，由山东省监管局颁发安全文明工地金牌。

2004年，县建筑安装股份有限公司在新开工的县环保局宿舍楼工程工地，在全面推行省级安全文明工地标准的基础上，首次使用定型化的搅拌机安全防护棚、建设水冲式厕所等高标准设施，又一次赢得省级安全文明工地金牌。期间，县农业局综合楼、县高级中学女生公寓、县油脂厂1号和2号住宅等工程工地亦先后获取4块市级安全文明工地金牌。

2005年，东平鑫海建工有限公司创建后，董事长、总经理刘振海更加注重安全文明卫生工地创建活动的开展。人民医院门诊楼、鑫海花园3号住宅楼及中医院病房楼、银山小区2～4号住宅楼、鑫海建工1号和2号住宅楼、九鑫花园1～6号和8号住宅楼等一大批省、市安全文明卫生工地相继创建并夺得金牌。至2010年，东平鑫海建工有限公司（含前身机构）11次领取山东省安全文明卫生工地金牌，59次领取泰安市安全文明卫生工地金牌。企业安全文明卫生工地创建活动全面、健康发展。

（二）省级安全文明工地选介

（1）山东省安全文明优良工地

东平县供电局宿舍楼工程工地

1998年，东平县供电局宿舍楼工程，砖混结构，高6层，建筑面积3000平方米。项目部经理管庆海。工程实施安全文明施工控制、设备管理控制，定段定人，验收签字，重奖重罚。现场防护安全、整洁，施工文明，多次受到检查组的好评，市建管处曾组织各县市区建筑企业到该工地参观。1999年3月，被评为山东省安全文明优良工地，并由山东省建管局颁发金牌1块。

（2）山东省安全文明优良工地

东平县人民医院病房大楼工程工地

1999年，东平县人民医院病房大楼工程，框架结构，高10层，建筑面积9600平方米。项目经理张勇。公司承接后，明确规定各自的责、权、利。各施工生产组织对照创优合同逐条落实。项目部和安全科采取切实可行的措施，任务分工到人，责任落实到人，并跟踪指导、检查，创建优良工程和创建安全文明卫生工地的工作扎实推进。至12月，被评为山东省安全文明优良工地，并由山东省建管局颁发金牌1块。

（3）山东省安全文明优良工地，泰安市十佳安全文明工地

东平县人民医院门诊楼工程工地

2006年，东平县人民医院门诊楼工程，框架结构、建筑面积15700平方米，高7层，是当时全县面积最大、设施最先进的工程。由新组建的鑫海建工第一项目部施工。项目经理刘虎。项目部成立安全领导小组，公司相关人员组成安全文明工地创建小组，驻工地指导帮助，各班组分工明确。由于场地狭窄，该工程在楼内中央天井采用塔吊设置，工程结束后采用100T吊车分次调出的办法施工。工程开工后，每周一调度，确保各项创优措施的落实。在上级多次检查中均受到好评。2007年2月，该工程工地被评为"山东省安全文明优良工地""泰安市十佳安全文明工地"，并由山东省建管局颁发"山东省安全文明优良工地"金牌。

1997～2010年东平鑫海建工省、市级安全文明工地一览表　　　　表2

工程名称	承建负责人	发证单位	发证时间
东平县公安局1号宿舍楼	何敬军	市建委、建管处	1997.11
东平县第二实验小学宿舍楼	张树来	市建委、建管处	1997.11
东平县国税局宿舍楼	贾传林	市建委、建管处	1998.7
东平县建委2号住宅楼	管庆海	市建委、建管处	1998.7
东平县邮电局宿舍楼	代清怀	市建委、建管处	1998.7
东平县公安局2号宿舍楼	何敬军	市建委、建管处	1998.7
东平县移民局宿舍楼	何敬军	市建委、建管处	1998.11
东平县电业局宿舍楼	管庆海	市建委、建管处	1998.11
东平县社保宿舍楼	陈培金	市建委、建管处	1998.11

续表

工程名称	承建负责人	发证单位	发证时间
东平县粮食局住宅楼	刘殿军	山东省建管局	1999.3
东平县供电局宿舍楼	管庆海	山东省建管局	1999.3
东平县湖管理局办公楼	管庆海	山东省建管局	1999.3
东平县粮食局宿舍楼	刘殿军	市建委、建管处	1999.3
东平县湖管理局办公楼	管庆海	山东省建管局	1999.4
东平县公安局3号宿舍楼	何敬军	市建委、建管处	1999.6
东平县国税局3号楼	贾传林	市建委、建管处	1999.6
东平交警队4号宿舍楼	何敬军	市建委、建管处	1999.6
泰美保法医院门诊楼	管庆海	市建委、建管处	1999.6
东平县自来水公司宿舍楼	张树来	市建委、建管处	1999.6
东平县工具厂办公楼	管庆海	市建委、建管处	1999.6
东平县人民医院病房楼	张 勇	山东省建管局	1999.12
东平县湖管理局宿舍楼	管庆海	市建委、建管处	2000.1
东平县委党校教学楼	刘殿军	市建委、建管处	2000.1
东平县政府21号宿舍楼	管庆海	市建委、建管处	2000.1
济南金阁小区3号楼	闫殿军	山东省建管局	2000.4
东平县农村信用社宿舍楼	贾传林	市建委、建管处	2001.1
东平县食品公司1号楼	常海滨	山东省建管局	2002.1
东平县食品公司1号住宅楼	常海滨	市建委、建管处	2002.2
东平县高级中学2号宿舍楼	贾传林	市建委、建管处	2002.2

工程名称	承建负责人	发证单位	发证时间
平湖小区8号住宅楼	何敬军	市建委、建管处	2002.2
东平县人民医院3号住宅楼	张勇	市建委、建管处	2002.2
东平建设大厦	闫殿军	山东省建管局	2002.4
东平县建设局住宅楼	岳传峰	山东省建管局	2003.4
东平县环保局住宅楼	姜兴印	山东省建管局	2004.6
东平县公安局1号住宅楼	闫殿军	泰安市建设局	2004.6
农业局综合楼	宋来彬	泰安市建设局	2004.6
东平县高级中学女生公寓	贾传林	泰安市建设局	2004.6
东平县油脂厂2号住宅楼	管庆海	泰安市建设局	2004.6
东平县油脂厂1号住宅楼	管庆海	泰安市建设局	2004.6
东平县中医院病房楼	张守珍	泰安市建设局	2005.5
银山小区3号住宅楼	岳传峰	泰安市建设局	2005.5
银山小区2号住宅楼	常海滨	泰安市建设局	2005.5
银山小区4号住宅楼	常海滨	泰安市建设局	2005.5
杭州花园1号楼	常海滨	泰安市建设局	2006.4
东平县人民医院门诊楼	刘虎	山东省建管局	2007.2
鑫海建工1号住宅楼	陈冠树	泰安市建设局	2007.2
鑫海建工2号住宅楼	张勇	泰安市建设局	2007.2
九鑫花园1号住宅楼	岳传峰	泰安市建设局	2007.2
九鑫花园2号住宅楼	岳传峰	泰安市建设局	2007.2

续表

工程名称	承建负责人	发证单位	发证时间
九鑫花园3号住宅楼	管庆海	泰安市建设局	2007.2
九鑫花园4号住宅楼	岳传峰	泰安市建设局	2007.2
九鑫花园5号住宅楼	岳传峰	泰安市建设局	2007.2
九鑫花园6号住宅楼	高　涛	泰安市建设局	2007.2
九鑫花园8号住宅楼	管庆海	泰安市建设局	2007.2
瑞星集团1号住宅楼	张守珍	泰安市建设局	2007.2
瑞星集团2号住宅楼	赵贵来	泰安市建设局	2007.2
后屯村3号住宅楼	常海滨	泰安市建设局	2008.3
金汇商业街1号楼	李传森	泰安市建设局	2008.3
鑫海花园1号住宅楼	张守珍	泰安市建设局	2008.3
鑫海花园4号住宅楼	张希振	泰安市建设局	2008.3
鑫海水泥1号住宅楼	姜兴印	泰安市建设局	2008.3
鑫海水泥2号住宅楼	姜兴印	泰安市建设局	2008.3
鑫海水泥3号住宅楼	姜兴印	泰安市建设局	2008.3
鑫海水泥4号住宅楼	姜兴印	泰安市建设局	2008.3
东平鑫海建工3号住宅楼	张守珍	泰安市建设局	2008.3
东平鑫海建工4号住宅楼	李传森	泰安市建设局	2008.3
鑫海花园3号住宅楼	张守珍	山东省建管局	2009.1
贵和花园4号住宅楼	李传森	泰安市建设局	2009.4
鑫海水泥5号住宅楼	贾传林	泰安市建设局	2009.4

工程名称	承建负责人	发证单位	发证时间
焦村社区52号住宅楼	管庆海	泰安市建设局	2010.4
民政局服务中心综合楼	陈冠树	泰安市建设局	2011.4

重视劳动保护

刘振海不仅重视安全生产，同样重视保障员工在生产活动中的安全和健康，时刻把员工的劳动保护放在心上。

1987年，刘振海主持县建筑工程公司全面工作后，即于5月20日由公司补发了1984年11月1日至1986年4月底的工作服750套。

1989年起，县建筑工程公司经理刘振海决定，缩短工作服的发放周期，工作服发放由原来的二年一次改为一年半一次，标准亦相应提高。

1990年，县建筑安装工程公司在财力严重不足的情况下，压缩其他开支，挤出资金用于安全生产和职工劳动保护，购置新式安全帽400顶、安全带32条、安全网300片、机械安全装置47个以及其他劳保防护用品1宗，支出劳保费近10万元。

1993年10月12日，县建筑安装工程公司经理刘振海决定，为泰安体育中心建设工地雨中施工的职工购置雨衣120件。

此后，刘振海和他的团队全面贯彻《中华人民共和国劳动保护法》，企业劳动保护工作不断步入依法管理的健康轨道。

1996年7月15日，县建筑安装股份有限公司印发通知，对巩梅、李美2人执行产假5个月，其工资及补贴照发。至此，女工专项保护全面落实。

翌年7月16日，县建筑安装股份有限公司（甲方）与县建筑安装股份有限公司工会（乙方）签订集体合同。集体合同对职工劳动保护方面作出具体规定，公司依法实行每日工作不超过8小时、平均每周不超过44小时的工时制度。对于需要实行特殊工时制度的工种和岗位，须在依法履行报批手续后实行。公司因生产经营所需，征得工会同意并办理严格的审批手续后安排的加班加点，均依法向职工支付加班加点的工资报酬。公司印发文件保障职工的各类休息和休假，并根据职工的工作年限，实行职工带薪年休假制度。公司还就劳动安全卫生方面作出承诺，公司工作场所和施工现场须符合国家有关工厂安全生产的规定和国家建筑安全技术的规定；建立健全粉尘、毒物、物理有害因素的劳动卫生设施，确保有关指标不超过预防医学的标准；按规定向从事有害有毒工作的职工提供劳动保护用品、医疗机具及相关费用，每年定期进行专项体检；女职工在经期、孕期、产期、哺乳期进行特殊保护，对女职工每两年安排一次体检，特殊工作每年体检一次；按不同工种的实际需要，发放劳动防护用品及落实每年盛夏季节的防暑降温措施等。8月，公司依据在册职工人数发放工作服800套。年内，公司还作出决定，按照县安委要求，每年从固定资产更新和技改资金中提取10% ~20%用于改善劳动条件和安全设施投资。此后，劳动保护随着安全生产的强化而不断加强。

2005年初冬，东平鑫海建工有限公司总经理刘振海责成安全科制定印发的《关于加强冬季施工安全生产的通知》中，要求各施工处严格按照《建筑施工安全检查标准》施工，重点抓好"双封六防"工作的同时，严格"三宝"利用。10月18日，在公司组织的安全检查中，发现个别项目部的施工人员未戴安全帽，决定依照安全规定给予每人50元的处罚，并印发《违章作业处罚通报》，为各施工单位和人员再次敲响勿忘劳动保护、确保安全生产的警钟。此后，刘振海和他的团队坚持将劳动保护放在与企业经济文化建设同等重要的位置，不断强化企业的劳保措施和员工的劳保意识，并逐步将其步入规范化、制度化、法制化的轨道。

注重安全文化建设

刘振海和他的团队一向注重安全生产的宣传教育工作，在倡导采用标语口号、图板的同时，采用说唱、演唱、摄影、报道等多种形式，以浓厚宣传氛围，强化宣传效果，不断使安全文化建设成为企业文化建设的重要方面。

1990年，公司经理刘振海决定，实施工地现场安全防护标准化。在充分利用原有防护设施的基础上，增设安全生产栏板和警示牌、宣传牌。这些图板的内容生动、活泼，极具教育、警示作用，使工地文化、安全文化的氛围异常浓厚。

1992年，各施工工程全部施行挂牌施工，标语牌、平面图、警示牌、机械手、操作规程等牌匾，排列整齐，一目了然，各工地形成安全文明卫生的浓厚氛围。在泰安市组织的安全文明卫生工地检查中受到好评。

1996年12月10日，陈树隆、刘庆忠的《东平建筑公司开展"创文明工地"活动》在《山东建设报》刊登，企业安全文化、工地文化建设上了一个新台阶。

1997年，公司总经理刘振海和他的团队确定，组织开展"第七个安全生产周"活动。除张贴标语、散发传单外，采用讲解、解说以及快板、相声、三句半、表演等多种多样、喜闻乐见的形式宣传安全生产，提升安全生产周的文化氛围。

翌年4月27日，公司总经理刘振海主持召开安全生产专题会议，部署深入开展安全周、安全月活动。会议确定本次活动的重点是：不折不扣地按照《山东省建筑施工安全文明卫生工地标准》实施整改；不准有带病运转的设备，平网、立网缺一不可，安全卫生警示牌、标志牌要醒目；管理人员、特殊工种人员持证上岗，佩戴证卡；各科室分片包干、分项定人，深入工地现场宣讲安全生产工作会议精神，指导帮助整改。加之，不断映入眼帘的安全生产先进单位、先进个人的表扬传单、表彰通报等，各工地很快呈现出安全、文明、卫生、整洁、有序的良好局面和浓厚的安全文化氛围。

1998年，刘振海和他的团队还注重培养宣传文明典型，培植宣传工作棱角，扩大企业知名度，提高企业美誉度，树立企业良好的社会形象。期间，先后涌现出一批包含安全文化建设在内的建筑文化新成果，企业的社会形象、社会信誉不断提升。

翌年5月，公司再次组织开展"安全生产周"活动。该年度活动的主题是"安全、生命、稳定、发展"。公司制作安全标语条幅20余幅、安全宣传挂图100余份，悬挂、张贴于在建工程工地上；在各施工队、工地举办安全生产知识的报告会、演讲会，讲解安全操作标准、钢管架搭设安全标准及"四口"安全防护等安全生产知识；组织开展安全生产评比活动，通报表彰安全防护措施落实好、安全生产程序标准的工程处，批评安全工作差的工程处，并要求限期整改；做好安全生产记录并整理归档，总结经验、教训，为开展达标活动及夺杯竞赛打下了坚实的基础，并推动安全文化建设不断向纵深发展。

2000年7月，个别工地出现个别工人酒后上岗的现象，公司责成机关作风小组认真查处的同时，不少宣传牌匾上出现了《禁酒令》《禁酒歌》，有的工地还将《禁酒令》《禁酒歌》编成快板、歌谣进行说唱，安全文化建设的内容更加丰富、氛围日趋浓厚。

2000年内，公司总经理刘振海和他的团队继续坚持把安全生产教育引导到安全文化建设上来，不断组织编唱《现场施工五字歌》《工地快书》等文艺节目，职工人人传唱，深入人心。此后，《东建通信》越办越好，安全生产的文化作品相继刊发。与此同时，一批建设（筑）及安全文化作品在国家、省、市、县各级报刊相继发表，公司安全文化建设不断攀上新台阶。

2005年3月，公司总经理刘振海决定，在临清御林苑工地召开安全生产现场会，并录制成影像经剪辑后在各工地播放。通过播放录像，彰显差距，使其成为光荣榜和曝光台，社会震动大、反响强烈，增添了安全生产的文化气氛。

2007年4月26日，员工张克伟的摄影《给塔吊工人系上生命安全带》在《泰安日报》刊登。此后，一批新的安全文化成果相继见报见刊。

2008年，公司总经理刘振海和他的团队制定《重大危险应急救援预案》，并分别在公司1号楼施工现场和水泥厂工地进行演练。演练的场景及过程由东平电视台制作成专题片，在《东平新闻》栏目播放。此举，受到市县安全监管部门的好评和良好社会效果。

此后，公司总经理刘振海和他的团队带领企业员工不断取得安全文化建设新成果。安全文化、工地文化、建筑文化等企业文化建设的累累成果，汇成一笔巨大的精神财富，影响和推动着企业工程管理、安全生产的健康发展。这一精神财富，已成为东平鑫海建工的巨大无形资产。

附：现场施工五字歌

现场似战场，全体绷紧弦；将帅善谋略，士卒忙争先。
决策需远虑，实施论当前；制度应先立，办事有依据。
责任分明确，画线拢一片；分工又合作，交卷不犯难。
方案科学化，论证细钻研；遇有新变化，调整莫畏难。
图纸会审细，异议莫相瞒；设计若变更，签具洽商单。
计划为龙头，及时且客观；技术交清底，措施详实简。
施工忌粗糙，操作守规范；工序衔接紧，忙而不紊乱。
材料莫滞后，服务要周全；设备保运转，抽空勤修检。
劳务常督促，切忌包代管；每天作指导，管理精细严。
时时讲质量，工期辩证看；预检和隐检，合格再报检。
注意抓防范，处处重安全；措施必到位，落实到边沿。
抓好挖革改，智力变金钱；成本控制住，节流又开源。

班组创文明，场容花园般；施工不扰民，百姓无怨言。

一心为用户，寒暑只等闲；后勤不忽视，将士尽欢颜。

例会应坚持，议事不空谈；矛盾属正常，化解莫拖延。

上下多沟通，左右勤商谈；凡事有依据，资料准而全。

天时并地利，人和是关键；各方协调好，利益均增添。

龙马精神在，何愁无贡献；企业树形象，交口齐称赞。

（摘自《东建通讯》〔2000〕第3期）

十 重视职工教育与人才培养

　　刘振海主政县建公司后，在积极探讨、强化市场经济条件下的职工管理，加强以质量为重点的工程管理、安全生产管理的同时，狠抓职工教育、培训与人才培养、引进工作。他认为，职工整体素质在企业生产经营中起着极其重要的作用；企业经济文化建设能否大发展的关键问题是人才问题。他常常风趣地说："能预见明天，才能赢得明天。不成功的企业都是相同的，成功的企业各有各的神通。假如我的职工都是大学生，那么，我们公司就会打遍天下无敌手。"作为一个坚定务实派的刘振海深知：雄关漫道真如铁，而今迈步从头越。他必须从企业的现实出发，狠抓职工的素质教育、业务培训，注重人才的培养、引进，为企业经济文化建设的大发展切实打好人才这一基础性、关键性的持久战役。

狠抓职工素质教育

　　1987年，上任伊始的刘振海就非常注重职工的学习、生活和工作的进步与素质的提高，鼓励职工勤奋学习、拼搏奉献，自学成才，成为成功的新型员工、强人。初春，他责成公司工会购进300余套建筑技术书籍，本着干什么学什么的原则，分发到职工个人手中。相继，公司印发奖励学习办法。办法规定，对学有所成的职工除提拔重用、通报表扬外，还给予适当的物质奖励。公司还鼓励职工运用业务知识指导实践，拼搏奉献，不断出成果、出成绩。7月21日，公司经理刘振海带领全体行政管理人员赴麻纺厂工地观摩建筑精英的速决战，肯定建筑精英的高超技能和实干拼搏精神。此后，在企业内开展"行管工作与一线工人比一比、看一看"大讨论，弘扬一线精英的拼搏奉献精神，推动行管人员思想、作风、纪律的大转变、大提高。

这些活动均取得了理想效果，刘振海表示非常满意。但他也指出，员工思想教育、素质教育不是一劳永逸的，企业领导、工会及青年等组织，要根据上级党委、政府的部署和工作安排，适时开展员工政治思想教育，不断提高员工思想觉悟、政治素质，维护企业凝心聚力谋发展的大好局面，不断开创企业经济文化建设新辉煌。

1989年7月9日，中共东平县委、东平县人民政府印发《关于搞好企业青年职工系统政治轮训工作的意见》后，刘振海和他的团队把提高职工队伍的素质，培养"有理想、有道德、有文化、有纪律"的职工队伍，作为加强职工思想政治工作和职业道德教育的主要内容。组织1955年1月1日后出生、1989年底在册的固定工、合同工、轮换工集中学习，对其中的青年党员、青年干部、知识分子和部分科技人员分批进行轮训。针对国家经济体制改革中出现的新事物、新情况，帮助端正认识、释疑解难，重点突出形势政策、民主法制、理想纪律教育和"一个中心，两个基本点"的教育。增强广大员工的政策观念、法制观念和坚持改革、参与改革的自觉性。使广大员工在坚持四项基本原则、反对资产阶级自由化的斗争中，立场坚定，旗帜鲜明，维护安定团结的政治局面。通过轮训，员工思想素质明显提高，企业内凝心聚力谋发展的新风气、新局面迅速形成。

此后，根据中央"用五年左右的时间，在全体公民中普及法律常识"的要求和司法部、全国总工会《关于进一步在广大职工中进行法制教育的通知》精神，刘振海责成公司购买《职工法律常识读本》，要求组织职工认真学习"九法一条例"，并责成公司团总支结合普法教育，组织团员青年举办法律知识竞赛。随着普法教育的深入扎实开展，广大职工遵纪守法的自觉性进一步提高。在此基础上，遵照中华全国总工会《关于加强劳动纪律，培养职业道德，在两个文明建设中发挥主力军作用》的决议精神，身为公司经理、党总支副书记的刘振海通过党组织和行政管理机构同时狠抓"四有"职工队伍建设。采取不同形式，开展爱国主义和革命传统教育，开展经常性的"五讲四美、三热爱"活动。期间，公司还组织职工收看收听泰安市组织的劳模事迹报告团的报告和南疆战斗英雄的报告，在全公司范围内广泛开展向劳动模范和战斗英雄学习的活动。此后，公司又组织职工学规范、学标准、学技术、学业务，开展考工定级，职工群众的整体素质明显提高。

1991年初，依据上级指示精神，公司经理刘振海和他的团队决定，在干部职工中组织开展社会主义教育活动。并确定，在思想发动的基础上，通过系统的辅导讲课、座谈讨论、知识竞赛和参观展览、看电影等形式，向广大干部职工宣传社会主义思想，使干部职工坚持社会主义信念和政治立场，增强深化企业改革的信心和历史使命感。

此后，员工素质教育常抓不懈。同年3月10日，县建筑安装工程公司印发《职工教育"八五"规划》。规划的总体目标是，初步建立起与公司发展相适应、结构合理、功能齐全、运转协调、管理高效的职工教育运行机制和培训体系，满足"八五"和建筑业十年发展对各类专业人才的需要。翌年1月4~13日，东平县建筑安装工程公司举办"九一年底新招合同制工人培训班"，对其进行厂史、厂纪厂规、安全、技术及理想教育。

1995年1月18日，县建筑安装股份有限公司党总支印发《1995年度精神文明建设计划》。相继，以开展文明施工竞赛活动为重点的精神文明建设在全公司铺开。7月3日，县建筑安装股份有限公司党总支印发《关于在党员中广泛开展建设有中国特色社会主义理论和党章学习活动的实施方案》。党员集中学习中国特色社会主义理论和党章的活动扎实展开。广大员工学政治、学业务的学习活动被带动起来。企业内一个比学习、赛进步、赛文明的热潮，一浪高过一浪。8月9日，县建筑安装股份有限公司印发《关于深入开展"管理效益年"活动的实施方案》。此后，"管理效益年"活动在企业内开展起来。

翌年1月3日，刘振海任书记的中共山东东平县建筑安装股份有限公司委员会印发《精神文明建设方案》，公布领导机构和办事机构，并就加强职业道德教育、发挥党团员模范作用、宣传党的方针政策、开展劳动竞赛和岗位练兵、确立职工企业主人翁地位、公司中层以上管理干部率先垂范及奖罚等方面制定出具体意见。此后，公司先后组织58名行管人员参加全县统一安排的植树活动，组织职工代表队参加全县庆"五一"职工体育运动会，公司总经理刘振海带领总公司32名、建筑分公司12名、安装公司6名机关管理服务人员到平顶山电视转播自立塔工地，冒着雪雨参加义务劳动。期间，公司党委对各项活动及时总结，评先树优，发挥榜样的带动作用，推动职工队伍整体素质的提高。在此期间，公司为严肃厂规厂纪，对打架斗殴、屡教不改的孟某等4人分别作出除名决定。这些举措，使企业精神文明建设不断加强，职工素质不断提升。公司不失时机地抓住这一大好机遇和有利条件，于1997年8月3日印发《关于开展"抢抓全国第三次思想大解放机遇，加快东平改革发展步伐"大讨论活动的意见》，把职工的积极性引导到改革发展、施工生产中来，引导到质量管理、进度管理和安全生产工作去，在生产活动中锻炼职工，进一步提高职工素质。

1998年3月4～10日，总经理刘振海责成公司举办培训班，对1997年度分配到该公司的21名大中专毕业生进行培训。培训班设立《建筑法》《劳动法》、安全教育、厂规厂纪和厂史等课程，对学员进行法律法规、安全生产和拼搏奋斗的教育。

翌年3月26日，县建筑安装股份有限公司组织全体干部和管理人员收看重庆綦江人行桥垮塌案件审理，教育干部职工强化工程质量意识。5月4日，总经理刘振海亲率公司质检科、技术科人员及工程处主任、技术员等50余人，到济南中医药学院急救中心、北园住宅小区和本年度全省唯一申报中国工程最高奖——"鲁班奖"的信息广场等工程工地参观学习，激励其学先创优、争强争胜的拼搏进取精神。

2000年3月，总经理刘振海决定，组织公司中层以上干部分三期集体学习《建筑法》《招标投标法》和《建筑工程质量管理条例》。要求通过培训学习，使管理人员逐步走上学法、用法、依法管理的法制化轨道。7月24日，县建筑安装股份有限公司举办GB/T19002—1994、idtISO9002—1994质量体系认证咨询学习班。特聘请省产品质量检验所主任刘晓伟和山东工业大学教授张启海进行咨询认证讲课。期间，公司总经理办公会还决定实施《禁酒令》，即"严禁工作期间饮酒和酒后上岗"。并将其《禁酒令》印发各科室、分公司及处、厂，要求"人人遵守，人人监督，举报重奖"。通过学习、实践和严格的管理，使广大职工更新思想观念，接受新知识，增强个人素质。10月25日～11月5日，县建筑安装股份有限公司总经理、党委书记刘振海，党委副书记袁恒华带领公司班子成员分别参加县委组织部组织的第一、第二期县属企业厂长、经理培训班，使班子成员在思想，作风、纪律等方面接受教育培训，让班子成员的素质教育与职工素质教育并驾齐驱。

2001年1月10日，依据上级党委的指示精神，县建筑安装股份有限公司党委决定，印发《关于开展"三个代表"重要思想学习教育活动的实施方案》。在党员和干部职工中开展"三个代表"重要思想学习教育活动。6月25日，公司党委又作出"举办党课"的决定，届时还安排了重温入党誓词等活动。是月，公司组织编撰《广厦万间铸辉煌》（公司党委创业纪实）的党员电教片，加强党员及干部职工的艰苦创业、拼搏进取的教育。8月27日，公司党委召开讲学习、讲正气、讲政治的"三讲"学习教育动员大会，在职工中开展"三讲"学习教育活动。此后，公司党委紧紧抓住理想信念教育和廉政纪律教育不放松。并充分运用榜样的作用扩大教育效果，先后印发《关于对张德元同志表彰奖励的决定》和《关于表彰优秀共产党员的决定》。对于在长达30年的工作中任劳任怨、兢兢业业，并为公司培养了后备力量的老职工张德元，给予大力宣传并通报表彰奖励；对于全体党员民主评议活动中评出的刘振海等13名优秀共产党员，大力宣传，通报表彰。与此同时，对于无视劳动纪律的极个别人员通报处理。以正反两方面的典型，教育干部职工讲学习、讲正气、讲政治、比工作、比进步、比奉献，推动员工整体素质的提升，使拼搏奉献的企业精神不断形成、光大。

2005年3月，东平鑫海建工有限公司党委书记、董事长、总经理刘振海号召科室人员学习乔峰、殷庆存，公司领导成员学习陈吉银、刘茂和、杨杰，项目部人员学习二公司经理贾传林，争当强骨干，争当强科室，争当强项目部。"三学""三争"活动在全公司深入展开。翌年2月7～11日，东平鑫海建工有限公司举办"技术、质量、安全学习班"和"《公司法》《合同法》学习班"。总公司技术科、质检科、安全科、设备租赁公司管理人员以及分公司、项目部经理、副经理、技术员参加学习。总公司管理人员及各项目部会计亦参加"《公司法》《合同法》学习班"的学习。通过学习，提高本企业管理服务人员及相关人员法律知识、法制意识和依法管理、依法办事的业务水平。

2009年3月，东平鑫海建工有限公司党委在党员和干部职工中深入开展学习实践科学发展观活动。使广大干部职工不断适应社会主义市场经济的需要，为开创企业的新辉煌作出新贡献。

此后，刘振海和他的团队紧跟上级党委政府的部署，根据形势和任务的需要，结合企业的生产、工作实际，不断强化职工学习（培训）、强化职工素质教育。

狠抓职工业务培训

1986年，年轻的副经理刘振海分管职工教育和业务培训工作，如鱼得水。他常说：我是一个厚重业务的人，最讲究靠实力（业务知识与技能）拼搏取胜。在他的积极倡导和精心安排下，公司组织部分技工和全体青工进行业务技术短期培训。接着，举办"练我硬功，兴我企业"的机械手培训。与此同时，选派10人参加山东省及泰安市的业务培训。此后，公司组织相关人员参加泰安市建委举办的施工员、质安员、财会员及混凝土建筑构件专业技术管理人员的培训班，受培人员35名。期间，公司还组织职工的职业技能培训，先后举办各类培训班5期，有12个工种的200余人参加培训。此外，公司还采取委托代培的办法，先后委托济南、泰安、肥城等市县的职工技术培训中心代培工长、预算劳资员、电气焊工、吊车司机等施工管理和操作人员30余人。

1988年，升任公司经理、党总支书记的刘振海，对职工教育和业务培训工作更加重视。他认为，在这个"知识爆炸，技术日新月异"的社会大发展时代，抓好职工教育培训是至关重要的。他和他的团队坚持，及时安排好职工的继续教育及业务培训工作，以不断给企业的施工生产提供知识、技术、技能保障。年底，公司利用冬季闲时组织职工开展技术培训；对于特种操作人员进行安全培训和技能考核，实行持证上岗制度；组织青工学习"三本书"，学习操作规程，并加强职业道德教育。

1991年1月4～13日，县建筑安装工程公司经理刘振海决定，对新招收的36名合同制工人进行为期10天的培训。期间，还举办了2期瓦工技术培训班，培训施工人员88名。年底，公司组织举办"双基"培训、技术培训和社教培训3个大班，培训干部职工319人。在"双基"培训、技术培训班开设建筑识图与制图、建筑施工、建筑力学、建筑机械、建筑电工等五门基础课和一门专业工艺课。其中工艺课开设木工工艺学、砖瓦抹灰工工艺学、钢筋混凝土工工艺学和油漆油毡工工艺学。通过培训学习，使学员掌握本工种中等技术理论知识；了解本工种新材料、新技术、新工艺的发展情况；熟悉本工种机械设备的性能、使用、维修和保养方法；了解本工种工艺规程，并培养学员的技术革新能力。

1994年3月31日，东平县劳动局印发《关于对全县特种作业人员进行复核换证的通知》后，县建筑安装总公司依据经理刘振海的要求，组织已取得省劳动局签证的电工、金属焊接工、起重机械操作工、登高架设工及厂内机动车驾驶员参加培训辅导与考试。

翌年1月5日，县建筑安装股份有限公司印发《1995年度职工培训实施计划》。成立由总经理刘振海任组长，副总经理周传英、工会主任李本山任副组长，相关人员为成员的教育培训领导小组。利用冬季闲暇时间，由公司工程师（含政工师）、助理工程师、技术员授课，分别举办安装工技术培训班、瓦工技术培训班、机械设备维修工培训班、电工培训班、青工培训班和副主任以上干部学习班，参加学习培训的共170余人次。此后，分期举办新职工三级教育培训班；举办由管理人员参加的"经济管理课"和"技术质量课"学习班。91名管理人员参加培训学习，考试及格率达98%以上。此外，公司还派出陈敬坤、陈冠树等6名青年职工到泰安市建设职工中专等学校举办的项目经理培训班参加培训。

1999年1月6日，县建筑安装股份有限公司经理刘振海作出决定，1月10～11日、12～13日举办两期管理骨干学习班，进行岗位培训。参加人员包括总公司科长、副科长和管理人员，分公司副经理、科室负责人及管理人员，处、厂主任、厂长、会计员等。23日，总公司根据上级通知精神，确定刘衍水等8人参加泰安市建委组织的首期瓦工、抹灰工培训班。此间，公司组织对吊车司机和搅拌机手进行培训，加强其职业道德和操作知识、操作规程教育及安全生产教育培训。1999年内，公司还先后派出50名职工参加泰安市建设系统专业技术人员继续教育的分期培训。

2000年6月6日，县建筑安装股份有限公司印发《关于组织〈迎接知识经济时代，决胜2000年〉继续教育专项培训的通知》，组织所属各机构、单位的专业技术人员参加县人事局组织的继续教育专项培训。7月24日，县建筑安装股份有限公司举办GB/T19002—1994、ISO9002—1994质量体系认证咨询学习班，组织技术、质检及分公司、工程处主任等相关人员参加咨询认证学习，特聘请省产品质量检验所主任刘晓伟和山东工业大学教授张启海进行咨询认证讲课。9月19~24日，公司举办实施ISO9002标准及质量体系文件贯标性培训。培训各公司、处、厂技术员、材料员、安全员、质检员、保管员、计量员。由专家、工程师授课，讲解《质量手册》《程序文件》中的相关内容。通过培训，使有关人员胜任本职工作，确保ISO9002标准的贯彻落实和有效运转。期间，公司还举办钢筋班、木工班、电焊班、瓦工班，对干部职工进行业务培训，聘请省、市建筑业专家、工程师、技术员辅导讲课。9月14日，县建筑安装股份有限公司批转《关于举办〈质量手册〉〈程序文件〉学习班的实施方案》后，按照方案规定的培训对象、培训内容和培训班日程组织员工进行培训。

2002年4月25日，县建筑安装股份有限公司印发通知，组织专业技术人员参加县人事局举办的"2002年WTO知识专题培训"。翌年6月6日，该公司又印发通知，组织专业技术人员参加"2003年继续教育学习"。

2004年，县建筑安装股份有限公司安全科组织项目经理及六大工种的安全培训，培训人员达160人次。此后，印发《安全知识读本》，组织职工学习。

2005年1月，东平鑫海建工有限公司成立后，公司董事长兼总经理刘振海更加重视职工培训工作，强调指出，职工培训要及时组织、严格管理、确保效果。

2007年10月9~14日，公司举办安全生产学习班。组织18名建造师和安全管理人员集中培训学习，学习结束后进行试题测试，及格率达100%，优秀率达95%。

2008年，公司派出赵平等人参加山东省建设系统项目经理培训。2009年3月，赵平等人参加泰安市建设系统项目经理培训。至2010年12月底，公司项目经理和副科以上管理人员参加省、市培训者达95%以上；特殊工种、特殊岗位职工实现了持证上岗和定期培训制度。此后，公司根据新任务、新技术的需求，适时开展职工业务培训，使职工的技术水平、业务能力不断提升，为施工生产和企业大发展提供了可靠的技术、技能支撑和知识理论保障。

注重人才培养与引进

一向尊重知识、尊重人才的刘振海，在进入县建公司领导班子后，更是"求贤若渴、求才若渴"，注重人才培训与引进工作。

1986年，在年轻的副经理刘振海积极倡导下，公司选送7名青年工人到武汉、济南等地的大专院校学习深造。年内，公司还加大引进人才的力度，在社会上招聘三级以上技术工人107人。其中，具有大中专文凭的专业技术人员8名、工程师1名。

1988年，县建公司经理刘振海倡导实施"就业前培训工程"。6月，公司对参加工作时间较长、贡献较大的职工（含临时工），按照公司、个人各半的出资比例，照顾其1名子女报考技校深造，共18名职工子女进入技校学习。此间，公司还派出刘恒先、赵保基、李吉友、刘允虎等15人前往济南、泰安及外地参加培训班学习。

1991年3月10日，县建筑安装工程公司经理刘振海决定，印发《职工教育"八五"规划》。该规划的总体目标是，初步建立起与公司发展相适应、结构合理、功能齐全、运转协调、管理高效的职工教育运行机制和培训体系，满足"八五"和建筑业十年发展对各类专业人才的需要。相继，公司采取完善机构，健全制度，落实师资，全面实施《职工教育"八五"规划》。采取公司办学和输出培训相结合的方法，使广大干部职工业务技术普遍有所提高。并要求一般职工普遍达到初中以上文化水平，五大员、机械手等岗位职工达到高中以上文化水平，管理干部达到中专以上文化水平，公司领导达到大专以上文化水平。公司在全面落实《职工教育"八五"规划》的同时，注重引进人才。先后引进机械专业高级工程师李启岭，山西大宁安装公司副经理工程师董加奎、周脉法，肥城安装公司的工区主任姬广君、李存占，壮大充实机械制修、锅炉安装等方面的技术力量。其中，周脉法、姬广君、李存占分别在山西、聊城、邯郸驻有施工队，并已打开局面。黄东岭系宁阳保温材料一厂副厂长兼技术员、业务员，掌握保温材料生产管理及销售的一整套技术。由他本人领导施工的蛭石窑建设工作，仅用了短短的3个月的时间，便建成投产。此外，公司还引进暖通专业的大学毕业生邢加昌以及秦化民和6名技校毕业生。人才的引进，队伍的壮大，使该公司不断奠定长足发展的技术基础、人才基础。

1992年1月6日，东平县人民政府印发《关于大力发展职业技术教育的决定》后，刘振海和他的团队采取多措并举，加大职工技术教育的培训力度，拓宽职工教育渠道。1月20日，公司组织安排贾传林、刘殿君、张西振、孙乃银、张茂房等12名老技工与所带徒弟签订《以师带徒合同书》25份。合同书规定，甲方（师傅）将乙方（徒弟）培训达到具备一定视图能力、能处理一般施工技术问题，且能独立管理班组、科学组织安排生产的施工队长；或者熟练掌握一种以上施工工艺，达到本工种四级工以上水准的技术工人。此后，公司与县劳动局就业中心联合办班，培训管道安装工56名；公司委托县劳动就业训练中心招收50名城镇待业青年（男40人，女10人）进行为期6个月的管道安装专业培训，并签订培训合同；鼓励和支持学有专长的职工外出学习，并与之签订合同书。与此同时，公司设专职教师1人，兼职教师10人，教室7间，编写教学计划、教学大纲和教材，举办土木建筑专业中级技术培训，开办机械制图、金属学及热处理、电工基础、电焊工艺学、气焊工艺学等课目，对250名干部职工进行系统培训。经上级主管部门考试考核，有7人取得高级工证书，150人取得中级工证书，56人取得岗位合格证书，40人取得初级工证书。职工整体技术水平明显提高，各类技术工人达到450人，占职工总数560人的80%，其中中高级技工达157人，占比为28%。

1995年，为切实提高员工的知识水平和专业水平，公司总经理刘振海责成企业与泰山联合大学签订《定向委托培养协议书》，由泰山联合大学为该公司培养暖通专业人员3名、工民建专业人员3名。期间，公司还先后与37人签订由县技校培养的协议书。职工培训教育工作扎实展开。

2000年，公司选送部分领导成员前往武汉大学、山东矿院、泰安建校等大专院校学习。2000年内，该公司参加"泰安市2000年大中专毕业生就业双向选择会"，引进部分相关专业毕业生。

2002年，县建公司引进大中专毕业生2名。年内，公司向县建设局、计生局选送公务员2名，成为县属企业中的佼佼者，彰显了县建公司人才培养的政绩和人才实力。

面对成绩，刘振海和他的团队继续狠抓人才培养与引进工作，坚持不懈地强化职工教育，使员工的文化水平、政治素质和业务水平不断提升，企业现代化的员工队伍逐步形成。至21世纪20年代，东平鑫海建工有限公司员工队伍中大专以上、高中中专文化程度者分别由1987年的10人、20人上升到45人、301人，初中以下文化程度的职工所占比率大幅下降。企业科技队伍由无到有，并不断壮大。员工在学习文化知识、参加文化活动的过程中，涌现出一批文化作品，其中地市级以上文化作品32件，刘振海的论文两篇刊于《中国建设报》、一篇刊于《厂长经理日报》、一篇刊于《泰安日报》。企业建筑文化、工地文化、安全文化成为员工文化生活的重要内容，陶冶着员工情操，提升着企业的声誉和社会地位，为东平地方经济文化建设增加了正能量。

对此，刘振海无不兴奋地说，这些成绩、成果都是我们长期重视职工教育（培训）与人才培养（引进）的结果。

十一 重视企业科技工作

刘振海自中学时代即热爱数理化，崇尚科学，喜爱上物理、化学试验课和科技活动课。参加工作后，他注重观察工作门道、研究改进技术，成为青年工人中科技创新的佼佼者。主持县建工作后，刘振海在全心全意依靠员工、倡导员工拼搏创新精神的同时，自然把企业的科技工作提上日程，将其摆在重要位置。他对邓小平在《科学春天》的讲话及"科学技术就是生产力"的论述坚信不疑、崇拜、践行。他坚信，全心全意地依靠企业员工，重视科学技术，企业必定走出低谷，走向辉煌，并不断开创新的辉煌。

加强企业科技工作领导

1987年，主政县建公司的刘振海在大刀阔斧推进改革、激发员工拼搏创新精神的同时，围绕工程质量进度、安全生产及机械设备诸多方面提升科技含量和科技水平，不断强化对企业科技工作的领导。

1990年10月，县建筑工程公司改建为县建筑安装工程公司，刘振海为加强企业对科技工作的领导，在组建的五人管理班子中安排技术负责人一名，即经理刘振海，副经理宫传奎、孙永举、赵平，技术负责人王瑞芳

（副经理级）。在组建驻邯郸办事处时即公布主任陈培金，技术负责人秦化民（正科级），其他各施工生产机构中技术负责人亦不断配齐，以加强对科技工作的领导。

1992年5月，技术负责人王瑞芳调离，7月即公布高级工程师李启岭任公司技术负责人、总工程师。为进一步加强科技工作领导，于1993年6月公布工程师杨杰（2001年11月晋升为高级工程师）为公司技术负责人[①]，技术负责人增至两人。1994年6月，县建筑安装工程公司改建为股份有限公司后，实行"三师制"（即总会计师、总经济师、总工程师），高级工程师李启岭任公司总工程师（副经理级），杨杰任副总工程师（副经理级），成立总工程师办公室，杨杰兼任主任。期间，技术、质检等科技科室亦不断充实、加强，企业各级管理机构的知识化、专业化和科技人员的不断充实加强，保障了企业对科技工作的领导，强化了企业的科技工作。

2005年5月，东平鑫海建工有限公司创建后，董事长、总经理刘振海依据公司章程规定，在聘任副总经理的同时，聘任总工程师等"三师"，一并组成公司管理机构，行使对企业的管理，企业对科技工作的领导得到巩固、强化。

强化企业科技活动

1987年，刘振海主持县建全面工作后，高度重视企业的科技工作和科技活动。在生产营销活动中，他积极倡导和支持员工勤于学习，勤于思索，勤于研究，手脑并用，集众人智，攻坚克难；采用新技术，创新新工艺，加快工期，提升质量，并确保安全生产。翌年，公司群策群力，攻克一道道难关，不断掌握、创新新工艺、新技术，完成了诸多新项目、新工

---

① 列李启岭后。

程。采用13米薄复梁、7米薄壳瓦、预制亮窗及排架结构等新技术、新工艺承建完成了麻纺厂织布车间工程；承建完成了高度52米（东平境内第一高）的唐龙酒厂烟囱；采用跨度18米预应力钢木梁和排架结构新技术、新工艺建成接山毛巾厂大车间。这些科技含量高的工程竣工交付后受到建设主管部门和建设单位的充分肯定和赞扬。

1992年，在公司经理刘振海的关心支持下，员工潜心研制完成"平铺砌砖钢性防水屋面"应用科技项目，解决了屋面漏雨这一全国性质量通病的难题。该成果同时被选人《中国"八五"科学技术成果》和《国家科学技术文库》两部大典。成为全泰安市范围内唯一的建筑科研入选成果。期间，公司承建完成了高13层（东平境内第一高层建筑）、建筑面积5800平方米的中国银行东平县支行营业办公楼工程。该工程技术标准严格，质量要求高。在刘振海亲自带领下，公司技术人员吃住在工地，及时会诊研讨技术问题，严把质量关。于1995年5月竣工交付使用。工程达到预期目标，受到上级建筑管理部门、县委县府领导及建设单位的肯定和好评。

这一期间，刘振海和他的团队为确保企业科技活动的健康发展，推动科技创新，提高企业施工技术水平，特举办第十次临时职工技术考核晋级活动。公司成立考工晋级委员会及其相关机构，制订比赛规范和考核升级方案。考核晋级比赛安排两个赛场，历时25天，参赛人数达600余名。公司经理刘振海及党总支书记袁恒华挂帅领导，副书记王玉山、副经理安兴沛坐镇指挥。考核比赛分为两大"战役"：第一"战役"是砌砖比赛，在县社工地展开；第二"战役"是室内抹灰比赛，在老湖镇和面粉厂工地展开。比赛规定：①工程质量是最重要的评分依据。②打破级别界限，实现技术等级与工资级别相对应。③实行当场打分定级，优者上，劣者下，当场兑现。整个赛场声势浩大，规模空前，你追我赶，争先恐后，各自发挥出自己最高技术水准，形成了一个比质量、比进度、比安全、赛文明和学技术、赛水平的可喜局面，有效地锻炼了职工队伍，提高了职工的科技水平和整体素质。其间有625名临时职工得到晋级。在此基础上，公司选出

5名代表参加县总工会、县建委联合举办的全县建工系统青工抹灰技术比赛，其中4人进入前八名，第一名、第二名均由该公司选手夺得。县建筑工程公司夺得全县建工系统青工抹灰技术比赛的团体第一名，获得1辆凤凰车、3辆金鹿车、2块报时石英钟的奖励。县总工会、县建委和质检站领导高度评价、赞扬县建筑工程公司职工技术过硬，拼搏进取的精神强，团结协助、文明施工的风格高尚，展示了积极进取、敢于攀登和不断创新的东建精神。公司同时被泰安市授予质量、效益优胜先进单位。在这些活动开始前以及举办过程中，公司采用单位组织和职工自由结合方式组成若干小组，研究科学方法、技术要领，切磋工艺，保障了职工的科技水平和实战能力。

对于企业重视科技工作、科技活动取得的成效，刘振海充满喜悦。他高兴地说："我们要坚定不移地坚持科技兴企业、科技强企业的思想，走好科技、工艺创新活动路子"。

此后，刘振海和他的团队坚持科技创新（活动）和科技引进相结合，路子越走越宽广，员工参与科技活动的积极性、主动性越来越高，企业科技成果和科技人才不断涌现，生产力不断提高。

90年代中后期，公司职工赵刚、赵平、杨杰、王承瑜等人通过潜心研究和不断实践，取得国家劳动和社会保障部评定的"屋面、卫生间防水QC成果"二等奖；公司承建的县公安局交警大队3号住宅楼工程和县人民医院病房大楼工程相继获得山东省工程质量最高奖——"泰山杯"工程奖。

2002年，公司总经理刘振海倡导支持企业技术人员开展对于工程质量通病的研究，并取得积极成果。《山东建筑》2002年4月总第57期发表了王承瑜的《论楼面裂缝的分析和重点防治措施》文章。翌年7月，公司职工王承瑜的《无机不燃型墙体板材料成果》，被东平县科学技术进步奖评审委员会通过并充分肯定。2004年，县建筑安装股份有限公司职工李德生、李德玲的《地下室外墙局部渗水通病及防治》，李德生、陆阳的《混凝土质量通病的浅析及防治》，同时在《山东建筑》（2004年综合刊）发表。

期间，与塔机打交道20多年的刘庆涛，潜心致力于塔机安全防护系列项目的研究。针对传统塔机吊臂防护装置安全性能差、易发高空坠落事故的现状，刘庆涛遍览群书，细心琢磨，反复实践操作，于2004年底成功研制出新型塔式起重机吊臂防护装置，确保塔机作业人员在吊臂上安全自如地行走。该防护装置，经泰安市产品质量监督检验所检验，其安全系数比原防护装置提高了20.76倍，远远超出了国家质量标准。该项发明并于2005年7月获得国家知识产权局颁发的专利证书（专利号：ZL2004200403112）。

在此期间，公司总经理刘振海还大力倡导推行国家建设部推广的新工艺、新材料。该公司第十九项目部首次采用竹胶板替代模板新工艺，在全县建筑行业中首开先河。

科技成果的不断涌现，新工艺的不断应用，推动着职工技术水平的提升。2005年9月16日，公司管道工付险峰、钢筋工纪金贵、电工李德方3人参加"泰安市建筑行业职业技能大赛"，均获得"市技术能手"称号。同时，付险峰、纪金贵分别获得相应工种的二等奖、三等奖。东平鑫海建工获团体铜奖。此后，公司职工不断在各个工种获得大赛奖项、取得技术突破。一批批高技能员工不断涌现。继"泰安市技术能手"张桂兰后，职工王供海、张桂兰和王承瑜等，相继被泰安市劳动和社会保障局授予"泰安市突出贡献技师""泰安市技术能手"等称号。

在科技兴企、科技强企思想不断强化，科技活动此起彼伏的热潮中，刘振海既是积极倡导支持者、领导者，又是脚踏实地的参与者、实践者。他围绕企业管理大胆探索、潜心研究，推出了"项目风险承包施工法"。该法按照工程总造价一次性向总公司交纳一定数额的承包风险金，工程竣工后，通过对合同条款履行情况的评估决定予以返还、奖励或处罚。"项目风险承包施工法"，被泰安市建筑业集体企业协会盛赞为"独创性的企业管理模式"，由山东省经营管理学会、山东省经营管理优秀成果评选委员会授予"山东省企业经营管理优秀成果奖"。此后，刘振海的《抓好企业内部的"放开"与"搞活"》《怎样当好企业党委书记》《主业要"主"副业要"富"》《工程质量奖：企业创新的动力》等重要文章相继在《中国建设报》《厂长经理日报》《泰安日报》等多家报纸刊登。这些重要成果，对于依法行政、科学管理作用重大、意义深远。

刘振海对科技工作的重视，促进企业科技活动的健康发展以及科技成果、科技人才不断涌现，提升了企业科技实力和员工的技术、技能水平。企业不断抢占发展的前沿阵地，企业经济文化建设不断开创新的辉煌。

购置先进机具提升企业机械设备的科技含量

1988年，刘振海在加强企业科技工作的领导、强化企业科技活动的同时，实施"鸟枪换炮"工程。下决心对老化、低效、高耗机械设备及时更新，筹措资金购置科技含量高的机械设备。一期，投资30余万元，先后购进客货车1部，应用于高层建筑的6吨米塔式起重机2部，强制式混凝土搅拌机3部，40公升滚筒式混凝土搅拌机1部，25公升滚筒式混凝土搅拌机2部，无齿锯2台，散装水泥罐1个，另有中小型器械一批，钢脚手架32吨。企业的技术装备率提高到1200元/人。公司党总支大力支持经理刘振海"购置先进机具提升企业机械设备的科技含量"的指导思想和重大举措，特作出决定，投资2万元制作钢模板400平方米，投资5万元引进电子计算微机3部，投资40万元购置管理用小汽车1部。公司的实力及管理水平明显提升。又购进红旗吊、塔式起重吊、不同型号的混凝土搅拌机、砂灰搅拌机、水磨机、打夯机、凿眼机、木工刨床、散装水泥灌，预应力测试仪、试验机等一大批应用、服务于工程的机械设备及检测仪器，改造焊机、切断机、弯曲机、楼板芯子等一批机械设备及用具，替代更新了老化、低效、高耗机械设备，企业技术装备率达到1400元/人。

刘振海和企业领导建立健全设备安全管理机构和管理制度，培训管理人员和操作手，使机械设备的使用率、完好率保持较好水平。

1992年，刘振海和企业领导狠抓实验室建设，确保达到省二级实验室标准作为年内要办的大事之一。投资20余万元，配齐试化验设备，使其在实验钢筋、混凝土试块测试的基础上具备对油毡沥青等建材的常规检测。至1992年底，试验室固定资产总投资达60余万元，并通过了"省二级实验室标准"的验收。期间，公司还加大机械设备的投资，在资金困难的情况下，挤出资金上设备。先后购进2部能提升60米的附着式吊车，满足了高层建筑施工的需要。此外，购进混凝土搅拌机5部、30吨大地磅1台、钢脚手架50吨以及部分手持工机具、电动设备及配件，累计投资100余万元。翌年，新上预应力成型生产线和切断设备1套，更新大型液压自升起重设备2部，轨式起重机4部，双锥反转出料搅拌机15台，现代化建材试化验设备1套。

至1997年，县建筑安装股份有限公司的机械设备达199台，其中主要设备74台，总功率为587kW。机械设备装备率为1580元/人，动力装备率为2.2kW/人。机械设备管理人员达29人，其中高级工程师1人、工程师4人、助理工程师6人、技术人员10人。机械设备管理使用的各项规章制度基本健全。机械设备利用率达90%、完好率为80%。先进完好的机械设备为企业建筑施工及创建优良工程奠定了坚实的物质基础。

此后，刘振海和企业领导狠抓机械设备管理、维修与使用（调度调配）的同时，不断更新、购进科技含量更高的设备，以适应施工生产和创优工作的新需求。

2002年，公司第十一项目部承建的县国税局办公楼工程中，新型双灯笼起重机投入使用；第十九项目部承建的财政局办公楼工程中，全县唯一的1台42米吊臂、起重3吨的大型吊车投入使用。随着机械设备档次的提升和数量的增加，公司持之以恒地加强设备操作人员管理和机械设备的维护、保养工作，保证机械设备正常运转，确保机械设备的完好率、利用率达到较高水准。

此后，随着公司市场链条的延长、集团规模的形成和日趋壮大，需求的机械设备的品种、档次不断提升。

2010年4月，在董事长刘振海的大力支持下，公司投资1000万元的"东平鑫海建恒商品混凝土有限公司"成立，并从青州山东中文实业集团购进210万元的HZS120型混凝土搅拌站。此后，鑫海建工有限公司所属鑫海东澳新科工程材料有限公司从济宁通佳购进110万元挤塑板生产线、186万元木塑门生产线及相关机械设备。至年底，鑫海建工有限公司机械设备装备率为6500元/人，动力装备率为4.2kW/人，机械设备的利用率为85%、完好率为87%。

规模可观且科技含量较高的机械设备是刘振海坚持"购置先进机具、提升企业机械设备的科技含量"的指导思想并不断为之奋斗的成果。这些先进、充足的机械设备满足着鑫海集团经济发展的需要，大大提高了企业生产力，成为企业施工生产和工程创优坚实的物质保障，为企业大发展并不断开创新辉煌充实了科技实力。

1987～2010年东平鑫海建工主要机械设备一览表　　　　　　　　表3

机械设备名称	型号	数量（台、条）	产地（厂家）	购置日期	价值（万元/台）
轨道式起重机	QT－25	1	安徽建筑机械厂	1987.8	12.75
轨道式起重机	QT－25	1	安徽合肥建筑机械厂	1988.7	12.75
固定式塔式起重机	QT－20D	1	潍坊安丘建筑机械厂	1991.6	7.00
固定式塔式起重机	QTZ－25	1	济南建筑机械厂	1992.5	16.30
固定式塔式起重机	QT－20D	1	潍坊建筑机械厂	1992.9	9.50
固定式塔式起重机	QTZ－25	1	济南建筑机械厂	1992.9	18.00
固定式塔式起重机	QT－20D	1	章丘双山建筑机械厂	1998.6	8.30

续表

机械设备名称	型号	数量（台、条）	产地（厂家）	购置日期	价值（万元/台）
砌块承型机	QTJ－35	1	江苏扬州机械厂	1999.5	5.60
固定式塔式起重机	QTG－20D	4	泰安建筑机械厂	2000.4	8.50
固定式塔式起重机	QT－20A	1	泰安建筑机械厂	2000.5	8.80
固定式塔式起重机	QT－20A	1	济南建筑机械厂	2000.6	11.80
固定式塔式起重机	QTZ－20A	1	富支建筑机械厂	2002.3	7.90
固定式塔式起重机	QTZ－315	1	富支建筑机械厂	2002.5	17.80
固定式塔式起重机	QTZ－20A	1	泰安建筑机械厂	2002.6	8.40
固定式塔式起重机	QTG－20A	1	莱阳建筑机械厂	2003.11	10.50
固定式塔式起重机	QTG－20A	1	泰安建筑机械厂	2004.1	8.40
混泥土输送泵	HBT601390S	1	青州中文机械有限公司	2005.12	27.00
固定式塔式起重机	QTZ－315	1	山东中文集团青州建筑机械厂	2008.9	16.20
固定式塔式起重机	QTZ－40	2	山东济南建筑机械厂	2010.3	17.80
固定式塔式起重机	QTZ－315	3	山东中文集团青州建筑机械厂	2010.3	14.60
固定式塔式起重机	QTZ－40	2	山东中文集团青州建筑机械厂	2010.3	16.90
固定式塔式起重机	QTZ－40	2	山东鸿达建筑机械厂	2010.3	17.50
HZS120型混凝土搅拌站		1	青州山东中文实业集团	2010.4	210
挤塑板生产线		1	济宁通佳	2010.9	110
木塑门生产线		1	济宁通佳	2010.9	186
雕刻机		1	济宁通佳	2010.9	5.80
砂光机		1	济宁通佳	2010.9	5.30

培养建设企业科技队伍

刘振海重视企业科技工作，更重视企业科技队伍建设，他坚信，企业科技水平全面提升的关键是科技人员水平的提升。于是，他采取培养与引进并举的办法大力扩充各类科技人才，建设企业自己的高水平科技队伍。

功夫不负有心人。1991年6月，李启岭成为县建筑安装工程公司第一位高级工程师，县建安公司成为县属大企业中具有高级工程师的少数企业之一。此后，企业自己培养的各类工程技术人员破土而出、茁壮成长。

1992年，县建筑安装工程公司部分员工经上级主管部门评聘或考试考核有7人晋升为政工师，7人取得高级工证书，150人取得中级工证书，56人取得岗位合格证书，40人取得初级工证书。

此后，县建安公司部分员工被职称（技师）评聘为经济系列、技术系列的助理会计师、经济师、审计师及多个工种的技师。

刘振海在鼓励员工学政治、学业务、学技术、不断拼搏、向更高层次冲刺的同时，年近45岁的刘振海更是向着民间广泛流传的"年近45，身埋半截土，提拔找不着，何必再辛苦"低调宣战，他率先垂范，潜心钻研，呕心沥血，孜孜不倦，向着学术的更高层次拼搏进取，并夺得桂冠。1994年12月28日，东平县职称改革领导小组印发《关于公布东平县1994年高级专业技术职务任职资格的通知》，县建筑安装股份有限公司总经理刘振海被公布为高级经济师，安兴沛被公布为高级工程师。在此期间，另有一批员工被公布为不同系列的中、初级职称（职务）。

在刘振海等人拼搏进取精神的带动和影响下，员工学技术、学经济、学审计、学管理蔚成风气，形成高潮，并且一浪高过一浪。

1995年12月，东平县职称改革领导小组印发《关于公布东平县高级专业技术职务任职资格的通知》，县建筑安装股份有限公司副总经理周传英被公布为高级经济师。

此后的几年间，员工彭延胜、安吉奎、赵刚、赵平、杨杰、王成玉先后晋升为高级工程师或高级经济师；陈吉银、马文广晋升为土建高级建设工程造价员；赵刚、彭延胜晋升为临时一级建造师；刘庆涛、杨杰、王供海、殷庆存、王树武、张桂兰晋升为不同工种的高级技师；王尚涛、邢家昌、吴彭、李树英、安梓华、陈冠树晋升为民营建工企业高级工程师；刘茂和被授予高级国际财务管理师资格。另有一大批员工被公布为不同工种、不同系列的中、初级职称（或岗位职务）。期间，企业科技人员创出国家、省、市、县级科研成果上百项，其中国家、省级成果21项。

至2010年底，东平鑫海建工有限公司各类专业技术职称人员达到268人。其中副高级以上专业技术职称人员11人，中级技术职称人员56人；高级技师4人，技师128人；临时一级建造师2人，二级建造师43人，临时二级建造师12人；职工中各类高级工达168人。东平鑫海建工形成一支强有力的企业科技队伍，为企业抢占市场科技前沿、不断开创新辉煌奠定了雄厚的技术、人才基础。

刘振海重视企业科技工作，加强企业科技队伍建设的指导思想和不懈努力的实践取得阶段性突出成效。

1987～2010年东平鑫海建工专业技术人员发展情况一览表　　　　　　　表4

年度	工程师 （中级/ 高级）	经济师 （中级/ 高级）	会计师 （中级/ 高级）	技师 （中级/ 高级）	建设工程造价员 （中级/高级）	政工师 （中级/高级）
1990	1/0	0	0	1/0	0	0
1991	1/1	0	0	1/0	0	6/0
1992	1/1	0	0	1/0	0	6/0
1993	1/1	7/0	1/0	1/0	0	6/0
1994	2/1	7/1	2/0	10/0	0	9/0
1995	5/1	7/2	2/0	10/0	0	9/0
1996	5/1	7/2	2/0	38/0	0	12/0

续表

年度	工程师（中级/高级）	经济师（中级/高级）	会计师（中级/高级）	技师（中级/高级）	建设工程造价员（中级/高级）	政工师（中级/高级）
1997	6/1	7/2	2/0	38/0	0	15/0
1998	6/1	7/2	2/0	38/0	0	16/0
1999	6/1	7/2	2/0	38/0	0	16/0
2000	8/1	7/2	2/0	38/0	0	16/0
2001	9/3	7/2	2/0	38/0	0	18/0
2002	19/4	8/3	3/0	38/0	0	18/0
2003	25/4	8/3	3/0	38/0	0	18/0
2004	25/4	8/3	3/0	38/0	0	20/0
2005	29/6	9/3	3/0	38/0	0	20/0
2006	32/6	9/3	3/0	39/3	0	20/0
2007	34/6	9/3	3/0	39/3	0	20/0
2008	40/6	9/3	3/0	39/6	0	20/0
2009	44/6	9/3	3/0	39/6	8/2	20/0
2010	58/17	9/3	3/0	39/6	8/2	20/0

注：1987~1990年均为0；工程师序列中含民建企工程师。

东平鑫海建工副高以上专业技术职称（职务）人员统计表　　　表5

姓名	晋升时间或编号	职称类别	备注
刘振海	1994.12	高级经济师	
李启岭		高级工程师	2001.12退休
安兴沛		高级工程师	1994.11病故
王瑞芳		高级工程师	1994.1调出
周传英	1995.12	高级经济师	1997.3调出

姓名	晋升时间或编号	职称类别	备注
赵　刚	2002.12	高级工程师	
赵　平	2002.12	高级经济师	
杨　杰	2002.12	高级工程师	
安吉奎	2001.12	高级工程师	2005.10病故
彭衍胜		高级工程师	2001.12调出
王成玉	2003.10	高级工程师	
陈吉银	鲁040919194	土建高级建设工程造价员	有效期2009.10.16～2019.10.15
马文广	鲁040919186	土建高级建设工程造价员	有效期2009.10.16～2019.10.15
赵　刚	鲁137000802256	临时一级建造师	
彭衍胜	鲁137000802255	临时一级建造师	2001.12调出
刘庆涛	0615000000100752	高级起重机驾驶员	发证时间2006.3
杨　杰	0615090000200020	高级工程测量工	发证时间2006.11
王供海	0615090000100669	高级瓦工	发证时间2006.11
殷庆存	0815000000101018	高级电工	发证时间2008.1
王树武	0815000000100997	高级钳工	发证时间2008.1
张桂兰	0815000000101549	高级电焊工	发证时间2008.12
王尚涛	2010.10	民建企高级工程师	
邢家昌	2010.10	民建企高级工程师	
吴　彭	2010.10	民建企高级工程师	
李树英	2010.10	民建企高级工程师	
安梓华	2010.10	民建企高级工程师	
陈冠树	2010.10	民建企高级工程师	

1987～2010年东平鑫海建工科研成果一览表　　　　　　　　表6

姓名	论文及著作		革新创造	
	名称	发表时间与刊物名称	名称	评定时间及机构
刘振海			《风险项目施工法》	由省企业经营管理学会、省企业经营管理优秀成果评委会授予"山东省企业经营管理优秀成果奖"
赵刚			QC小组研制《平铺砌砖钢性屋面防水法》	《中国"八五科技文库"》《国家科学技术文选》
赵刚			屋面、卫生间防水QC成果	中华人民共和国劳动和社会保障部2000年度
杨杰			屋面、卫生间防水QC成果	中华人民共和国劳动和社会保障部2000年度
彭衍胜	大体积混凝土施工裂缝防治	《山东建筑》(教育专版)1/2000并获三等奖		
赵平			屋面、卫生间防水QC成果	中华人民共和国劳动和社会保障部2000年度
王承瑜			屋面、卫生间防水QC成果	中华人民共和国劳动和社会保障部2000年度
赵平	当好新时期项目经理之我见	《山东建筑》2002.1总第54期		
赵平	浅议建筑施工中质量、工期成本的对立统一	《山东建筑》2002.综合刊总第54期		

续表

姓名	论文及著作		革新创造	
	名称	发表时间与刊物名称	名称	评定时间及机构
王承瑜	论楼面裂缝的分析和重点防治措施	《山东建筑》2002.4总第57期		
赵平	提高工程建设科技含量发挥综合优势促进工程质量工作上水平	2002.5入选《中国新世纪理论经典文库》并获三等奖		
赵平	保留工程质量奖鼓励企业不断创新	2002.5入选《中国新世纪理论经典文库》并获三等奖		
赵平	要建设适合自身特点的企业文化	2002.5入选《中国新世纪理论经典文库》并获三等奖		
王承瑜			无机不燃型墙体板材料成果	东平县科学技术进步奖评审委员会2003.7
李德生李德玲	地下室外墙局部渗水通病及防治	《山东建筑》2004综合刊		
李德生陆阳	混凝土质量通病的浅析及防治	《山东建筑》2004综合刊		
刘庆涛			新型塔式起重机吊臂防护装置	2005.7中国知识产权局颁发专利证书（专利号：ZL200420040311.2）
刘庆涛			起重机用缓冲装置	2007.11中国知识产权局颁发专利证书（专利号：ZL200620010278.8）

续表

姓名	论文及著作		革新创造	
	名称	发表时间与刊物名称	名称	评定时间及机构
殷庆存、王芹、乔峰			跌落式熔断器	2007.12国家知识产权局颁发专利证书（专利号：ZL200620161926.X）
李德生刘学武	选择外墙外保温饰面涂料应注意的问题	《墙材革新与建筑节能》2008.8		
岳峰 李德生	"零误差"动态控制——质量管理新理念	《科协论坛》2009.4（下半月刊）		

注：1987～1992年注册科研成果为0。

十一　强化企业党组织建设

1987年，刘振海主持县建全面工作并兼任党总支副书记以来，尤其是1995年9月任公司总经理、党委书记后，始终把企业党组织建设摆在重要位置。为确保上级党委、政府方针政策的贯彻落实，确保企业发展的政治方向，确保企业经济文化建设任务的完成等重大问题，切实加强企业党组织思想建设、作风建设和组织建设，充分发挥党组织的战斗堡垒作用和广大党员的先锋模范作用。在强化企业党组织建设方面，刘振海几十年如一日地做到了以下几个坚持：坚持抓党建、议大事，坚持党管干部，坚持廉洁勤政，坚持党的民主生活会等制度。

坚持抓党建、议大事

1987年，刘振海主政县建工作后，同时任公司党总支副书记。他既坚持企业党总支抓党建、议大事、管方向，又坚定不移地执行上级党委、政府的决议、决定、指示和企业党组织的决议。

1989年8月17日，县建公司遵照上级党委、政府的指示和要求，成立惩治腐败打击经济犯罪领导小组，经理、党总支副书记刘振海任组长，袁恒华、王玉山任副组长。同时成立惩治腐败打击经济犯罪监督小组，梅成然任组长，李本山任副组长。在打击经济犯罪工作中，公司党总支组织党员、干部开展"讲廉洁、讲服务、讲效率、讲贡献"的活动，根治经济犯罪产生的土壤和条件。为推动廉政建设，确保政务公开，公司设置"政务公开栏"。在此基础上，刘振海和他的团队制订了监督、审计、考核、举报、对话、反馈制度，并设立举报箱。这些举措，对于领导班子接受群众监督，集纳群众建议和信息，沟通干群关系起到积极、有效作用。县委书记刘静海、副书记姜吉叩在视察该公司的"政务公开栏"时给予了极高评价，号召在全县推广县建公司设置"政务公开栏"的作法。此后，县内20余家企事业单位相继前来学习取经。这些活动的持续深入开展，推动了党员干部的廉洁勤政教育，加强了党的思想建设、作风建设；凝聚了企业员工，促进了企业的经济文化建设。

20世纪90年代初期，企业党总支把坚持四项基本原则作为党员学习教育的重要内容，引导党员深刻领会"没有中国共产党、没有无产阶级人民民主专政就没有新中国、就没有中国现代化"的道理，从而更加坚定中国共产党领导、共产主义的信念。同时，把坚持四项基本原则教育与学习贯彻《中共中央关于加强党的建设，提高党在改革和建设中的战斗力的意见》结合起来，使党员增强改革开放意识，树立建筑工人坚决跟党走，为建立社会主义市场经济、为伟大祖国的现代化建设作贡献的雄心壮志。与此同时，组织党员进行党的基本路线，反对资产阶级自由化，遵纪守法、廉洁奉公和职业道德、勤政爱民等"四个"教育。在此基础上，落实党员目标，发挥两个作用。公司党总支在基层党支部及党员队伍中推行目标责任制，充分发挥基层党组织的战斗堡垒作用和党员的先锋模范作用。制订党总支对于各党支部及党员的目标责任制，划分责任区，实行一岗两制（即生产责任制和党员目标责任制）。依据公司党总支工作目标责任制的要求，对于执行上级党委及总支、支部决议指令情况、党员教育管理情况、党风党纪建设、思想政治工作、精神文明建设、群众工作、领导班子自身建设、党员模范作用以及经营承包的13项考核指标等，逐级签订责任状。制订考核奖罚细则，把党员目标责任制的考核与企业经营承包责任制的考核紧密结合，兑现每月一讲评、半年一考核。解决了党员教育与施工生产、经济建设脱钩的问题。

1995年9月8日，中共东平县城乡建设委员会印发《关于刘振海同志任职的通知》，公布中共东平县建筑安装股份有限公司委员会组成人员，刘振海任党委书记，袁恒华任党委副书记兼纪委书记。刘振海任公司总经理、党委书记之后，坚持党委工作抓党建、议大事的原则。他认为：党建工作是党委的首要工作，议大事是发扬民主、科学决策，加强中国共产党对于县建筑业领导的基本途径。抓党建、议大事，是坚持企业工作的大方向，把县建公司置于中国共产党的绝对领导之下的必然要求。凡属企业的大事，事关企业发展建设的方向、大政方针，贯彻执行中国共产党的路线、方针和政策等原则性问题，涉及企业的全局性和长远性建设规划、计划和方案，企业职工队伍的政治、思想和作风建设，干部的晋级、提拔任用以及下属各施工生产单位的整体工作，均在党委集体讨论研究之列。在上述工作中，刘振海坚持按照规定程序办事，充分发扬民主，集思广益，切实加强对于企业的集体领导，发挥党委的核心领导作用，团结党员群众做好企业工作，较好地保证民主议事、科学决策、正确领导的顺利进行。刘振海抓党建、议大事的做法受到上级党委和企业内广大党员的拥护。12月7日，中共东平县建筑安装股份有限公司委员会召开党员代表会议，选举刘振海为中共东平县第九次代表大会的正式代表。

1996年2月10日，中共东平县建筑安装股份有限公司委员会印发《1996年工作计划》。计划分为指导思想、目标任务、主要措施、几项要求，重点突出对党组织和党员的领导，强化对企业的政治保障作用。年内，党委坚持抓学习、抓政治，坚持正确的政治方向。采取办班、讲课、讨论、演讲等多种形式，组织党员干部学习政治理论和上级文件，不断提高理论水平和思想修养，增强贯彻执行党的路线、方针政策的自觉性。坚持抓廉政、抓实效，各支部成为坚强的战斗堡垒，党委形成坚强的领导核心。同年内，党委还印发《关于表彰一九九五年度优秀党员的决定》，对1995年度为公司的两个文明建设作出一定贡献，并且经党的小组、支部逐级评议推选及党委审定的陈梦清等9人予以表彰。

2000年，以刘振海任书记的公司党委一班人，狠抓自身建设和队伍建设，开展领导分包工程项目、义务劳动、党员联系户、干部结穷亲、民主测评、民意测验、征求合理化建议等活动。翌年1月10日，中共东平县建筑安装股份有限公司委员会印发《关于开展"三个代表"重要思想学习教育活动的实施方案》。方案包括指导思想和基本原则、基本要求、解决的主要问题、方法步骤及加强领导等方面，并附有日程安排表。此后，学习教育活动全面展开。至4月12日，公司党委对各单位学习情况通过了检查验收。6月28日，公司党委"举办党课"，集中进行党的知识和传统教育，并组织党员重温入党誓词。8月27日，公司党委召开讲学习、讲政治、讲正气的"三讲"学习教育动员大会，部署本单位"三讲"学习教育活动，党委书记刘振海主持会议并作主旨演讲。在活动深入扎实展开的同时，结合"三讲教育"，开展"做官做人、创业为民"活动和"东平大发展，我该怎么办"的讨论，认真学习、实践、落实"三个代表"的思想，大兴学习之风，使广大党员、入党积极分子受到教育，思想境界进一步提高。此间，依据党委书记刘振海的安排和要求，党委认真归纳职工对班子及其成员的建议，并制定相应措施，切实提高班子成员的素质，加强领导班子建设；要求班子成员找准位置、理清思路、开拓拼搏、推动企业经济文化建设的大发展。9月4日，东平县国有大中型企业领导班子及成员总结"三讲"教育工作，在其《简报》上刊发了县建筑安装总公司《强化"五种精神"抢抓发展机遇县建总公司在"三讲"教育中理清思路促发展》的典型材料。

2002年6月28日，公司党委在建设宾馆召开全体党员大会，庆祝

"七·一"党的生日，开展"理想信念、廉政纪律"教育，党委书记刘振海主持会议并作主旨讲话。7月3日，公司党委会印发《关于表彰优秀共产党员的决定》，对全体党员民主评议活动中评出的刘振海等13名优秀共产党员予以通报表彰。以此激励党员、干部和广大职工学习优秀共产党员的榜样，思想再提高，工作再进步。

翌年3月27日，公司党委印发《关于成立"保持共产党员先进性"教育活动领导小组的通知》，公布以公司党委书记刘振海为组长、陈树隆为副组长，9名成员组成的领导小组，28日印发《关于开展"保持共产党员先进性"教育活动的实施方案》，"保持共产党员先进性"教育活动在全公司扎实展开。至7月底，该公司"保持共产党员先进性教育活动"圆满结束。通过教育活动，党员时时、事事、处处起模范带头作用，共产党员的先进性进一步发挥出来。此后，公司党委坚持定期举办专题党课，倡导党员佩戴党徽，支持企业及其所属各单位的学习活动、劳动竞赛和评先树优活动，以党员的先进作用、典型的模范作用影响带动群众，振兴经济。并在生产施工和经济活动中发现、培养积极分子，发展党员。抓党建促经济工作，在经济工作中抓党建，永葆党的先进性和企业的拼搏创新精神，成为刘振海及其公司党委的成熟经验，坚定不移坚持的原则。公司党委先后被中共泰安市委、中共东平县委授予"先进基层党组织""先进党委"。企业亦多次被省、市、县党委、政府表彰。刘振海则被省、市、县党委、政府多次表彰为先进管理者、先进个人并记大功，并被中华人民共和国人事部、建设部授予全国建设系统劳动模范称号。

坚持党管干部

党管干部是中国共产党干部路线的一贯方针，是干部管理制度的一项根本原则。1995年9月，中共东平县建筑安装股份有限公司委员会建立后，党委书记刘振海及其党委一班人认真贯彻执行中国共产党的干部路线、方针和政策，坚持按照党管干部的原则选拔任用干部，对于干部队伍实施有效的管理和监督，并贯穿于干部工作的各个环节。一是严格按照干部管理权限和规定程序，按照选拔任用干部的条件和标准，做好干部的推荐、考察和任免工作。同时，坚持德才兼备、以德为先，坚持五湖四海、任人唯贤，坚持事业为上、公道正派，不拘一格选拔人才，把道德纯洁、确有才能的干部选拔到领导岗位上来，做到人尽其才、才尽其用。二是坚持把竞争机制引入干部工作领域，优胜劣汰，使能者上、庸者下，造就一支革命化、年轻化、知识化、专业化的领导干部队伍。三是规范选拔任用干部的程序和机制，注重搞好民主推荐和单位考察工作，在单位研究前全面进行考察。四是发挥党内民主，党委集体讨论、集体决定，然后进行公示，充分听取群众意见和反映。五是注重搞好干部队伍的教育工作，坚持落实理论学习制度，把学习中国共产党的基础理论和创新理论结合起来，做到用基础理论和创新理论武装头脑，结合实际、学以致用、指导工作。六是加强干部队伍的监督管理工作，落实党风廉政建设责任制，建立、健全和严格执行干部考核制度、谈话制度、诫勉制度等，接受群众监督和舆论监督等。尤其是在干部任用问题上，坚持做到公正、公平、公开，较好地调动干部积极性。

1997年，党委书记刘振海及其党委班子注重对青年干部、后备人才的发现、培养和使用。采用层层推荐和党委考察相结合的办法组建泰安分公司第三工程处青年领导班子，并使其承担县人民医院大楼主体建设工程。在其他处、厂亦配备了一定数量的青年干部。此后，党委坚持"德才兼备、以德为先"的原则，不断强化干部的培养、管理使用和教育工作。2005年6月18日，中共东平鑫海建工有限公司委员会举办专题党课，重温入党誓词活动，特吸收入党积极分子参加。党委书记刘振海主持会议并作主旨讲话。党委始终坚持把干部的管理教育工作作为重要议事日程。使企业广大党员、干部职工在不断开展创造性工作的同时，全心全意为人民服务的宗旨意识和党纪政纪法纪观念不断增强，个人道德素养和表率作用不断凸显。至2018年，公司有228名科室、项目部副职以上管服人员受到县级以上表彰，成为公司的中坚力量、广大干部职工的榜样。

在强化党的组织建设，强化党管干部的工作中，刘振海更是将自己置于党组织的教育管理之下，重温《党章》，重温入党誓词，牢记党员必须履行的八项义务和党员领导干部必须具备的六项基本条件，不断加强自身的党性修养，不断拓展为员工、为社会服务的思维，力争做一个"深怀爱民之心、恪守为民之责、善谋富民之策、多办利民之事，时时刻刻为员工、为老百姓着想的企业领导人。"刘振海为企业呕心沥血的拼搏、奉献精神正是源于他自觉置于党的领导管理之下，勿忘初心，全心全意为人民、为共产主义奋斗和不断加强党性修养的结果。

坚持廉洁勤政

廉洁勤政是社会主义现代化建设时期中国共产党对于党员领导干部提出的一条基本要求，是中国共产党对于党员领导干部规定的一条纪律，是从根本上端正党风，保证党不变质、国不变色的重要途径。故此，中共东平县建筑安装股份有限公司委员会及其党委书记刘振海都十分注重廉政建设，自觉坚持廉洁勤政，并坚持把廉政建设放在一切工作的首位，作为大事抓。一是坚持适时组织党员干部和职工学习中共中央、中央纪律检查委员会关于廉政建设的指示和决定，学习《中国共产党纪律检查条例》和《中国共产党党员纪律处分条例》，采取多种形式开展多种形式的廉洁勤政教育和警示教育。二是坚持完善廉政制度，用制度促廉政建设。三是坚持廉洁自律。公司党委及党委书记刘振海开展廉政建设的做法受到企业界同仁的赞誉、上级党委的肯定。1990年7月21日，中共东平县委印发《关于公布中共东平县第八届委员会、纪律检查委员会人员组成的通知》。县建筑安装工程公司经理刘振海任中共东平县第八届委员会候补委员。

1996年，公司党委书记刘振海组织党委一班人认真学习《廉洁自律》《廉政建设年》等文件后，决定下发《关于坚决刹住公款招待》等一系列文件。党委书记刘振海及领导班子成员首先对照自身找差距，严于律己，敢于自纠。党委的表率作用推动了全公司的廉政建设。1996年度的招待业务费比1995年降低80%，有的工程处全年未有一笔招待费，且无超标住房和公车私用等现象。公司及各工程处在招揽工程中，坚持以质量承诺为第一承诺的原则，以质量、工期赢得甲方信任，不搞人情风、关系风、吃喝送礼风。在招揽工程方面，该公司无一例违纪现象，未犯过一次错误，更未毁掉过一个干部。因此，公司党委及党委书记刘振海赢得党员干部的信任，在职工群众中的形象更加高大。每年底的民主测评，刘振海等党委成员均被评为优秀党员。1997年8月1日，"东平县建筑安装总公司领导干部廉洁自律领导小组"成立，公司党委书记、总经理刘振海任组长，党委副书记袁恒华任副组长，组织副职以上干部开展廉洁自律承诺活动。承诺自觉遵守党纪国法，带头执行中共中央关于党政机关和企事业单位领导干部廉洁自律的39个不准，严格要求自己，自我规范，自我约束，自觉接受组织监督和群众监督，并持之以恒。此后的多年，在县委组织部、总工会组织开展的民主评议班子活动中，对于该公司党政领导班子建设及班子成员的满意票、优秀票均达80%以上。该公司党政领导班子被定为一类班子。近年来，东平鑫海建工党委进一步强化对于干部职工尤其是党政班子成员的廉政勤政教育，要求用党纪国法规范和约束个人的言行，增强纪律观念和法律意识，增强自律能力和自控能力，坚定理想信念，牢固树立立党为公、执政为民的思想，切实做到廉洁勤政。公司多次行文，实施班子成员分包工程，并约法三章、同奖同罚。党委书记、总经理刘振海率先垂范、身体力行，班子成员积极响应、脚踏实地。长此以往，班子成员跑工地蹲工地、同吃同住同劳动形成风气。至21世纪20年代，东平鑫海建工从党委书记刘振海到党委成员以及公司管理领导班子成员坚持廉洁勤政的工作作风，已赢得上级党委、政府的充分肯定，获得企业员工的赞誉和拥戴，被公认和誉称为企业中的"包公队""钢班子铁队伍"。

坚持民主生活会等制度

民主生活会制度是中国共产党党内生活的制度之一。刘振海认为，民主生活会是党员过组织生活的重要内容和形式之一，必须自觉参加，严肃对待。1987年，刘振海任公司代经理、经理，主持公司全面工作后，尽管工作繁忙，但他却一如既往地坚持参加党的支部、小组召开的民主生活会。1995年，公司党委建立，刘振海任党委书记后，刘振海除自觉参加党的支部、小组召开的民主生活外，还要根据情况和需要，定期与不定期召开党委班子的民主生活会，并把民主生活会制度视为党委制度，严肃对待。在党委书记刘振海的影响和带动下，每次召开民主生活会，党委成员均本着"团结—批评—团结"的方针，讲究党内生活的政治性和原则性，结合本单位情况和自身实际进行检查、总结，汇报思想，交心通气，开展批评和自我批评。该党委的民主生活会主要有以下几项内容：一是贯彻执行党的路线、方针、政策和中共中央及地方各级党委、政府的决定、指示，加强中国共产党对于县建企业的领导，在思想上政治上与中共中央保持一致的情况；二是坚持民主集中制和执行党委集体领导和分工负责制的情况；三是深入基层，调查研究、改进领导作风的情况；四是艰苦奋斗，联系群众，廉洁自律，勤政为民，遵纪守法，充分发挥领导干部模范作用的情况及其他重要问题等。每次民主生活会解决的问题，坚持从党委的实际出发，对于带有普遍性或比较突出的问题，作为民主生活会的重点内容。1999年7月12日召开的民主生活会，以"做官做人，创业为民"活动为重要内容，以"讲学习、讲政治、讲正气"的要求，在学习提高、自我解剖、交流思想的基础上，班子成员着重围绕理想信念、政治纪律、民主集中制、群众观念、精神状态、廉洁自律等方面的问题，认真查摆班子整体的共性问题，深刻剖析自己，自我批评，并开展相互批评，达到互相帮助、共同提高的目的。在查摆班子整体的共性问题上，各成员充分肯定党委一年来的工作：党委受到市委、县委的表彰，单位被授予泰安市文明单位、十佳企业、优秀思想政治工作先进企业和山东省级重合同守信用企业、安全生产先进企业等。但班子成员面对金牌、面对成绩，认真找差距，摆问题，查原因，认为：投标工作不力，对市场的变化、信息适应不够；资金回收措施不力；学习抓得不够紧；双增双节工作还欠深入；文明施工坚持不够好；工作作风有待改进和加强。面对差距，刘振海及班子成员逐一查摆各自的不足，对号入座。通过开展自我批评和相互批评，进一步统一思想认识，形成高度共识：坚持"韧性的冲刺"，继续坚持"创精品工程，树名牌企业"，始终坚持"做官做人，创业为民"。会后，还以适当方式征求各党支部及工、青、妇等群众组织的意见和建议。此后，党委还把民主生活会查摆情况和整改措施向干部职工通报，听取意见，接受监督，抓好整改、提高。此后，公司党委坚持民主生活会制度，并根据上级党委的新要求、新任务以及本企业的新发展、新情况召开民主生活会。通过查摆问题，剖析思想根源，落实整改措施，使领导干部作风建设得到切实加强，做到思想上始终清醒、政治上始终坚定、作风上始终务实。公司党委先后被中共泰安市委、中共东平县委授予"先进基层党组织""先进党委"。对此，刘振海和党委成员亦清醒地认识到，要想保持党组织的先进性、战斗性，就要坚持民主生活会制度，面对新形势、新任务，经常沟通思想，端正态度，与时俱进，同党中央政治上保持高度一致，廉洁勤政；同广大员工同心协力，拼搏奉献。

　　在坚持民主生活会制度的同时，党委书记刘振海还一身垂范，带头执行党委中心组学习制度和党委成员的双重组织生活制度。

　　刘振海模范执行党的民主生活会等制度的做法，为强化企业党组织建设起到重要作用。

十三 探讨企管

　　企业管理工作是建筑施工生产（经营）的一个重要组成部分，是不可或缺的重要保障工作。1987年，刘振海主持县建全面工作，尤其是中标承包企业后，这位敢打善拼的汉子，充分发挥出自身善于学习、思索、总结的优势，开始深入探讨企业管理工作。他坚持以改革统领企管，在不断改革中探讨企管的新问题、新思路、新方法，并及时总结、升华，走出了一条企管工作的成功之路，并形成了有一定价值的治企理论、格言。

学习外地经验，坚定企管信心

　　1987年2月15日，东平县建筑工程公司代经理刘振海率公司及相关科室、处厂一行12人，赴平阴县建筑工程公司参观学习企业内部管理和承包责任制的经验和做法。6月11日，东平县建筑工程公司经理刘振海赴烟台建筑工程公司参观学习企业管理及推行承包责任制的经验、做法。通过多次外出参观学习，刘振海开拓了视野，理清了适应市场经济的企管新思路，奠定了以改革统领企管的坚定信念。他坚定地说，在企业管理方面，在企业经济文化建设方面，要认真学习先进，更要赶先进、超先进，要走出自己的路、当先进。这充满自信而铿锵有力的话语，显示出他坚韧不拔的性格和务必做好企管工作的坚定信心。

坚持以改革统领企管

1988年，由经理刘振海亲自主持，县建筑工程公司在企业、机关管理上实施"内改、横联、外拓"的经营指导思想，进行全面改革①。刘振海坚持以改革统领企管，彻底挣脱计划经济的桎梏，使企管适合社会主义市场经济的需求，最大限度地解放生产力，推动企业经济文化建设的大发展。

1989年，由标准化委员会编印的《东平县建筑工程公司企业标准管理标准》（以下简称《管理标准》）发布实施。该《管理标准》包含工作程序标准、技术标准和工作标准。刘振海将初步改革的成果、承包经营的成功举措纳入《管理标准》实施，使公司的企管工作迈出重要一步。翌年7月23日，县建筑工程公司经理刘振海决定，印发《关于企业管理升级工作的意见》，提出本公司随着改革的不断深入、企管工作不断升级的指导思想、目标及完成时限、任务及分工责任人，公布了分管领导及办事机构，企管升级工作全面启动。

随着改革的不断深入，企管新举措相继出台并实施，企业经济文化建设及各项工作不断取得新成果、新业绩。自1990年始，该公司先后被上级主管部门评定为"泰安市建工系统先进企业""泰安市集体建筑业协会先进会员单位""山东省建筑系统1999～2001年度先进集体""2000年度国家劳动和社会保障部优秀质量管理小组二等奖"等。

但刘振海绝不满足现有成绩，他坚持"开弓没有回头箭"，誓将改革

---

① 详见《第一篇　五　大胆改革》。

不断深入进行下去。企管工作亦不断推进，不断取得新突破、新业绩。

大胆探索，积极实践

刘振海在企管工作上坚持不断探索、不断前进。

1992年，县建筑安装工程公司经理刘振海决定，采取材料集中供应和资金统一管理的模式，将供应、会计、预算劳资集中合并，形成焦点。在承包规定中，制定出材料购进和资金收支的管理规定，使手续传递更加系统、规范。

1994年4月21日，东平县建筑安装集团公司召开股份制改造动员会议，经理刘振海作动员报告。县体改委主任张德林、县股份制改造工作小组成员、建委负责人赵魁盈等出席会议并讲话。股份制改造工作拉开序幕。

1995年，县建筑安装股份有限公司进行三项制度的改革：一是改革生产（经营）机制，由集中管理改制为专业化管理，组建土建、安装、装饰和建材4个分公司。二是改革人事管理，推行董事会领导下的总经理负责制，对"三师"、管理人员全面实行聘任制，中层干部由总经理聘任，层层聘任。三是改革分配制度，实行岗位工资、技能工资和小段包工的分配办法，向关键岗位、脏苦累岗位倾斜，体现多劳多得原则。同时，大力调整产业结构，转产微利企业，发展多元经济；招商引资，拓宽经营领域。实施两个战略，即创优战略和经济战略，并以强化现场管理为手段推动两个战略的实施。首先，推行全员、全面、全过程的现场管理标准化。其次，强化质量监控手段，采取内控指标、一票否决的办法。再次，以各工程栋号为单位，组建维护股东利益活动小组，对处、厂、承包班子的经营管理活动实行监督，强化双增双节、修旧利废活动。此举，使企业整体素质、名牌形象、效益形象得以树立。8月9日，东平县建筑安装总公司印发《关于深入开展"管理效益年"活动的实施方案》。方案公布了以刘振海为组长的13人领导小组，并就指导思想、任务目标、主要措施、时间安排等方面提出具体意见。此后，"管理效益年"活动在企业内开展起来。期间，公司坚持强化定额包工、小段包工和优质优价等激励机制；落实动态化管理、科室考核、处和厂考核；突出工程质量、进度，奖罚兑现，企业管理工作扎实推进。

翌年1月17日，《中国建设报》刊发刘振海发明并倡导推行的项目风险承包施工法。该法按照工程总造价一次性向总公司交纳一定数额的承包风险金，工程竣工后，通过对合同条款履行情况的评估决定予以返还、奖励或处罚。8月10日，公司印发《〈管理规程〉补充规定》指出，上班时间，不允许办私事①。发现一次罚本人工资总收入的30%，二次罚50%，三次即自动下岗。每查处一人次，并给予其分管领导和科室负责人各50元以上的罚款。10月9日，公司再次印发《〈管理规程〉补充规定》，重点对"请假制度"的管理权限、履行手续和严格管理方面作出具体明确规定。企业、机关管理工作不断完善。

1997年3月5日，东平县城乡建设委员会印发《关于在全县开展建设执法年活动的通知》。至20日，县建筑安装股份有限公司成立"建设执法年活动领导小组"，刘振海任组长，企业建设执法活动全面展开。年内，公司还以强化企业管理为总抓手，全面推行风险项目施工法，采取集体承包、个人负责、风险抵押、结余分成、亏损自负的管理模式。同时，深化以风险项目为主体的企业配套改革。强化专项改革，堵漏洞，上档次；突出重点，实现企业增量增效；突出"五到位"，即责任到位、压力到位、操作到位、监督到位、考核奖惩到位。不断加大监督考核力度。与此同时，公司全面实施三级管理、两级核算，全面落实风险项目施工法。19日，公司还印发《关于机关工作作风整顿的补充规定》，规定"严禁带孩子上班"，孩子小，确实需要照看的经公司批准后请长期假。要求机关作

---

①　上街买菜等。

风整顿领导小组监督检查，不断强化公司机关的思想、纪律和作风建设。此后，县建筑安装股份有限公司坚持并追求"严、细、实、高"的工作制度和工作作风，抽选基层人员参与管理制度的修订。本着缺什么补什么、什么不适应就修改什么的原则，对管理制度的各项条款、细则进行补充、完善。内容还包括：为强化生产的指挥调度，实施每月6号的例会制度，全面落实"名牌工程战略"，强化扫尾工程工作的机构和力度。公司管理制度更加完善和具有操作性、实用性。

1999年，县建筑安装股份有限公司进一步强化企业、机关管理。一是修改项目承包合同，加大了奖罚力度；二是坚持月考核和例会通报制度；三是强化财务检查、审计制度；四是技术质量工作讲评通报制度；五是设备、材料管理采取定期与不定期的检查、评比和奖优罚劣制度。

刘振海在企管工作中，坚持大胆探索、积极实践，使东平鑫海建工（含前身机构）的企管工作永远在路上，并不断取得新进展、新成果、新业绩。

认真总结、升华，成果累累

在企业管理的探索、实践过程中，刘振海和他的团队总结归纳多年企业管理的成果、经验，行之有效的做法、规定，制定出企业《管理规程》。《管理规程》设总则、承包管理形式、总公司的责任、各分公司及直属承包单位的责任、科室管理规定、各种管理规定、奖罚条例、公司监督检查机构、会议制度等9章。在其总则中，确立了指导思想、基本原则及承包管理形式、总公司的责任、承包单位责任等重大事项。在其科室分则中，对党群部、后勤部、工程部、经营部、财务部及其所属科室的工作职责、任务及目标、要求，作出具体规定。在其项目公司、项目部分则中，对项目公司、项目部及租赁公司、装饰队的工作职责、任务及目标、要求，作出具体规定。在其管理细则中，对"人事管理制度""考勤制度""工程分包管理规定""工程质量以质定价规定""百分制评议制度""招揽工程奖励办法""设备租赁管理规定""成本管理办法""资金管理办法"等，作出明确具体规定。在其奖罚条例中，为激励员工保持"积极向上、努力进取"的精神状态，特对奖励、处罚的事项和标准作出具体明确规定。企业严格按照《管理规程》办事，每月一考核通报，并编制工作简报，实施政务公开。山东东平鑫海建工有限公司创建后，在对上述《管理规程》进一步修改后作为企业《管理制度》印发。《山东东平鑫海建工有限公司管理制度》成为企业的"大法"。

期间，刘振海在企业管理上，通过反复深入探讨，摸索出一些成熟的经验、做法。先后在《中国建设报》《泰安日报》《厂长经理日报》等报刊发表了《企业内部的"放开"与"搞活"》《怎样当好企业党委书记》《主业要"主"副业要"富"》《工程质量奖：企业创新的动力》等多篇论文、文章（详见《附录》）。这些论文、文章解决了企管工作中的一些具体问题，丰富了企管理论。与此同时，刘振海还在长期企管实践中总结、形成了部分治企格言，譬如；

开拓市场　广交朋友
打造精品　报效社会

信守合同　科学管理
争创一流　顾客满意

抓质量就是抓市场
抓安全就是抓效益

今天的好质量　明天的好市场
市场的竞争　就是人才的竞争

宁可不挣一分钱　不让工程留隐患

奋力拼搏创一流工程　艰苦奋斗争最佳效益
施工育人　建楼树人
经济文化　齐头并进

事业无止境　奋斗天地宽

此后，刘振海在企业管理方面持之以恒的坚持深化改革、优化机构、科学决策、依法管理，使企业管理工作与时俱进、不断上水平，对于保障施工生产（营销）和创优工作，推进企业经济文化建设的大发展起到积极作用。

1999 年 10 月，刘振海同志应邀赴人民大会堂参加新中国成立五十周年劳模招待会

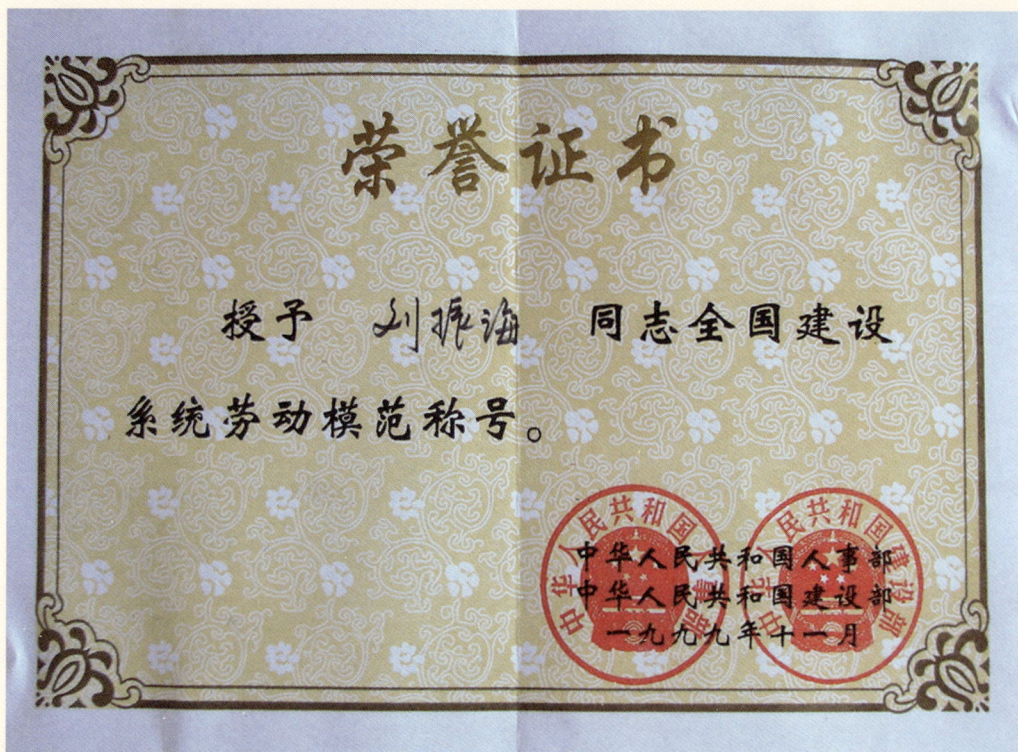

荣誉证书

授予　刘振海　同志全国建设

系统劳动模范称号。

中华人民共和国人事部
中华人民共和国建设部
一九九九年十一月

全国建设系统劳动模范

党费收据

党费收据

刘振海被泰安市人民政府记大功一次

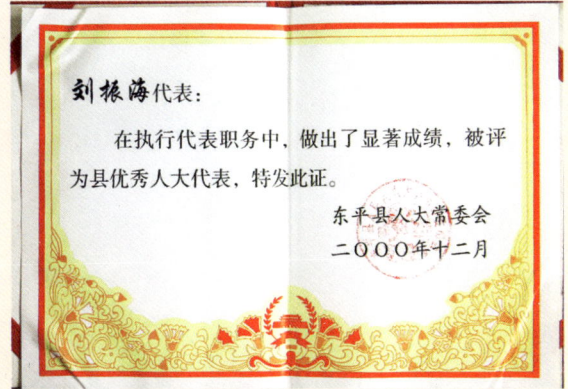
刘振海被评为县优秀人大代表

刘振海被泰安市委、市政府评为抗洪抢险先进个人

刘振海被山东省建设厅、山东省建筑工程管理局评为全省建筑业先进个人，记三等功

五十周年国庆劳模进京参观合影留念　1999.10于人民大会堂

1999年10月，进京参观劳模在人民大会堂合影。前排左十五为刘振海

刘振海学习中共十九大报告，并写出题为《学习十九大精神，谱写社会主义新时代建设的恢弘新篇章》的心得体会，在《东平报》《星海传媒》发表

1987 年 12 月，东平县建筑安装工程公司在东平县影剧院召开总结表彰大会，刘振海经理作总结报告。县建设局副局长林敬华（右）参加会议

1987 年 12 月，刘振海经理与工程处主任签订承包合同

1987 年 12 月，东平县建委主任金甲祥向刘振海颁发企业承包中标聘书

2012 年 2 月 18 日，董事长刘振海到鑫海东澳新科有限公司检查工作

2010年6月10日，董事长刘振海到鑫海建恒商品混凝土公司检查工作，副总经理郑军（左）、党委副书记陈树隆（右）陪同活动

2017年9月27日，董事长刘振海到易地搬迁项目东平县接山镇朝阳庄社区检查工作，项目经理王霞（右一）、朝阳庄村支部书记李强（右二）、鑫海建工总工程师杨杰（右三）、鑫海建工党委副书记陈树隆（左一）陪同活动

2014年10月30日，董事长刘振海到鑫海房地产公司开发项目鑫海广场施工现场检查工作，副总经理、房地产公司经理赵平（左）、副总经理郑军（右）汇报工作

2009年6月24日，泰安市人大代表、鑫海建工董事长刘振海就《关于建设泰安至东平旅游快速路线提案》接受泰安市电视台主持人马腾（左）采访

2009年东平县委书记陈湘安对鑫海建工的工作批示

山东东平鑫海建工有限公司人事秘书科主办 [2009]第9期 二OO

政府广场
LED 电子显示屏落成

容，让市民在休闲
司无偿投资70万
显示屏6月29日
建国60周年大庆

该显示屏屏体
平方米，离地高度

今年以来，鑫海建工有限公司全力支持、积极参与全县重点工程重点项目建设，讲大局，求质量，作奉献，表现出了很强的社会责任意识和奉献精神，树立起了企业良好的社会形象。望再接再厉，为全县经济社会争先进位、跨越发展，做出新的更大贡献。

陈湘安7月2日

2013 年 4 月 11 日，董事长刘振海到菏泽花冠集团检查施工工作，花冠董事长刘法来（右）陪同活动

2012年11月11日，鑫海建工六十年大庆，鑫海建工董事长刘振海与泰安市县区建筑公司领导合影。左起：鑫海建工总经理刘虎，新泰建工党委书记、总经理陈绪功，泰安建工总经理刘兰刚，鑫海建工董事长刘振海，山东兴润建工董事长李云岱，宁阳县建党委书记、总经理郭景民，泰山普惠建工董事长李天忠

2014 年 1 月 1 日，董事长刘振海在鑫海建工总部会见利比里亚总统顾问、利比里亚大学教授扎拉（JALLAH）

2012 年 11 月 11 日，由中国建筑工业出版社、山东省地方史志办公室、东平县人民政府主办的《企业文化研讨暨〈东平鑫海建工志〉首发式》会议，在东平县水浒度假酒店举行

心血与汗水

鑫海建工董事长刘振海在东澳新科项目施工现场规划建设方案

鑫海建工董事长刘振海在水浒古镇施工现场指挥生产

鑫海建工董事长刘振海与班子成员研究工作

鑫海建工董事长刘振海在公司施工现场会议上讲话（摄于 2010 年）

文化建设

鑫海建工有限公司文化期刊《星海传媒》及《东平鑫海建工志》

工地文化

科技成果

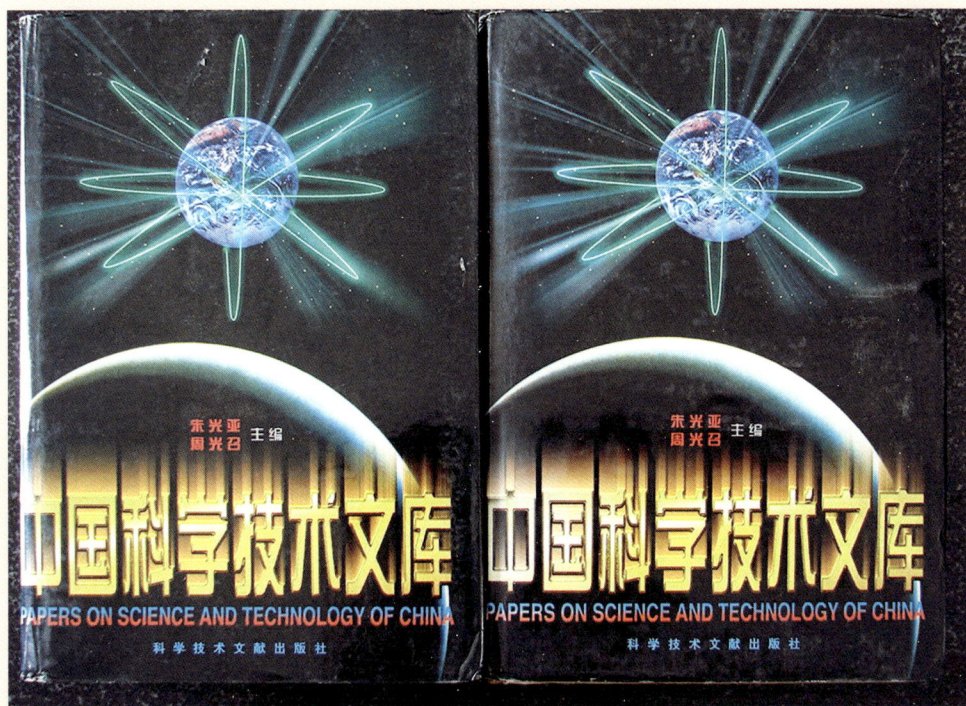

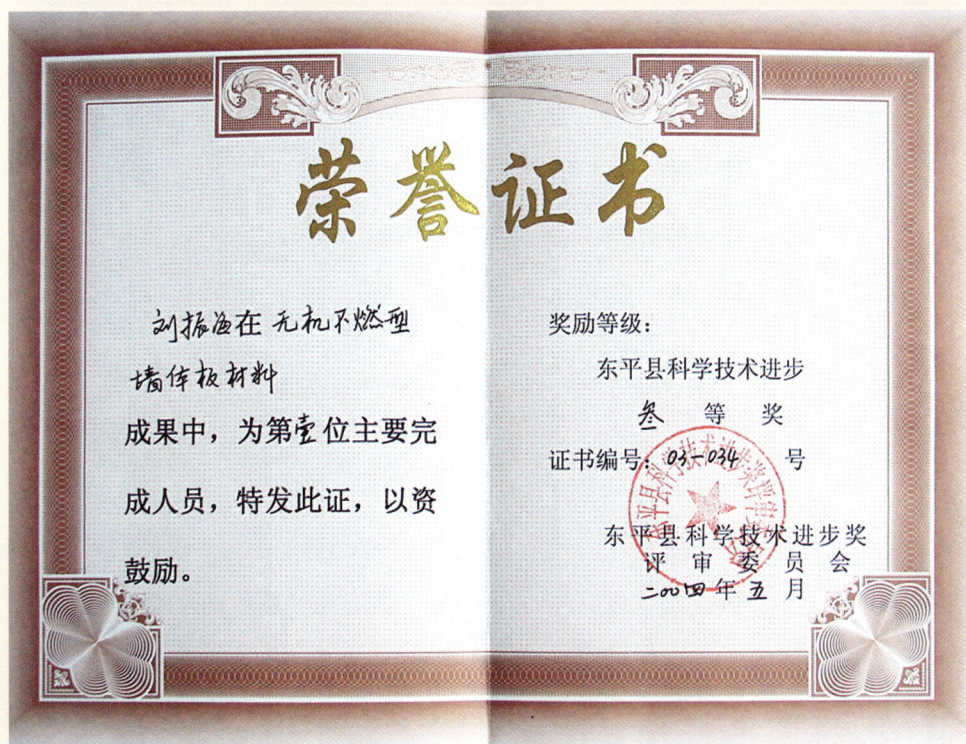

荣誉证书

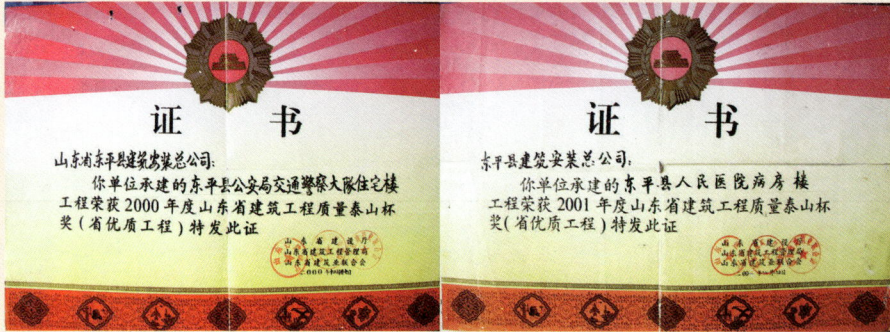

东平县交警警察大队住宅楼

东平县人民医院病房楼

代表工程——"泰山杯"工程

东平县人民医院病房楼（"泰山杯"工程）

东平县交警大队住宅楼（"泰山杯"工程）

水浒古镇

水浒古镇城门

水浒古镇大景

东平县影剧院

东平县财政局办公楼

东平县国土资源局办公楼

东平县建设大厦

东平县国税局办公楼

东平县地税局办公楼

中国银行东平支行营业楼

东平县农村信用社营业楼

东平县农业发展银行

东平县人民法院办公楼

东平县人民检察院办公楼

东平县人民医院门诊楼

东平县中医院门诊楼

东平县中医院病房楼

东平县高级中学化验楼

东平县高级中学教学楼

东平县职业中专教学楼

东平县第四实验小学

山东东平瑞星化工集团公司

化工集团容器车间

化工集团幼儿园

化工集团1号住宅楼

化工集团2号住宅楼

化工集团7号住宅楼

中储粮东平分库

分库圆仓

分库 A 型仓

东平县人民医院新病房大楼

农村新社区建设

东平县接山镇朝阳庄社区

东平县银山镇马山头社区

东平县接山镇尹山庄社区

东平县银山镇南堂子社区

外地施工工程

泰安市

中央储备粮泰安直属库办公楼

泰山医学院餐厅

泰山体育中心

山东科技大学办公楼

莱芜市

房干村客房楼

济南市

金阁花园 3 号住宅楼

金阁花园 20 号住宅楼

聊城市

聊城职业技术学院 3 号学生公寓

聊城市站北小区住宅楼

新泰市

大协煤矿调度中心

小协煤矿职工浴室

协庄煤矿招待所

协庄煤矿职工餐厅

大协火车站

河北省邢台市

邢台钢厂煤气柜

邢台钢厂水塔

临清市

新华御临苑小区

新华御临苑小区幼儿园

东平鑫海房地产

鑫海水泥小区

东晟住宅小区

鑫海山庄小区

正在施工的御鑫苑小区

鑫海东澳新科工程材料有限公司

厂区

鑫海九盛调味品公司

生产厂区一角

鑫海水泥有限公司

鑫海水泥公司

鑫海建恒商品混凝土有限公司

生产厂区

第三篇——

心怀天下

拼搏奉献

十四

拼搏奉献的人生

　　刘振海，1米8的个头，脸大肩宽，虎背熊腰，是一个典型的山东大汉。参加工作后，上山开山打石抢大锤，下山驾（石）车放崖跨坎拉长坡，练就了他的钢筋铁骨，更练就了他坚毅、刚强的思想性格。在学习上，他孜孜不倦，持之以恒，并学以致用；工作中，他坚持拼搏、开拓，不断追求进取；在为人处世方面，他奉行支强（即为开拓有为的强者喝彩、点赞）、扶弱（即扶助弱势群体）、济贫（即救济贫困人员）原则，坚持奉献人民、回报社会的理念。他几十年如一日，攻坚克难、不折不挠、勇往直前的精神，为人豪爽、肝胆相照、诚信至上的襟怀与气概，成为世人的共识，是企业界颇有名气的一条好汉。

　　1987年，38岁的刘振海被推到县建筑工程公司经理的位置上。企业正值举步艰难之际，可谓是受命于危难之时，千斤重担压在他的肩上。公司上年（即1986年）的资料显示：职工总数821人，干部管服人员56人，职工中大专以上仅10人，普通工328人，专业技术职称人员0人，人均工资69.20元/月；机械设备55.35万元；完成产值232.04万元，完成利润10万元，轻负伤率5.93‰。企业外欠工程款100余万元难以回收，员工已4个月没发工资。这是一个很不景气的企业，是一个连员工混饭吃都有困难的企业，更何谈企业生存、发展、开创新辉煌呢!

面对此情此景，抱定拼搏奉献写人生的刘振海，坚持承包企业，并与上级主管部门——县城乡建设环境保护委员会签订按20%递增的合同书、责任状。此后，30年如一日，孜孜不倦地学习、思索、谋划，呕心沥血，忘我劳动，挥洒汗水，拼命开拓，推动企业跨过一道道沟坎，钻出低谷，爬越一个个崖坡，不断前行，不断攀升，不断开创新辉煌。

他为保重点项目彻夜不眠，为创省优废寝忘食，出差中喝白水啃馒头，为工作取忠弃孝，拼搏在重点建设工地上，出现在施工现场的雪雨中，酷暑天坚持现场指挥、汗流浃背而不停息……

一桩桩、一幕幕，举不胜举，数不胜数。这一切汇聚了他拼搏奉献的年华，成就了他为之奋斗的事业。至2010年，东平鑫海建工发展成大型建工企业集团，具有工程施工及生产经营机构等9个企业型分公司、4个施工公司、1个车间、20个项目部，总计34个。企业技工达1800人，各类专业技术职称人员达到268人，其中副高级以上专业技术职称人员10人，高级技师6人，临时一级建造师2人，土建高级建设工程造价员2人，高级国际财务管理师1人；员工工资提高数10倍，最高达到2592元；主要机械设备达876.50万元，是1986年的16倍；工程合格率、合同创优率100%，并创出泰山杯工程2项、省级优良工程16项、市（地）级优良工程82项；完成产值21000万元，是1986年232.04万元的91倍；轻负伤率千分之零；企业成为县属企业纳税大户之一。企业先后被上级表彰为先进企业、先进单位、先进集体、守合同重信用企业等荣誉称号。企业经济文化建设不断呈现出新的辉煌。这些成绩、辉煌是广大员工创造的，同样也凝结着刘振海的心血和汗水，是刘振海团结带领广大员工多少年拼搏奉献的结晶。刘振海为推动企业走出低谷，开启经济文化建设的快发展、大发展，并不断开创新辉煌而呕心沥血、挥洒汗水。"步步心血、处处汗水"是他50年奋斗人生的真实写照。"拼命三郎"的一幕幕，员工人口皆碑，刘振海赢得了员工的信任与拥戴，亦同样赢得各级党委、政府的充分肯定，多次被授予（或评为）先进个人、劳动模范、积极分子、优秀经理、先进管理工作者、东平英才、振兴泰安劳动奖章、记大功，并被中华人民共和国人事部、建设部授予全国建设系统劳动模范称号。

他先后被选为东平县第十三、十四、十五、十六、十七届人大代表，泰安市第十二、十三、十四、十五、十六届人大代表；曾于1999年2月3日，受国家建设部邀请赴京参加全国工程质量研讨会，并在会上发言；2000年5月1日，接受国家人事部专家服务中心发出的"兹聘请刘振海为西部地区经济开发顾问，任期三年"聘书。

这就是刘振海拼搏奉献的人生、血汗铸就的年华。

花絮撷锦①

刘振海的人生，是拼搏奉献的人生，是挥洒血汗的人生，可谓是步步心血、处处汗水。是血汗铸就了他的事业，是血汗孕育了万紫千红的春天。奋斗的血汗浇灌的花儿一片红、朵朵红……

艰难奋进（1987年）

1987年，改革的春风吹过东平大地，刘振海投标承包县建筑公司。是年，全国建筑市场低迷，全泰安市建筑行业滑坡，东平更是举步艰难，退休职工多，设备、技术落后，外欠工程款100余万元难以回收，工人已4个月没发工资。面对这些，刘振海咬紧牙关，不屈不挠。他坚信开弓没有回头箭，是刀山，是火海，也要闯出一条生路来。

刘振海背上了绳索，开始了艰难的登攀和跋涉。

---

① 拼搏奉献的典型事例、故事。

刘振海和工程师安兴沛一道住进施工工地,打破了长白班惯例,昼夜连轴转,实现了十天一层楼。在强攻的45天里,刘振海吃饭不香、睡觉不安,常常拿着黑夜当白天。紧张超负荷的工作,他患重感冒加上劳累过度,口吐鲜血,最后导致肺炎,疼得他多次倒在办公桌和工地上。同志们心疼他,含着热泪劝他去住院治疗,可他却语重心长地说:眼下工程在抢工中,我在医院能躺得住吗?刘振海怀着对员工的眷恋、对企业的挚爱,对党、对人民、对革命事业无限忠诚的心,战胜了一般人难以忍受的疾病折磨,使工程质量提升,工期大大缩短。刘振海艰难奋进、忘我拼搏的精神,激励、带动了其他施工处、工程工地。艰难中的拼搏使企业不断走出低谷,迎来东平建筑业的春天。

保重点项目,彻夜不眠(1987年)

1987年7月1日,全县重点项目"大麻脱胶续建车间工程"办公会在县麻纺厂召开,中共东平县委书记刘静海等亲临会议。会议及刘静海书记要求,7月15日前完成设备安装前的施工项目。与会人员的目光一起投向刘振海。

刘振海心中泛起思量:支持地方经济发展,保重点项目是企业的重中之重;任务重、工期短、要求高,实属难以承担;县委书记的要求,甲方和与会人员的期待,毋容置疑。想尽千方百计,坚决完成任务成为这个男子汉的唯一选择,并必须做出郑重承诺。

一掷千金的刘振海十分清楚,承诺背后的艰难:多上人,难以保证质量?连轴转,同样难以保证质量?王牌军又在重点工程施工,况且王牌军亦难以承担!

怎么办?怎么办?他要想尽千方百计保重点项目,他进入了苦思冥想中……

夜深了,妻子的晚饭已催了三遍。

子夜时分，他毅然决定组织一场"精英观摩战"，并开始圈划各工程处的人选……

公鸡的啼鸣中，他合上本，抓起蒲扇，扇了扇卧室内沉静的空气，自言自语，这是一场"争（时间）抢（速度）创（优质）"的精英观摩战，让企业精英们的最高技术水准、最大潜能全部释放出来，奉献给重点工程建设。也要让稳坐机关的管服人员去看一看一线施工人员拼搏奉献的精神和风采，彻底触动灵魂、解放思想，以推动后勤服务和后勤保障的大提升，为深化企业改革奠定基础。

第二天，经理办公会议讨论通过了刘振海关于"精英观摩战"的方案，并决定立即实施。由经理刘振海及相关人员，组织企业各工程处精英，开展"争时间、抢速度，高质量，创优良工程"的大会战。经过连续10余日的奋战，终于完成任务，工程质量优并按预期交付使用。

期间，刘振海还组织全体行政管理人员赴麻纺厂工地观摩建筑精英的速决战，肯定建筑精英的高超技能和拼搏精神。相继，开展"行管工作与一线工人比一比、看一看"大讨论，推动了行管人员思想、作风、纪律的大转变、大提高。

刘振海不眠之夜的呕心沥血、精心谋划，博得重点项目工程施工和员工思想、作风大解放、大提高的双赢，创造了高质量、高速度完成重点工程的建筑奇迹，为企业的深入改革奠定了坚实思想基础。

首创省优，废寝忘食（1989年）

1989年，东平县计生委综合服务楼工程被山东省工程质量监督总站评定为省级优良工程。该工程，不仅填补了东平县境内省优工程的空白，亦成为泰安各县市区中较早的省优工程。

在创建第一个省优样板工程过程中，总经理刘振海和技术科、质检科的工程师在施工现场一靠就是十几个小时，而且是经常性的。公司质检员管庆海一丝不苟，对不按规程操作的施工员当时就"翻脸"，不翻工、不达标绝不罢休。刘振海对管庆海是相信的，对他的的工作是放心的。但鉴于对管庆海工作的支持，为减少万一的失误，总结创省优的经验做法，坚持同管庆海等人一起靠在创优工作中。因此，早出晚归，不能按时吃饭、休息像家常便饭一样。一次，刘振海和管庆海对质检情况分析研究后，时间已至晚上8点多钟，9点钟还要准时参加企业党总支会议。回家后，他擦了一把手抓起块干粮就往外走。

主管企业全面工作的刘振海要改革、要把企业推向前进、要在工程质量上搞突破、要破釜沉舟、要拼上自己，简直成了拼命三郎、工作狂。心疼的妻子常常叨念说，早出晚归、没黑没白，连吃饭、休息都顾不上了。夜里睡梦中也常常叨念什么，有时突然坐起来看着本子苦思冥想。就这样，一天、两天、一月、两月，两眼中出现了血丝，脸也消瘦了。

天道酬勤，成功、胜利必定属于那些不懈奋斗的有心人。1991年3月1日，山东省建筑工程管理局、山东省建设工程质量监督总站印发《关于公布90年度省优良工程名单的通知》指出，各市地主管部门向省推荐申报的工程项目，经省建设工程质量监督总站核查，达到优良标准的工程34个，决定对其施工企业给予通报表彰，并颁发优良工程证书。东平县建筑安装工程公司承建的县计生委服务楼列第10位。26日，东平县建筑安装工程公司经理刘振海参加泰安市建筑业工作会议，并作创省级优良工程（东平县计划生育服务楼）的重点发言。大会授予东平县建筑安装工程公司"质量效益"奖杯。

刘振海废寝忘食、执着拼搏、高标准进取，实现了省优工程在东平境内的突破，并跻身泰安各县市区创优质工程前列。

取忠弃孝，无言无悔（1989年、1990年）

1989年9月，刘振海的父亲因患癌症住进了济南解放军90医院。病危弥留之际，加急电报一封封发来："振海，爹要见你一面。"可是，时下正值东平县大麻脱胶科技攻关项目工程施工的关键时刻，大梁正在吊装，主体正待合拢，超大型薄壳瓦整装待运，竣工日期一天天逼近，刘振海这个挂印出征的将帅左右为难了。论工作一刻也不能离开，按情理，再忙也应去拜见自己病危的父亲！在忠与孝的较量中，这条汉子强忍泪水，把电报揣进怀里，毅然选择了事业。老父病故，双目难合，刘振海痛苦无语……

1990年6月20日，刘振海的母亲66岁大寿，这可是农村最重视的寿辰。然而待客的宴席，从中午摆到傍晚，未见刘振海回家。白发苍苍的刘老太太立在门口，盼子归来……夜深席散，刘振海从工地上奔回家来，母子相望，泪水扑扑嗒嗒落个不停。

泰山体育中心工程建设获记大功表彰（1993年）

随着泰安市城市建设的不断提升，泰安体育中心（亦称泰山体育中心）建设不断提上日程，并成为泰安市委、市政府1993年度十件大事之一。

泰安体育中心场馆，按照现代化的标准设计，容纳观众32000人。建成后对于提高泰安市城市品位，提高体育赛事的档次、数量，推动全民体育运动和体育健身事业的发展都具有十分重要的意义。泰安市委、市政府及各县市区党委政府都十分重视这项工程。

刘振海踊跃参加泰山体育中心工程建设，并决心带领企业员工展示东平拼搏奉献的精神，展示企业重质量、抢速度的品德与作风，以最优质的工程质量为泰安人民作贡献。

1993年6月13日，刘振海带队进入泰山体育中心建设工地所承担的东平工段。他们决心和兄弟单位的施工人员比质量、比速度，决雌雄。他们严格依照施工程序、质量、规格标准一丝不苟地科学施工；早出工、晚收工，勤奋劳作，开拓进取。进入夏季后，员工顶烈日、战酷暑，挥汗拼搏，工程建设扎实推进。

期间，作为公司经理、工段主帅的刘振海更是展现出超人毅力和铁人精神。他在心系企业发展和整体施工生产的情况下，将泰山体育中心建设工程东平工段摆在心中重要位置，穿行在东平、泰安之间。经常出现在体育中心建设工程东平工段的人群中、节点上，指挥生产、挥锹劳作……

一天上午十点多钟，他从其他工地匆匆赶来，长期的疲劳使他的身子不再像过去那样矫捷。心细的工友们目睹了这一切，心疼地拉他到工棚中休息一会，他却毅然挣脱工友的手，走进工地，走进人群，走到工程节点，走到紧张劳作的工友中间……

刘振海的拼搏实干精神，深深感动着员工，一个拼搏实干的东平团队、群体活跃在泰山体育中心建设工地上，彰显、光大着东平精神和东平人的风采。

国庆节过后，白天变短，气温快速下降。随着工程质量外部条件的变化，刘振海对兑料、搅拌、养护等做出调整，提出新要求，并对实施结果及时勘验、分析，确保工程质量。中旬的一天傍晚，下着蒙蒙小雨。刘振海和工友们讨论了近期工程进展、质量勘验情况后，商量下一步工作计划、要求，并对第二天的水泥浇灌施工进行了具体安排。刘振海返程时已九点半钟。

晚十二点左右，刘振海拖着疲惫的身子走进家门。心疼的妻子为他倒上一杯白开水，又倒上一杯烧酒，为他擦拭疲惫不堪的身子。刘振海在朦胧中睡着了，他恍惚地看见：雄伟的泰山、美丽的汶河、壮观的泰城；泰城内高楼林立、古树参天，车流如梭、行人欢腾：一支支代表队来到体育中心，不少市民、游人涌到体育中心……

睡梦中的刘振海笑了，他笑得是那样甜。第二天，刘振海在奔赴泰山体育中心建设工地的路上，哼起了他心中的歌：

为了城市的微笑，

为了人民的欢颜，

为了建设的丰收，

我带上了安全帽，

拼搏奋斗在一线，

我身苦累心中甜，

我身苦累心中甜。

为了城市的微笑，

为了人民的欢颜，

为了东建①红旗飘，

我带上了安全帽，

拼搏奋斗在一线，

我身苦累心中甜，

我身苦累心中甜。

　　至10月30日，历经108个日夜的泰山体育中心建设工程胜利竣工。经建设指挥部对工程质量全面检测、检查，东平施工工段综合评分为91.5分，名列前茅。东平县建筑安装工程公司的拼搏精神、施工速度、工程质量受到建设指挥部及市委、市政府领导的高度肯定和赞扬。东建公司被中共泰安市委、泰安市人民政府表彰为先进单位。同时，中共泰安市委、泰安市人民政府给予东建公司经理刘振海等6人记大功，毕于俊等5人记功，贾传林等33人为先进个人的表彰。

　　刘振海获记泰山体育中心工程建设的大功表彰顺了员工的心意。员工一致认为，上级的记功表彰是刘振海长期拼搏奋斗的必然结果，合情合理、合员工心意。

---

①　东平县建筑安装工程公司，简称东建，即后来的东平鑫海建工。

白开水泡凉馒的总经理

1994年12月，东平县建筑安装股份有限公司在山东矿业学院15号研究生公寓工程的投标招标中，通过公开答辩，在17家竞争者中一举中标，跻身泰安建筑业市场。其间，白开水泡凉馒的总经理刘振海倍受关注。

12月16日上午，甲方代表及17家投标方人员齐聚在山东矿业学院会议厅。正式程序开始前，大家相互交流、交谈、沟通。东平县建筑安装股份有限公司的基本情况是，上年3月26日，泰安市建委召开"全市建筑业工作会议"，东平县建筑安装工程公司荣获四项奖励表彰，即金牌奖（金牌、证书）、银杯奖（银杯、证书）、创建安高利润奖旗、安全生产先进企业奖（奖牌、证书）。同年4月25日，山东省建筑工程管理局印发《关于公布泰安市第二建筑公司等19家企业为中型企业的通知》，东平县建筑安装工程公司被公布为中型（一）类企业。

甲方对东平县建筑安装工程公司出色的业绩表现出一定兴趣；对总经理刘振海"宁可不挣一分钱，不让工程留隐患"的治企理念比较欣赏。但觉得对刘振海的个人情况尚缺乏全面、深入了解。

中午休会吃饭，一向简朴的刘振海和他的几个同事，就地掏出餐具、馒头，将馒头掰开后，浇上暖瓶水，一会便大口大口地吃起来，吃的是那样的香甜。一些诧异的人们就传开啦，"总经理白开水泡凉馒""白开水泡凉馒的总经理刘振海"！

"现场白开水泡凉馒"，是白手起家企业家的工作餐，是建筑工人的工地餐，显示出建筑工人吃饭不离现场的质量意识、速度意识，是20世纪形成的时代作风和时代精神。此举，透露出这位建筑业农民企业家的质朴、执着和责任意识。

甲方为刘振海执着的敬业精神、质量意识和俭朴的生活作风所感动，敬佩这位堂堂正正的汉子，愿将单位百年大计工程托付于他，并深有感触地说："把工程交给这样的创业者，我们最放心。"于是，刘振海成功中标。

此后，工程旗开得胜，施工水平、施工秩序（即安全、文明卫生诸方面）及工程质量、速度，均赢得甲方、市县领导及社会各界、人民群众的赞誉。领导的肯定、路人的交口称赞，为跻身泰安建筑业市场奠定了坚实基础。

"白开水泡凉馒的总经理夺标"亦在泰安、东平及周边地区传为佳话。

平顶山电视转播自立塔下雪雨中（1996年）

1996年初冬，总经理刘振海带领县建筑安装总公司32名、建筑分公司12名、安装公司6名机关管理服务人员到平顶山电视转播自立塔工地，冒着雪雨参加义务劳动。

东平县城三面环山，县委县政府为改善居民电视转播信号的质量，确定在县城后侧的平顶山之巅建造平顶山电视转播自立塔，同时建设部分相关配套设施。

平顶山高223.2米，除崎岖的攀缘之路外，无上山的道路，更不要说车辆通行了。施工机械、工具及物料的运送全靠手搬、肩扛、人抬，非常困难。而且，还要在山顶石崖间开场施工，竖起井字铁搭及附属设施。实属难度不寻常的工程。县建筑安装公司毅然接受了这一艰巨的施工任务。

是日，雪雨淅淅沥沥下个不停。山高路滑，又没有道路，刘振海带领职工，人抬肩扛，攀岩越石，将施工工具、材料运上山。雨雪和汗水交织在一起，员工们艰难和紧张的劳作，浑身热气冒、汗水渗，裹着雨雪的北风吹掉他们的帽子、揭开他们的衣襟，使他们顿感冰凉、难忍。但为了确保元旦前夕的电视节目播出，他们不畏艰难困苦，不歇步、不停工，坚持拼搏在雨雪中……

刘振海和员工们在寒风中冒雨雪劳动的场景和拼搏精神，极大地鼓舞了企业员工，尤其是转播塔施工人员。他们争分夺秒、夜以继日地劳作，决心创建奇迹工程，让全县人民尽快看上优质电视节日。

11月18日，中共东平县委书记赵传香、副书记、县长张广胜等六大班子领导，到县建筑安装公司承建的平顶山电视转播自立塔工程施工现场视察。赵传香、张广胜等领导对施工人员务实、拼搏精神表示敬佩，对施工情况表示非常满意！

至12月18日，平顶山电视转播自立塔工程胜利竣工，县建筑安装公司向县委县政府和全县人民交上了一份满意答卷。

水浒古镇工地汗流浃背（2009年）

2009年，水浒古镇影视城工程通过了专家论证。该工程是弘扬水浒文化、加快东平旅游大县建设的重点项目，列为中共东平县委、东平县人民政府必办的大事、实事之一。

水浒古镇是水浒影视基地的龙头项目，位于东平湖东岸，东起255省道，西至东平湖湖岸线，南起大清河，北至老湖镇朱桥村，总规划面积约5平方公里。项目划分为入口区、引景区、水浒影视城、水浒风情展示中心码头服务区、景观地产区六大功能区。主要建设引景大道、水浒广场、水浒影视城、替天行道坊、东京汴梁御道、聚星楼、伏魔殿等景点。水浒古镇影视城主要建设王爷府、太师府、太尉府、青楼、樊楼、瓮城、御龙坊、东京汴梁御道、紫石街等仿宋代建筑。此建设建筑群，古风浓郁，工艺精湛，细致逼真。进入影视城中，犹如跨入历史；漫步城中，宛若畅游千年。

5月16日，水浒古镇影视城破土动工，东平鑫海建工选派张勇、宋来斌两个最强项目部同时进驻工地会战施工。刘振海对这一大工程、大场面的集团作战高度重视。

工程首先是搬山①填壑。此后，各施工队相继投入施工。随着夏季来

① 小土石山包

临，气温升高，工程建设亦逐步进入高潮。工地上，车辆穿梭，人来人往。来此检查指导施工的刘振海突然发现，规范施工秩序非常重要。他当机立断，在烈日下指挥车辆、行人。汗水湿透了他的衣襟、头发，顺着他的面颊流淌、滴落。员工们看在眼里、疼在心里，一位好事的员工，乘他不备在背后摄下了他大汗淋漓的情景，成为他在水浒古镇工地汗流浃背的真实写照、历史记忆。然而，这种汗流浃背的情景又何尝不会发生在五个、十个工地，何尝不是几十次、几百次，甚至上千次，员工们想说但谁能说得清楚！

十五 保民生、保稳定

　　刘振海在承包经营县建公司，并通过改革企业机制、体制，最大限度地调动员工积极性，使企业迅速走出低谷，在建设经济文化强企业的进程中，他首先想到并始终如一坚持的是保民生、保稳定，全力确保和推动地方经济社会的稳定与发展。他拥护党委、政府以经济建设为中心的指导思想、方针、政策和基本思路、做法。大力扶持重点工业项目建设，尤其是人员密集型企业项目，为安置待业人员扩建上马新项目；积极主动接受面临破产待组企业及职工，使濒临破产企业获得新生，职工得到安置，并带头安置下马企业的职工，使濒临下岗职工的工作、生活得到保障；积极支持全县重点工程、重点项目建设（县电影院、四实小及工业园区、水浒古镇影视城等），为不断推进东平的和谐稳定及地方经济的持续发展作出应有贡献。

支持重点工业项目建设

　　20世纪80年代后期，改革开发的大潮在东平不断涌动，具有近80万人口的农业大县东平，"无工不富、无商不畅、无农不稳"思想不断深入人心。大上工业项目、大力发展工业生产成为人们的期盼，更是待业青年和

191

广大社会青年的期盼。东平县委县政府确立了"强工、重农、兴商"和大力发展教育的指导思想，坚持以经济社会的快速发展解决人民群众日益增长的物质文化需求，解决待业青年的就业需求，从根本上实现"保民生、保稳定"的任务。全县大办工业、大兴商业的热潮如火如荼。

刘振海遵照县委县政府指导思想和要求，坚持将"保民生、保稳定"作为治企理念，积极投身和扶持重点工业项目建设。组织有限的施工能力，先后实施了东平化肥厂、橡胶厂、纸厂、水泥厂等企业重点项目、技改项目的建设。这些重点工业项目的建成达产，增强了东平的工业生产能力和地方经济的发展，而且安置就业再就业职工1000余人，促进了社会的和谐稳定。

1987年7月1日，县委书记刘静海主持的全县重点项目"大麻脱胶续建车间工程"办公会议召开后，刘振海彻夜不眠，呕心沥血，精心策划出"抽调精英、观摩施工"的办法，使工程高质量地提前竣工交付并投产达产。期间，还采用13米薄腹梁、7米薄壳瓦、预制亮窗新技术和排架结构承建的麻纺厂织布车间竣工交付。翌年，东平县建筑安装工程公司还采用18米预应力钢木屋架和排架结构新技术承接接山毛巾厂大车间工程。该工程竣工交付，使乡镇工业的重点项目尽快投产达产，扩大了就业。

翌年9月12日，中共东平县委、东平县人民政府召开抓工业，促进重点项目建设经验交流大会召开。会上，县建筑工程公司党总支书记袁恒华介绍了本公司扶持重点项目改造（建设）的做法、经验，被县委、县政府授予"支持重点项目技术改造先进单位"称号。

1993年3月1日，东平县工交财贸重点项目建设总结表彰大会召开。东平县建筑安装公司经理刘振海作典型发言，并被表彰为优秀经理。

刘振海"保民生、保稳定"的指导思想不断取得阶段性成果。

刘振海"保民生、保稳定"，不断推动和谐社会建设、推动地方经济社会稳定健康发展的业绩，亦不断赢得上级机关的认可。1999年11月，中华人民共和国人事部、建设部授予刘振海"全国建设系统劳动模范"称号。同年，刘振海被泰安市建委评定为泰安市建筑业先进管理工作者。2000年5月1日，国家人事部专家服务中心发出"兹聘请刘振海为西部地区经济开发顾问，任期三年"的聘书。

接受破产重组企业及职工

改革开放不会是一帆风顺的。东平经济社会快速发展的同时，亦不时遇到一些波折，出现一些"阵痛"。面对社会发展中难免的"波折""阵痛"，刘振海"保民生、保稳定"的意志更加坚定。

1989年10月31日，县建筑安装工程公司率先接受安置沙庄煤矿下马的原亦工亦农合同制工人59名。

此后，县建筑安装工程公司毅然接受破产重组仍负债停产的县调味品公司。

东平县调味品公司，系创建于20世纪50年代初期的国营食品加工企业。在计划经济时期，该企业几经调整、几度辉煌。随着改革开放的不断深化，在市场经济的大潮和日益激烈的竞争中，该企业越来越难于自立。1994年，企业经破产重组，但其生产经营仍异常艰难，负债累加，很快进入停产状态。

在这一老企业即将倒闭、工人面临失业的严重时刻，一心"保民生、保稳定"的刘振海伸出了援助之手。2000年6月6日，东平县建筑安装总公司、东平县调味品有限公司合并协议书正式签订。2001年3月6日，东平县人民政府印发《关于县调味品公司整建制划转的通知》，决定县调味品公司整建制划归县建筑安装总公司。4月14日，东平县建筑安装总公司印发《关于调味品公司整建制划归公司前遗留问题的处理决定》，对遗留问题一次解决，不留尾巴。相继，县建筑安装股份有限公司拿出61.9万元补发原调味品公司离退和在职干部职工的遗留拖欠工资；可安排72户的两栋家属楼开工，调味品公司职工仅交购房款的50%；县建筑安装股份有限公司投资购进的炒麦机、洗麦机等设备陆续到位，天然酱油项目正式启动。4月30日东平县建筑安装总公司印发《食品酿造厂管理制度》。该制度由县建筑安装总公司制定并监督实施，于2001年5月1日起执行。9月1日，《酿造酱油》GB 18186国家标准正式实施。东平县建筑安装总公司调味品厂生产的全部达标产品重新打入市场。原县调味品公司迎来新生、迎来春天，其新老职工迎来欣喜、迎来欢腾。

对调味品公司起死回生并焕发出勃勃生机的可喜景象，原调味品公司退休干部曹庆礼抑制不住喜悦的心情，致函《东建通讯》，并附《三言诗》，以抒发原调味品公司员工的喜悦心情。

搞三讲　重实践　乘东风　排忧难

公司合　清欠款　再就业　天地宽

建楼房　笑开颜　抓生产　齐向前

得民心　顺民愿　实事办　众人赞

之后，刘振海"保民生、保稳定"的步子更加坚定，而且越走越快。2006年11月27日，县人民政府印发《〈东平县水泥厂破产重组实施方案〉的通知》指出，由山东东平鑫海建工有限公司组建新企业，新企业负责接受、安置、管理水泥厂的各类人员。12月30日，县人民政府印发《东平县室内成套装饰总公司职工安置和资产处置意见》指出，装饰公司各类人员一并转入鑫海公司，资产出让或依法处置给鑫海公司。意见还对相关问题作出具体规定。随着相关方案、意见的全面落实，县水泥厂、县室内成套装饰总公司两大企业免于破产，其员工免于下岗。

在救活这两个大企业、安置好企业员工的生产生活的基础上，东平鑫海建工又相继接受处于长期停产状态的县鞋厂的职工安置任务，其中待业职工216名、另有老职工172名、供养直系亲属54名。

这些"保民生、保稳定"举措的实施与落地，大大促进了东平社会的稳定和谐、地方经济的持续健康发展。同样，刘振海和东平鑫海建工的做法，亦赢得地方党委、政府的高度认可，赢得企业新老职工的赞同与尊重，获得社会的赞誉与好评。

支持全县重点工程、重点项目建设

在东平经济社会不断向好的形势下，刘振海毅然坚持"保民生、保稳定"的信念不动摇，大力支持全县重点工程、重点项目建设，推动东平经济社会持续快速发展，力促东平社会的稳定和谐。

至20世纪初期，东平县委、县政府"强工、重农、兴商"的指导思想取得阶段性成果，县城内工业、商业迅猛发展，县城人口急剧增加。对此，县委、县政府适时作出加强县城功能性建设，加强县电影院、县属学校等建设的新举措。

1990年，县委、县政府将加强县电影院建设列为本年度必须解决的十件大事之一。6月份，县委书记、县长亲临电影院工程工地现场调研并召开办公会议。县建筑安装工程公司经理刘振海出席会议，对县委、县政府决定坚决拥护，表示确保圆满完成任务。

是月28日，东平县建筑安装工程公司印发《关于落实县委书记、县长亲临电影院工程工地现场办公会议精神的纪要》，确定具体措施，明确分工及责任，务必圆满完成任务。县影院工程工地员工在公司经理刘振海和他的团队的大力支持下，加班加点，严把质量，于1990年年底前竣工交付，向县委、县政府及全县人民交出了一份满意答卷。

1991年，东平县委、县政府将县第二实验小学的建设列为本年度的十件大事之一。县建筑安装工程公司经理刘振海对县第二实验小学建设工程高度重视，经常深入工地调研、指导，帮助解决实际问题。同时，对工地施工人员严格要求、严格管理，并提出明确的进度要求、质量要求。而且，经常组织相关人员进行检查、督导、落实。

是年4月4日，县人大、政府、政协及县教育局领导到县第二实验小学工程工地现场检查指导工作。各级领导对工程进度、工程质量表示满意，对该公司给予很高评价。5月8日，中共东平县委书记张圣亮、县政府副县长乔云枫在县建委、教育局负责同志陪同下，察看县第二实验小学工程施工情况。张圣亮等人对县建筑安装工程公司的施工进度、质量表示非常满意。至12月初，工程竣工交付，又一次向县委、县政府及全县人民交出了满意答卷。

进入21世纪后，东平县委县政府不断唱响"工业强县战略"，大力招商引资、建设工业园区的系列举措相继出台。东平县建筑安装总公司率先投入东平县工业园区建设。刘振海和他的团队决心以大力支持县工业园区工程建设的实际行动和拼搏奉献精神，为强县、富县，为保民生、保稳定作出新的更大贡献。2004年4月2日，东平县建筑安装总公司经理刘振海主持召开"工业园区施工生产调度会"。会议确定按照"五天一小段计划、五天一落实、五天一调度、五天一奖惩"的办法抓好施工生产。刘振海和他的团队严肃认真的态度和务实作风不断赢得入驻东平工业园区的外商、老板的交口称赞。

随着园区各企业工程的相继竣工交付和投产达产，一批批入园工作人员不断光顾，使这一片荒寂的土地变成了人们争相向往的"掘金地"、"聚宝盆"。此后，随着工业园区规模扩大、品位提升，并晋升为省级工业园区，更是吸引着天下英才来此投资办厂，施展才华；吸引着东平及周边地区的青壮年男女涌向这里工作、发展；加之15分钟一班的园区公交车[①]的开通，使这里不仅人才济济、游人如织，而且变成了车流不息、人流穿梭、欢声不断、笑逐颜开的闹市，成为"东平小深圳""东平金山角"。

至21世纪10年代中期，东平工业园区总规划面积35平方公里，建成区面积17平方公里，形成了4纵12横高标准道路框架。入驻企业达236家，

---

① 与县城其他9路各站点相联通的5路公交车。

形成了以生活用纸、新能源、生物制约、电子电器、精细化工、机械制造、亚麻纺织、休闲食品等为支柱的工业体系。拥有10个中国名牌产品，8个中国驰名商标，21个山东省著名商标及山东省名牌；建设院士工作站3个、省级技术中心16个、市级技术中心30个，取得国家专利2500余项。拥有国家级高新技术企业11家，省级高新技术企业24家，国家级农业龙头企业7家。开发区先后被评为"中国最佳投资环境工业园区""中国最具影响工业园区""国家农业产业化集聚园区""山东省最佳投资园区""省级新型工业化产业示范基地""省级生态工业园区""省级安全标准示范园区""省级文明单位"等荣誉称号。该工业园区已成为鲁西南的一颗明星，东平经济社会持续快速健康发展的示范基地、火车头。

　　慕名而来的求职者和漫步在园区道路上的游客及周边社区受益的广大居民在谈及园区的宏大与壮美时，园区创业人员和端着如意饭碗的广大从业员工在谈及园区的经济效益、发展情况时，对东平工业园区充满赞叹、感激和信心、希望。"吃水莫忘打井人"。他们，尤其是他们的家人及其子孙后代，乃至所有东平人，应该晓得、永远记取，这一辉煌成果、民生工程，是改革开放中，在党的富民政策指引下，东平几届县委、县政府知难而进、不懈拼搏的结果。她蕴含着无数领导、决策者、领导者、推动者、管理者等的滴滴心血，同样也蕴含着刘振海及其团队、员工以及广大建设者的滴滴汗水……

　　随着东平经济的不断持续向好，开发东平旅游资源，"建设旅游大县战略"拉开序幕。2009年5月16日，水浒古镇影视城破土动工后，东平鑫海建工选派张勇、宋来斌两个最强项目部同时进驻工地会战施工。刘振海对这一大工程、大场面的集团作战高度重视，为筛选最佳施工方案及调配人员物料而呕心沥血，坚持现场调度指挥汗流浃背，所有这一切均在现场人员中留下了深刻印象，成为员工传说的资料、历史的记忆。此外，工程资金极其紧缺。刘振海为确保工程质量高、进度快，坚持按施工程序进行。为解决正常施工的资金缺口，他费尽心机，磨破嘴，跑断腿，多方筹措资金，先后为工程跑款垫资4000万元。这种强烈的责任意识和作为，成为他呕心沥血、拼搏大干之外鲜为人知、感人肺腑的诸多故事。

在刘振海全心全意的支持下，确保了水浒古镇影视城的计划工期，9月16日，影视城整体投入运营，新版《水浒》按时开拍。水浒古镇影视城成为东平水浒文化游的亮点之一，她与东平湖、聚义岛等水浒景点相呼应，与东平运河文化、佛教文化、府学文化等的诸多景点交相辉映，构成"水韵东平"的精美宏大画卷，是天南地北的游客风光游、文化游的至上选择、极好去处。

水浒古镇影视城（含配套设施）及其景点景区已成为东平具有强大生命力的文化工程、民生工程。

刘振海"保民生""保稳定"的理念和为之不懈奋斗的精神、业绩受到了企业员工和社会各界人士的拥戴，同样亦得到了地方党委政府的充分肯定。2009年7月2日，中共东平县委书记陈湘安对东平鑫海建工的工作作出重要批示。指出："鑫海建工有限公司全力支持、积极参与全县重点工程、重点项目建设，讲大局，求质量，做奉献，表现出了很强的社会责任意识和奉献精神，树立起了企业良好的社会形象"。2010年8月，东平鑫海建工董事长刘振海被表彰为"泰安市优秀人大代表"。2011年4月2日，东平鑫海建工董事长刘振海被中共东平县委、东平县人民政府首届命名表彰"东平英才"工作中，被命名表彰为"东平英才"。2015年，刘振海被东平县人民政府聘为经济顾问。

济弱扶贫

十六

刘振海这位敢打善拼的企业硬汉子，同时有着慈悲的菩萨心肠。他怜悯弱者，济弱扶贫是他的人生追求之一，是他工作生活的一部分。他关心职工生活，牵挂着困难职工的冷暖，定期和不定期地走访资助困难职工；对企业因工与非因工死亡职工的遗属依据上级政策及时提高生活补助标准；对出身（或遭受天灾人祸所致）寒门的孩童、学子实现求学梦；组织员工并带头参与慈善募捐活动，为社会上弱势群体送爱心、送温暖。

走访资助困难职工

县建筑公司的职工，大部分来自农村，且多是"一头沉"的单职工。家庭负担重，困难家庭多，每年靠企业接济生活的职工多达80多户。但刘振海对这一弱势群体非但不嫌不弃，而是格外关照。

"因为我们是一家人，相亲相爱的一家人"，这是鑫海建工广播中经常播放的一首歌曲。优美的歌词唱出了刘振海心声，唱出了他对员工的一片亲情。

公司总经理刘振海把企业职工一向视为自己的家人、兄弟姐妹，对其中的困难职工更是关注。坚持"对穷的帮一把，对难的拉一把"，不让一位职工生活上有过不去的坎、爬不上的坡。

2005年2月3日，鑫海建工有限公司分3组走访困难职工，为困难户送去面粉、食油、酱油和现金。

2006年1月12日，鑫海建工有限公司分4组走访困难职工，为困难户送去面粉、食油和现金。

……

刘振海和他的团队除坚持每年春节前集中走访资助困难职工外，还通过企业工会组织对困难职工家庭及其成员进行走访资助；每年麦秋季节，公司还组织帮扶队帮助外出施工人员收麦收秋，为他们排忧解难。

为长期临时工"留转"、办理农民合同制工人176名。依据上级的政策规定及时发放救济、救灾款项，解决职工的生活及家庭困难。

及时提高供养亲属补助标准

刘振海在关心困难职工的同时，念念不忘企业因工与非因工死亡职工的遗属，经常了解他们的年龄、身体状况，家庭生活及困难补助费发放到户、到人情况。

1993年11月5日，东平县建筑安装工程公司根据上级《关于调整国有企业因工与非因工死亡职工供养直系亲属生活困难补助标准的通知》精神，确定对现有领补助人员清理核实后，按"非农业户口每人每月65元，农村户口每人每月50元，孤独一人再加10元"的标准发放。对此，刘振海深情地说，企业的老职工为企业出过力、流过汗，我们不能让职工的遗属伤心流泪。

之后，公司经理刘振海和他的团队，坚持依据上级有关文件，及时调整企业（因工与非因工死亡职工）供养直系亲属生活补助标准，使他们生活补贴随物价有所调整、提升，切实感到生活靠得住、企业靠得住，社会主义好、共产党好。

组织、参与慈善募捐等活动

刘振海在坚持关照企业职工及相关人员的生产生活及学习方面困难的同时，不忘社会上的弱势群体、贫困人群，积极发动、组织并带头参加慈善募捐活动。

2004年5月21日，在县建筑安装有限公司经理刘振海倡导下，组织干部职工开展"慈善一日捐"活动。209名干部职工参加，募捐善款3 070元，其中刘振海个人捐款200元。

2009年6月20日，县鑫海建工有限公司组织2009年"慈善月"捐款活动。公司董事长刘振海、总经理刘虎和干部职工一起踊跃捐款。此次共捐款5 920元，其中刘振海个人捐款500元。

十几年来，刘振海先后组织并带头参与企业员工的慈善募捐等活动10余次。

刘振海还积极参加上级机关及其他社会团体组织的募捐活动（含抗洪、救灾等）。对企业及社会上的应急个人、困难人群、弱势群体慷慨解囊。十几年来，刘振海个人捐款、捐物累计10万余元。

十七 热心公益事业

　　刘振海不知疲倦的拼搏奉献精神源自哪里？源自责任，源自担当。他常常说，一个人来到世界上，生活在人世间，就不能辜负生身父母和衣食父母的养育之恩、世人的帮扶之情，对家庭负责，对单位（企业）负责，对国家、社会负责理所应当。在享受其中温暖的同时，更要承担责任、奉献爱心、勇于担当、善于担当，要把家庭、企业（单位）的事办好，更要把国家、社会的事尽力办好！因为"有国才有家，有家才有我"。几十年来，他始终如一地热衷社会公益事业，抗洪救灾他抢在前，公益事业、公益活动他抢着承担，对大众、对社会有益的事他奋勇拼搏、慷慨资助……

抗洪抢险

　　八百里水波遗存水域的东平湖是山东省第二大淡水湖，系历史上梁山一百单八将经常出没的地方，南北大运河的重要枢纽。东平湖养育了英雄、滋养了一方百姓，是东平人民的母亲湖、生命湖。然而她的任性也会在汛期给东平带来灾难。党和政府在不断加强东平湖治理和建设的同时，异常注重汛期防汛工作。生于斯长于斯的刘振海，听惯了东平湖的故事，深知东平湖兴利避害、防险抗灾的道理。这位有担当的东平汉子，在东平湖防险抗灾工作中总是抢在先、冲在前，为了人民的生命财产免受损失而牺牲自我、奉献自我。

2001年8月4日，东平湖防汛工作进入紧张状态，县建筑安装股份有限公司依据总经理刘振海的要求，及时传达落实县抗洪救灾会议精神，把抗洪救灾工作当作压倒一切的中心任务，急防汛所急，想防汛所想，先后调动车辆100余台，调动人员300余人次，运沙5200袋、食品210箱、钢架管90根。总经理刘振海则从广州洽谈项目后返还并连夜赶往抗洪一线坚守阵地，及时调度，完成多项急难险重任务，有力地支援了抗洪救灾工作。刘振海和县建公司的所作所为，表现出全县一盘棋、合力抗洪灾的全局观念；表现出抗洪抢险的东平湖就是战场、抗洪抢险救灾就是战斗的紧迫感和战斗作风。8月23日，在公司总经理、党委书记刘振海等一班人带动下，该公司又组织"救灾捐款献爱心"活动，300余名职工踊跃捐款近6千元。

2007年8月，东平湖出水口出现险情。县抗洪指挥部向各抗洪防险单位发出增派人员、支援物资的命令后，东平鑫海建工董事长、总经理刘振海连夜调动人员、材料，并派出郑军、陈树隆、姜兴印分别带队，立即奔赴抗洪一线。在刘振海的影响带动下，所有参战干部职工不顾天气炎热，不顾蚊虫叮咬，把抗洪一线当作战场，善始善终地出色完成任务。尤其是一线职工马德平等人在最艰巨的岗位上任劳任怨、埋头苦干，坚守到胜利。本次抗洪抢险，鑫海建工直接投入资金12000元，钢筋网100片，钢架管物资一宗，人工100余个。刘振海及鑫海建工员工顾全大局，在抗洪抢险的紧急时刻第一时间冲上去、坚守阵地并夺取胜利的拼搏精神、奉献精神受到县抗洪抢险指挥部的高度赞扬。刘振海更为东平人民战胜了洪灾而高兴。

为县政府广场安装LED电子显示屏

2009年，由县委、县政府决策，东平鑫海建工承建的县政府广场，成为又一大民心工程、幸福工程。

广场与龙泉湖遥相呼应，连为一体，成为东城区居民夜晚休闲、游玩的理想场所。每到傍晚，璀璨的华灯亮起，数以千计的居民汇聚在这里，欣赏这美丽的山城风光。静静的群山尽收眼底，东山路的灯火和彩虹让人陶醉，龙泉湖的水波让人迷恋，龙山大街穿行的车辆和学生流让人激奋，县政府大楼的雄伟让人敬佩，广场上欢快的人群更让游人置身幸福中。

广场上几百人结成一个方队，他们练舞、习拳，或跳或唱，尽情展示他们的喜悦和欢快。

东平几十年的发展天翻地覆，大步跨入小康的东平人的幸福生活与幸福指数不断提升……

人群中的刘振海突有一悟，觉得广场似乎还少了点什么。若能让沉浸在幸福中的人们，随时看到外面的天、外面的人，看到省城济南、首都北京，看到全国、全世界，岂不更能激发他们珍惜幸福生活，并为开创更加美好的未来而拼搏奋斗呢！

他反复想，应为县政府广场无偿安装大型电子显示屏，让来此休闲、娱乐的人随时放眼全国、知晓天下。

他的想法得到了县委、县政府领导的肯定，认为他想县委、县政府所想，为县政府广场完成的点题之笔是"点睛设施"。

2009年6月29日，东平鑫海建工依照董事长刘振海的意见，无偿投资70万元购置、安装的LED电子显示屏落成，成为县政府广场上一大文化设施和亮点。显示屏离地3.69米、高4.5米、宽8米，大气、壮观。每到夜晚，显示屏上的新闻播报、世界各地、"星光大道"、各类"竞赛"、快乐天地，内容丰富多彩，吸引着无数游人驻足观看，形成了一个新的人群方阵，成为县政府广场上一道新的风景线。

为旅游业购置游船、龙舟

东平历史悠久，名人荟萃，自然资源丰富。受府学文化、水浒文化、运河文化以及佛教、道教和儒家文化等的长期熏陶及叠加作用，旅游文化和旅游资源得天独厚。大自然的恩赐和多元文化遗留下诸多经典景点，更加之几届县委、县政府发展东平旅游业、唱响东平旅游文化的正确决策，对东平旅游景点的保护、开发和科学使用，使东平诸多景点还原了历史与美好，令四方游客纷至沓来、流连忘返。

生于斯长于斯的刘振海对家乡东平情有独钟，对东平的诸多景点情有独钟，率先拥护和支持东平县委、县政府积极发展旅游业的决策。他大力支持、全力参与东平著名景点——水浒古镇影视城建设，积极宣传、组织水浒文化游和多元文化游活动，并把东平旅游作为社会公益事业来大力支持、慷慨解囊。

2009年9月，在董事长刘振海的大力支持下，东平鑫海建工为"中国·东平全国首届龙舟邀请赛"出资5万元购买大龙舟一艘，并倡导员工积极参与龙舟邀请赛活动。12日，"中国·东平全国首届龙舟邀请赛"在东平湖大安山码头擂鼓开赛，东平鑫海建工总经理刘虎、副总经理赵平率队参赛，并荣获大龙舟组第一名。期间，东平鑫海建工为支持东平旅游业的发展，还出资30万元购买游船一艘……

刘振海和他的团队为东平旅游业的发展不断作出的新支持、新奉献，受到广大旅游业者和社会各界群众的交口称赞。

捐建农家书屋

一向重视学习，深知学习给人知识、给人力量并改变人的命运的刘振海，在一如既往地关心企业员工读书学习的同时，亦非常关心农村青壮年的读书学习问题。他多次倡导，城市反哺农村、工业反哺农业，要为提供农村青壮年读书学习的条件放在第一位。

刘振海一次又一次地倡导、组织企业员工给农村青壮年捐书活动。2011年6月16日，东平鑫海建工捐建农家书屋活动在老湖镇九女泉村进行。山东省新闻出版局管理处副处长刘咏梅，鑫海建工总经理刘虎，九女泉村委负责人、村民代表参加了捐建仪式。鑫海建工捐献图书1600册，以农业科技为主，涵盖政治、经济、医学、文学、艺术、少儿读物等多个门类。刘振海希望通过举办这样的活动推动农村青壮年的读书学习，推进农民的知识化、农业的科技化，帮助广大农村、农民脱贫致富奔小康。

承办社会公益活动

刘振海在对待社会公益活动方面，表现出一个企业家的风度。他常说，承办社会公益活动是对社会的回报和奉献，也展示了企业实力、文化品位和社会责任心，同时对于宣传企业、宣传东平，推动地方经济文化建设、和谐社会建设均具有重要作用。在企业不断发展壮大的情况下，他喜欢多多承办社会公益活动，并要求企业员工积极参与这些活动。

2007年9月28～30日，为欢庆国庆节、丰富职工群众文体生活，东平鑫海建工承办县直机关篮球比赛、乒乓球比赛和钓鱼比赛，公司均组队参加。鑫海建工篮球队并夺得优秀名次、获优胜奖。

2008年8月5日，在董事长刘振海的倡导支持下，东平鑫海建工有限公司组织承办的"喜迎北京奥运，弘扬东原文化，'鑫海杯'全县书画大赛作品展"开幕。中共东平县委书记朱永强及刘思宏、李成印、郭冬云、牛树柏、白昭银等领导，在刘振海陪同下出席开幕式并颁奖。

2009年9月18日，在东平鑫海建工董事长刘振海的倡导支持下，"伟大祖国好——东平鑫海杯"60年国庆书法大赛作品展开幕式在县政府广场举行。县领导张成伟、郭冬云、李成印等以及鑫海建工总经理刘虎为开幕式剪彩。县委宣传部部长郭冬云讲话，鑫海建工总经理刘虎致辞。

2010年6月17日，在董事长刘振海的倡导支持下，东平鑫海建工有限公司承办的"中国书画名家作品邀请展暨'鑫海杯'书画大赛"在鑫海山庄开幕。中央党校原副校长刘海藩及文化、文艺、书画界30余位知名人士到会。刘海藩发表重要讲话，中共东平县委宣传部部长郭冬云致辞，副县长陈勇主持会议。

……

这些活动的承办提高了东平鑫海建工的知名度，提升了企业文化品位，改善了员工精神面貌，推动了企业经济文化建设；对于宣传东平、推动地方经济文化建设与社会和谐等诸方面起到积极作用。

开展助学和社会救灾等活动

刘振海本人就团结带领企业员工在奉献社会、回报人民方面，还经常开展捐资助学和社会救灾等活动。现仅将档案中保存的部分案例简述如下：

1994年9月16日，在总经理刘振海的倡导支持下，东平县建筑安装股份有限公司向全体干部职工印发《救灾募捐衣被倡议书》。至20日，由70名干部职工捐献各类衣被82件。

1998年8月26～30日，东平县建筑安装股份有限公司总经理刘振海带领组织干部职工开展支援灾区捐款捐物活动。此次支援灾区捐款捐物活动共捐款2085元、捐棉衣被187件。

2001年8月23日，东平县建筑安装总公司组织"救灾捐款献爱心"活动。在公司党委书记、总经理刘振海等一班人带动下，300余名职工踊跃捐款，当日即捐款5320元，为灾区群众生活献上一份爱心。

2003年4月下旬，传染性非典型肺炎漫延至东平。5月6日，县建筑安装股份有限公司成立预防《传染性非典型肺炎》领导小组，刘振海任组长。26日，县建筑安装股份有限公司组织干部职工开展"抗'非典'捐款"活动。刘振海慷慨解囊，201人捐款4460元。

2008年5月12日，四川汶川发生8.0级大地震，造成重大人员伤亡和经济损失。16日，东平鑫海建工组织开展"向灾区人民献爱心"活动。在董事长兼总经理刘振海带领下，干部职工踊跃捐款，支援灾区人民抗震救灾。刘振海个人捐1000元，获中央组织部发证表彰。

2009年8月26日，东平鑫海建工举行"鑫海奖学金"发放仪式。奖励本年度高考中取得优异成绩的班主任、任课教师和全县高考成绩前五名的学生。

......

十八 带好班子，当好班长

刘振海主政县建企业以来，尤其是任企业党委书记之后，把企业领导班子建设作为重中之重的工作，围绕建设"革命化、年轻化、知识化、专业化"①、能打善战的企业钢班子、铁队伍的目标，坚持"德才兼备，以德为主"的原则选拔班子成员，依照相关程序配备企业领导班子；并且，严格按照"勤政、廉政"标准要求班子成员；对有培养发展前途的积极分子和企业管服人员严格管理、严明奖惩。使企业班子政治坚定，始终与党中央保持高度一致，确保党和国家的方针政策在企业的贯彻落实，确保依法治企；企业班子成员政治素质强，文化水平、专业知识高，且年富力强，能够带领全体员工拼搏奉献、开拓进取，并不断取得新业绩，使企业成为行业的排头兵。近30年来，东平鑫海建工（含前身机构）领导班子成员不仅无一人掉队或腐败，而且在历次测评、评议中优秀或满意票均在90%以上。领导班子则是一个党委政府充分肯定、员工信赖的优秀企业团队。"班长"刘振海多次被评为市、县先进管理工作者、优秀经理，公认的企业领导班子的好班长，并被上挂到县建设局任主任科员。

---

① 以下简称"四化"。

按照"四化"标准配备班子

1987年1月，县建筑工程公司经理武文合调离，副经理刘振海任代经理，6月被公布为经理，主政县建筑公司全面工作。是年，公司领导班子的状况是：经理刘振海，37岁，大专文化；副经理宫传奎，42岁，高小文化；副经理赵怀荣，51岁，初小文化；总支书记袁恒华，42岁，高中文化。班子总体年龄偏大，文化层次低，无1人有技术职称，与"革命化、年轻化、知识化、专业化"的要求相差甚远，无力担当企业发展的"火车头"。企业要大发展、快发展，班子建设是当务之急，是刘振海亟需考虑的重中之重的问题。

刘振海坚持按照"四化"的标准启动企业班子建设。①强化对原班子成员的管理教育。持之以恒地对班子成员进行责任心、事业心和拼搏奉献精神的教育，要求青壮年同志不懈学习、奋斗，思想、工作、学习不断上水平、上档次。要求老同志保持晚节、站好最后一班岗，树立好老同志的榜样和形象。②高度重视班子成员的学习。刘振海要求班子成员务必做学习的模范，力争达到大专文化。自己更是率先垂范，在拼搏进取、忘我工作的同时，争分夺秒地刻苦学文化、学业务，在原班子成员中第一个取得大专文凭和高级经济师职称。③培养青年骨干。坚持抓好青年骨干的学习深造、培训提高工作；将有发展前途的年轻同志放在实践中锻炼、考察，压重担子。其中，安排企业选送到省建工学校学习3年归来的赵平到公司计划预劳科任副科长；安排在武汉城市建设学院学习归来并已任公司技术科科长的赵刚到公司第二工程处任副主任；安排在省建工学校学习归来的杨杰到公司第一工程处任副主任。让他们在最基层、最艰苦困难的岗位上磨炼，增长才干。④不断推进领导班子的组织机构建设。1990年10月16日，县建筑工程公司改称县建筑安装工程公司，刘振海依照相关规定和程序对公司班子进行调整。54岁的原副经理赵怀荣退居二线，任调研员；年轻力壮的孙永举、赵平进入管理班子，任副经理；王瑞芳任技术负责人，为副经理级。1993年6月，充实加强公司管理班子。由公司培养并经实践锻炼的新生力量赵刚及陈吉银公布为副经理，周传英（女）公布为经理助理，杨杰公布为技术负责人。此后，刘振海继续坚持按照"四化"标准推进企业班子建设。至2005年1月东平鑫海建工创建后，一个相对比较成熟的企业班子展现在员工与世人面前：总经理刘振海，55岁，大专文化，高级经济师；副总经理赵刚，43岁，大专文化，高级工程师；副总经理赵平，44岁，大专文化，高级经济师；副总经理陈吉银，51岁，高中文化，高级预算员；副总经理刘茂和，54岁，大专文化，高级国际财务管理师；副总经理杨杰，41岁，大专文化，高级工程师；副总经理郑军，32岁，大专文化，工程师。依据相关程序，刘振海同时任公司董事长、党委书记。41岁的政工师陈树隆任监事会主席、党委副书记。同时，公布王成玉、马文广、王供海等三位专家型、年富力强的同志为总经理助理。

之后，作为公司党委书记的刘振海坚持"德才兼备，以德为先"的原则，依照相关规定、程序，培养、选拔干部，调整、配备企业班子，不断推进企业班子的"革命化、年轻化、知识化、专业化"建设。

2005年10月，自幼热爱建筑工作的县旅游局科员刘虎调入鑫海建工。该同志30岁，研究生文化，无党派人士，喜爱法律、建筑，擅长协调、攻关，事业心强，有一定组织领导能力，是一位难得的开拓型人才。企业领导班子成员均对该人寄予厚望。刘振海将其调入新成立的第一项目部，任经理，承担县人民医院门诊楼工程（本年度县委县府八件大事之一）的承建任务。刘虎不负众望，团结带领全项目部人员，拼搏进取，一丝不苟，并协调各方关系，使工程质量高、施工安全文明卫生，并按合同工期竣工交付。该工程被评为省优工程。施工过程中，刘虎得到进一步锻炼，其能力和才华得到充分发挥和展示。相继，刘虎被公布为县鑫海房地产综合开发有限公司经理。鑫海房地产公司的生产经营不断显现新的起色，刘虎的组织能力、管理才干不断增强。

2008年6月19日，在企业班子成员多次讨论、并取得共识的基础上，鑫海建工董事会作出决议，董事长刘振海不再兼任总经理，聘任刘虎任公司总经理。

年富力强的刘虎走马上任后，从公司管理班子的精神状态到企业生产经营状况很快呈现出新起色，创出新业绩。2009年4月，刘虎被中共东平县委宣传部、共青团东平县委等11部门联名授予"东平县十佳青春创业之星"荣誉称号。2010年5月，刘虎被中共东平县委宣传部、共青团东平县委等4部门联名授予"东平县十大杰出青年"荣誉称号。同年12月10日，刘虎获山东省建筑工程管理局颁发的"建筑业企业经理岗位任职资格证书"。刘虎和他的管理团队团结带领企业员工，勇往直前、拼搏进取，企业经济文化建设不断开创出新的辉煌。

2015年，在董事长刘振海的大力支持下，总经理刘虎率领他的管理团队和企业员工，通过对企业多年来的管理工作、生产经营、经济文化建设等全面情况，自上而下、自下而上地反复回顾总结、认识升华并达成共识的基础上，规划企业未来，形成了《东平鑫海建工员工文化手册》[①]，为企业科学管理，开创未来奠定了坚实的文化支撑。逢周一早操，员工集体宣誓，"为创建经济文化强企业而努力奋斗"的誓词响彻企业上空，让员工振奋、市民振奋、社会振奋。此时此刻，员工、世人无不把心中的敬佩投向年轻的总经理刘虎，对于他的管理才干表示佩服。

东平鑫海建工员工和社会各界对这位年轻的总经理表示出无比敬佩、信赖的同时，更对党委书记、"老班长"刘振海在企业班子建设过程中，呕心沥血的谋划、培养人才，适时调整充实班子作出的贡献流露出由衷的敬佩和感激。

---

① 内容详见《第三篇 十九 大力推进企业文化建设》。

按照"勤政、廉政"要求班子成员

刘振海自1987年主政县建公司以来的30年间，始终秉承"打铁须先自身硬"，在学习、工作、生活中严格要求自己，严格要求班子成员，坚持"勤政、廉政"。持之以恒的"勤政、廉政"，锻炼、培养了班子成员，形成了能打善战的企业团队；凝聚、带领员工拼搏奋斗，推动企业不断前进，不断开创新的辉煌；培育并形成了"创优、诚信、团结、奉献"的鑫海精神。

1987年7月21日，县建筑工程公司经理刘振海带领行政管理人员赴麻纺厂工地观摩建筑精英的速决战。相继开展"行管工作与一线工人比一比、看一看"大讨论。班子成员经热烈讨论后一致表示：我们作为企业的领头人，如做不到拼搏奉献、"勤政、廉政"，那就愧对了自己的员工，更无颜面对企业精英们！

1990年6月28日，县建筑安装工程公司印发《关于落实县委书记、县长亲临电影院工程工地现场办公会议精神的纪要》。该纪要对1990年县委、县府必须解决的十件大事之一的电影院工程，确定具体措施，明确分工及责任，确保圆满完成任务。分工的班子成员吃住在工地，坚守在工程最艰难最需要的地方……

此后，刘振海和班子成员在及时通报情况、问题集体决议、工作统一部署的情况下，坚持蹲工地、跑工程，出现在工程和职工最需要的地方，与员工心连心，与员工同拼搏共奉献，使广大员工感激、佩服、效法，拼搏奉献的东建精神很快形成。在拼搏奉献的东建精神推动下，企业步入大发展、快发展的轨道。

1994年6月1日，在总经理刘振海的倡导支持下，县建筑安装股份有限公司印发《管理规程》。《管理规程》包括承包管理形式，总公司及各分公司、直属承包单位的责任，科室等各种管理规定，以及奖罚、监督检查等内容，使各项工作及生产经营活动有章可循。其中即包括总经理刘振海和各位副总经理等的职责，并接受同奖同罚。7月5日，县建筑安装股份有限公司印发《监事会告全体股东书》。提出，为保证股东赋予的职责、任务，决定建立检举、举报制度，采取设立"检举箱"等措施，切实做好监事会工作。此举，使企业班子及其成员均接受群众监督，政务活动公开，工作、生活透明。

1995年2月26日，县建筑安装股份有限公司印发《关于公司领导成员工作分工的通知》，使各领导成员职责明确，科室及基层单位便于工作，员工便于监督。

8月30日，在总经理刘振海倡导支持下，县建筑安装总公司印发《关于"狠刹吃、喝风"的规定》。就严禁公款吃喝及其监督、处罚办法等作出具体规定，并要求相互监督，廉洁自律，抵制腐败，确保公司经济建设、思想作风建设的健康发展。

10月5日，依据总经理刘振海的安排，县建筑安装总公司印发《关于总公司领导分包工程的通知》，公布总公司领导分包的工程项目及具体要求，为班子成员压担子、定责任，以此响应县委、县政府大干第四季度的号召，落实本公司创优计划，并确保实现工程合同工期的目标。

1997年8月1日，"东平县建筑安装总公司领导干部廉洁自律领导小组"成立，公司党委书记、总经理刘振海任组长，组织副职以上干部开展廉洁自律承诺活动。通过廉洁自律承诺活动，班子成员进一步认识到"公生明、廉生威，雷厉风行出效益"的硬道理。

此后，"班长"刘振海不断采取新举措，推动企业班子及其成员的"勤政、廉政"建设。

2002年4月16日，依据总经理刘振海的要求，东平县建筑安装股份有限公司印发《〈管理规程〉补充修订规定》。明确规定："如分工科室、处、厂出现罚款，给予分工领导、分公司经理罚款额50%的罚款"。这一明确而具体的规定，显示出"班长"刘振海及成员对"勤政"建设的诚意和坚定不移的决心。

　　此后，刘振海和他的团队适时调整并及时公布班子成员的分工、职责及奖罚规定，推动着企业"勤政、廉政"建设健康发展。

　　2005年4月6日，东平鑫海建工有限公司召开第一季度工作会议。会上，董事长兼总经理刘振海与班子成员，各分公司、项目部负责人及新开工承包单位逐一签订承包合同和"一岗双责"安全合同。在合同书中，"勤政、廉政"建设内容设立专条。此后，根据新变化、新情况，及时调整并公布公司领导新分包工程的具体情况、主要职责及奖罚措施，使企业班子的"勤政、廉政"建设永远在路上，并规范运行、健康发展。

　　"班长"刘振海持之以恒地重视并狠抓班子的"勤政、廉政"建设，使企业班子成为永远经得起考验的"钢班子"。30多年来，新老不断交替，老"班长"的管理不减，"家风"不变，"钢班子"的名声永驻。先后在刘振海领导、带领下任职的25位班子成员，无一人掉队，无一人腐败，更无违法乱纪者①，是受上级党委政府充分肯定、社会公认的优秀团队。

　　优秀团队的精神之花更是灿烂，刘振海和他的团队培育形成的企业文化，尤其是"开拓拼搏"和"创优、诚信、团结、奉献"的鑫海精神，成为企业不断发展壮大的强有力的文化支撑，成为鑫海建工宝贵的精神财富。

对中层及管服人员严明教育、管控

　　刘振海主政县建公司的30年间，在坚持不断强化自身建设，持之以恒地加强班子的"勤政、廉政"建设的同时，对中层及管服人员"大胆使用，严明教育、严格管控和多措激励"，使班子的"勤政、廉政"建设得到拓展，进而形成良好的外部环境和坚实基础。

---

① 详见附：1987～2018年公司班子成员个人简介。

1987年7月，由刘振海发起的"赴麻纺厂工地观摩建筑精英的速决战"和"行管工作与一线工人比一比、看一看"大讨论，使原本四平八稳的行管工作和慢条斯理的行管人员受到很大震动，群情激昂。纷纷表示，一线精英不惜洒汗水、拼搏奉献，我们中层及管服人员，定要以他们为榜样，做忠诚、优秀的管服人员，全方位为一线热情服务，呕心沥血做细、做实、做好后勤工作。中层及管服人员热情高涨的工作，加快了企业班子决策的上传下达，带动了全盘工作。同时，中层及管服人员中优秀分子的不断涌现，为充实企业高层班子做好了人才条件，确保了企业班子朝气蓬勃、"勤政、廉政"建设健康发展。

1988年6月16日，东平县建筑工程公司考评委员会印发《关于对队级以上干部和行管人员的考评意见》。该意见对队级以上干部和行管人员的工作及考核办法提出具体意见。考评意见的定期发布对中层及管服人员的教育及思想建设、作风建设起到良好的推动作用。

此后，刘振海和他的团队紧紧抓住对中层及管服人员的考核、考评工作（包括全面目标考核）不放松，并和收入分配、奖惩紧密联系，不断严明对中层及管服人员的教育、管控。

1991年4月20日，泰安市建委侯宪资等人到东平县建筑安装工程公司指导企业升级复查工作。市建委领导对该公司自查工作给予充分肯定，并对该公司提出的"队长、主任全面目标考核分配法"给予高度重视，建议进一步总结后在全市推广。

之后，随着承包合同管理的推行，刘振海和他的团队将对中层及管服人员的教育、管控工作纳入承包合同管理之中。

1993年6月26日，县建筑安装工程公司召开"深化企业改革首轮研讨会"，经理刘振海主持会议。经过讨论，决定撤销处级管理层，对项目施工及其生产经营的厂、公司全面推行承包。7月1日东平县建筑安装工程公司印发《承包管理规定》，就承包的具体内容条款及管理等作出具体规定。至7月24日，公司与各承包人签订了经营承包合同。承包合同管理工作给各科室及管服人员提出了更高、更具体的要求。翌年6月1日，东平县建筑安装股份有限公司印发《管理规程》。包括承包管理形式，总公司及各分公司、直属承包单位的责任，科室等各种管理规定，以及奖罚、监督检查等内容，使各项工作及生产经营活动有章可循，中层及管服人员的工作责任更加具体、明确，对中层及管服人员的工作考核、考评更具操作性。同年8月15日，东平县建筑安装股份有限公司依据《管理规程》印发《七月份科室考核结论》。对中层，对科室及管服人员的管理步入制度化、规范化。12月，公司考核领导小组按照10余项考核指标考核，并经董事会和经理办公会研究决定，给予阎殿军、管庆海、贾传林、戴清怀、张西振等5人特殊贡献奖。刘振海和他的团队对中层，对科室及管服人员考核、考评的权威性、实效性进一步提升。

此后，刘振海对中层及管服人员的教育、管控方式逐步引向精神、文化层面，并不断丰富内容。

1996年1月3日，在总经理刘振海的倡导支持下，县建筑安装总公司印发《精神文明建设方案》。公布了领导机关和办事机构，并就加强职业道德教育、发挥党团员模范作用、宣传党的方针政策、开展劳动竞赛和岗位练兵、确立职工的企业主人公地位、公司中层以上管理干部率先垂范及奖罚等方面制定出具体意见。要求和激励中层及管服人员作企业精神文明建设的尖兵、模范。

同年2月25日至3月1日，县建筑安装总公司举办"经济管理课"和"技术质量课"。管理人员91人参加培训学习，考试及格率98%以上。4月19日，县建筑安装总公司组织58名行管人员参加全县统一安排的植树活动。植树面积30亩，栽植树苗1500棵，保质保量完成了任务。11月16日，县建筑安装总公司总经理刘振海带领总公司32名、建筑分公司12名、安装公司6名机关管服人员到平顶山电视转播自立塔工程工地，冒着雪雨参加义务劳动。这些活动，使管服人员得到锻炼，提高了他们的拼搏、奉献意识。

1998年8月10日，县建筑安装总公司印发《〈管理规程〉补充规定》指出，上班时间不允许办私事，发现一次罚本人工资总收入的30%，二次罚50%，三次即自动下岗。每查处一人次，并给予分管领导和科室负责人各50元以上罚款。在严明员工纪律方面明确中层管服人员的具体责任。

不断组织的学习和活动、严格的要求、及时的奖惩对培养、锻炼中层及管服人员起到积极作用。这些亦成为刘振海管理中层及管服人员的法宝和经常做法。

1999年5月4日，县建筑安装总公司组织质检科、技术科人员，到济南中医药学院急救中心、北园住宅小区和本年度全省唯一申报中国工程最高奖——"鲁班奖"工程的信息广场等工程工地参观学习，要求相关人员在技术上突破、业务上提升，争做拔尖人才，创领先业绩。

同年7月26日，东平县建筑安装总公司印发《第二季度工作考核通报》。在通报全面工作考核情况的同时，对河务局办公楼、粮食局实业公司宿舍楼两工程工地创建"省级安全文明示范工程"并取得金牌的相关创建小组和工程处给予奖励兑现，激励中层管服人员争先、创优，做表率。

翌年3月，县建筑安装总公司组织中层以上干部分三期集体学习《建筑法》《招标特别法》和《建筑工程质量管理条例》。希望中层以上干部学法、懂法，依法办事。

2001年2月12日，依据总经理刘振海的要求，县建筑安装总公司印发《关于表彰2000年度先进集体、先进个人的决定》，其中授予创出山东省质量最高奖——"泰山杯"工程的泰安分公司等4个项目部创优工程先进奖。以此，激励中层及管服人员中涌现出更多的先进个人、先进集体。3月17～24日，县建筑安装总公司总经理刘振海带领优秀项目经理、先进科室负责人和先进个人代表赴上海、广州等地观光学习。以此，开拓中层及管服人员的视野，提升他们争先创优的意识和积极性。

此后，在企业不断深化管理机制改革、细化承包合同、推行风险承包等一系列管理工作中，都凸显出对中层及管服人员的"大胆使用，严明教育、严格管控和多措激励"。2005年，东平鑫海建工股份有限公司创建后，在其印发的《管理规程》《管理制度》中明确体现出董事长、总经理刘振海对中层及管服人员的"大胆使用，严明教育、严格管控和多措激励"的指导思想。

鉴于企业领导管理班子"班长"刘振海，持之以恒地坚持对中层及管服人员的"大胆使用，严明教育、严格管控和多措激励"的指导思想和具体实施，使企业中层及管服人员发挥出最大积极性、最大能量，成为贯彻领导班子决策雷厉风行、团结广大员工拼搏奉献的中坚力量，其中一些中青年同志不断进步成熟被充实进领导管理班子，一些则成为班子建设的后备人才。

附：1987～2018年公司班子成员个人简介

刘振海　1949年10月出生，东平街道后屯社区人，大专文化，高级经济师。1968年2月参加工作，1976年1月加入中国共产党。1968年2月～1980年3月，先后任东平县石灰厂职工、生产股副股长；1980年3月～1985年7月，任东平县建筑工程公司供销股副股长、股长；1985年7月～1990年10月，先后任东平县建筑安装工程公司副经理、代经理、经理；1990年10月～1994年5月，先后任东平县建筑安装工程公司、东平县建筑安装总公司、山东东平县建筑安装集团公司经理，1988年度被授予"振兴泰安'五一'劳动奖章"，1993年度泰安体育中心建设中被中共泰安市委、泰安市人民政府给予记大功表彰；1994年5月～2004年12月，任山东东平县建筑安装股份有限公司董事长兼总经理，1994年12月晋升为高级经济师，1995年9月被公布为公司党委书记，1999年11月被中华人民共和国人事部、建设部授予全国建设系统劳动模范称号，2000年5月1日被国家人事部专家服务中心聘请为西部地区经济开发顾问，2001年9月被中共泰安市委、泰安市人民政府表彰为"全市抗洪抢险先进个人",同年被评为东平县"十佳孝星";2004年12月~2008年6月,任山东东平鑫海建工有限公司董事长兼总经理、党委书记,2008年4月1日被泰安市国家税务局、泰安市地方税务局评选确定为A级纳税人;2008年6月起,任山东东平鑫海建工有限公司董事长、党委书记。2011年4月2日被中共东平县委、东平县人民政府命名表彰为"东平英才",2015年1月被东平县人民政府聘为经济顾问。东平县第十三、十四、十五、十六、十七届人大代表,泰安市第十二、十三、十四、十五、十六届人大代表。

刘　虎　1975年4月出生,东平街道后屯社区人,研究生文化,工程师。1998年5月参加工作,无党派人士。1998年5月~2005年10月,任县旅游局科员;2005年10月~2007年3月,任东平鑫海建工有限公司第一项目部经理;2007年3月~2008年6月,任东平县鑫海房地产综合开发有限公司经理;2008年6月起,任东平鑫海建工有限公司总经理兼东平县鑫海房地产综合开发有限公司经理,2009年4月被中共东平县委宣传部、共青团东平县委等11部门联名授予首届"东平县十佳青春创业之星"荣誉称号,2010年5月被中共东平县委宣传部、共青团东平县委等4部门联名授予第九届"东平十大杰出青年"荣誉称号,2010年12月10日获山东省建筑工程管理局经培训、考核特颁发的"建筑业企业经理岗位任职资格证书"。东平县第八届政协委员。

袁恒华　1945年6月出生,州城街道梁村人,高中文化。1963年12月参加工作,1965年12月加入中国共产党。1963年12月~1969年3月,先后任阳谷县中队战士、文书、班长;1969年4月~1985年12月,先后任阳谷县人民武装部管理员、参谋、副科长、科长、党委委员;1986年1月~1995年9月,先后任建筑工程公司、建筑安装工程公司党总支副书记、书记;1995年9月~2004年4月,任建筑安装股份有限公司党委副书记兼纪委书记。2004年4月退休,2014年7月病逝。

梁广和　1925年8月出生,河南省南乐县富坎乡孟家村人,高小文化。1945年8月参加工作，1946年4月加入中国共产党。1945年8月～1950年9月，任解放军某部战士；1950年9月～1955年2月，先后任抗美援朝某部大站副指导员、指导员；1955年2～12月，在临江苏校学习；1955年12月～1959年10月，先后任东平县手工业管理科、工业局干部；1959年10月～1975年10月，任县航运公司厂长；1975年10月～1977年7月，任县运输公司工会主任；1977年7月～1985年4月，任县建筑工程公司工会主任；1985年4月～1989年10月，任县建筑工程公司调研员。1989年10月离休，同月病逝。

吴增森 1931年4月出生，莱芜市大王庄镇温家庄人，高中文化。1945年8月参加工作，1950年4月加入中国共产党。1978年11月～1980年7月，任县建筑工程公司副经理、党支部副书记。1980年7月调任新汶市革委会副主任。

宫传奎 1945年10月出生，梯门乡西柿子园村人，高小文化。1968年3月参加工作，1971年9月加入中国共产党。1968年3月～1976年12月，先后任县建筑工程公司职工、施工队长、党支部委员；1977年1月～1984年7月，先后任县建筑工程公司生产股调度、股长、党支部委员；1984年7月～1994年5月，先后任县建筑工程公司、县建筑安装工程公司副经理；1994年5月～2005年12月，先后任县建筑安装股份有限公司、东平鑫海建工有限公司副总经理。2005年12月退休。

李本山 曾用名李本善，1941年10月出生，老湖镇西家村人，初中文化。1960年9月参加工作，1961年11月加入中国共产党。1960年9月～1964年8月，先后任北京军区炮兵某营部战士、侦察班长、指挥排长；1966年10月～1969年11月，先后任北京军区炮兵某团某营指挥连副连长、连长；1969年11月～1981年3月，先后任北京军区炮兵某营副营长、营长；1981年3月～1984年1月，任北京军区炮兵某团司令部副参谋长；1984年2月～2000年6月，先后任县建筑工程公司、县建筑安装工程公司、县建筑安装股份有限公司工会副主任、主任。2001年1月退休，2014年7月病逝。

徐庆琦　1933年7月出生，接山乡徐家村人，初中文化。1952年12月参加工作，1956年6月加入中国共产党。1953年1月～1955年5月，任县农业科文书、团支部成员；1955年5月～1956年6月，先后任黄花园区公所文书、民政助理员；1956年7月～1959年10月，任县计委干事；1959年10月～1961年1月，任平阴县建委科员；1962年1月～1963年3月，先后任东平县税务局会计股长、检察员；1963年4月～1966年9月，任县整党队队员；1966年10月～1968年3月，任城关公社南门管理区主任；1968年4月～1979年12月，先后任城关公社西门、孙岗及须城公社营子管理区党总支书记；1980年1月～1985年12月，任县石灰厂厂长、党支部书记；1986年1月～1994年6月，先后任县建筑工程公司、县建筑安装工程公司调研员。1994年6月退休。

赵怀荣　1936年9月出生，东平街道东豆山村人，初小文化。1956年4月参加工作，1986年10月加入中国共产党。1956年4月～1960年1月，先后任内蒙古自治区建设厅建筑公司学徒工、瓦工；1960年1月～1972年4月，先后任乌大盟、赤峰建筑公司瓦工；1972年4月～1987年6月，先后任东平县建筑工程公司职工、施工队长；1987年6月～1990年10月，先后任县建筑工程公司、县建筑安装工程公司副经理；1990年10月～1994年5月，任县建筑安装工程公司调研员（副经理级）。1991年12月退休。2010年5月病逝。

安兴沛　1934年8月出生，州城街道向阳村人，大学文化，高级工程师。1957年8月参加工作，1959年12月加入中国共产党。1957年8月～1962年9月，任南京设备安装公司技术员；1962年10月～1963年2月，在家务农；1963年2月～1965年3月，任东平城关民中教师；1965年4月～1971年12月，先后任县建筑合作社、建筑工程公司设计员；1972年1月～1977年8月，在县工业局分管基建工作；1972年9月～1990年10月，先后任县建筑工程公司技术员、经理助理（副经理级）。1990年10月～1994年5月，任县建筑安装工程公司调研员。1994年5月退休。1994年11月病逝。

　　王瑞芳　1946年2月出生，老湖镇周林村人，中专文化，高级工程师。1969年8月参加工作，1984年11月加入中国共产党。1969年8月～1972年5月，任县建筑工程公司钢筋工；1972年5月～1974年8月，在山东省建筑学校学习；1974年8月～1990年10月，先后任建筑工程公司技术员、技术办公室负责人、技术科副科长、正科级；1990年10月～1992年5月，任县建筑安装工程公司技术负责人（副经理级）。1992年5月调任县新技术开发区房地产开发公司经理。

　　王玉山　1948年8月出生，东平街道北马庄村人，大专文化。1968年4月参加工作，1969年7月加入中国共产党。1968年8月～1976年11月，先后任某团营直战士、班长、指挥排长；1976年11月～1981年11月，先后任某团某营指挥连通讯排长、营指挥连副政治指导员、政治指导员；1981年12月～1983年11月，任陆军某导弹连政治指导员；1984年1月～1987年6月，任东平县建筑工程公司人秘科科长；1987年6月～1994年1月，先后任县建筑工程公司、县建筑安装工程公司党总支副书记。1994年1月调入县散装水泥办公室工作。

　　李启岭　1941年10月出生，新湖乡李楼村人，大学文化，高级工程师。1968年12月参加工作，1972年10月加入中国共产党。1968年12月～1974年6月，任泰安柴油机厂技术员；1974年6月～1976年3月，任肥城阀门厂技术员；1976年3月～1982年11月，先后任东平县农机局科研所技术员、副所长；1982年11月～1984年8月，任沙河站农机站站长；1984年8月～1995年12月，先后任县麻纺厂副厂长、高级工程师、总工程师，中国农科院山东大麻技术开发中心常务理事，1986年10月获全国第二届发明金牌奖，1987年4月获国际十五届新发明金牌奖，同年获山东省科技进步一等奖，1988年参与撰写《大麻纤维的开发利用——大麻化学脱胶及纤维加工工艺》（副执笔、校稿）；1992年7月～2001年12月，任县建筑安装股份有限公司总工程师（副经理级）。2001年12月退休。

　　孙永举　1960年12月出生，州城街道孙纸坊村人，大专文化。1981年

2月参加工作，1987年7月加入中国共产党。1981年2月～1984年9月，任焦作矿业学院教师；1984年9月～1991年7月，先后任县建筑工程公司、县建筑安装工程公司技术员、副科长、科长、工程处主任、副经理。1991年7月调任县城市建设开发公司副经理。

赵　平　1961年6月出生，彭集镇赵楼村人，大专文化，高级经济师。1978年12月参加工作，1985年10月加入中国共产党。1978年12月～1985年8月，先后任县建筑工程公司职工、劳资员、材料会计；1985年9月～1988年7月，在山东省建筑工程学校经济管理专业任班长；1988年7月～1990年9月，先后任县建筑工程公司计划预劳科副科长、科长；1990年9月～1994年5月，任县建筑安装工程公司副经理、党总支委员，1992年12月在全市开展的"三教双学"活动中被市总工会评为学雷锋、学铁人积极分子，1993年11月在泰山体育场建设中，被泰安市人民政府给予记大功一次；1994年5月～2017年5月，先后任山东东平县建筑安装股份有限公司、山东东平鑫海建工有限公司副总经理、党委委员（兼安装分公司经理、党支部书记），1997年被县精神文明建设委员会授予优秀党支部书记荣誉称号，1999年度被县建委表彰为城乡建设工作先进个人，同年11月由山东省建筑工程管理局授予二级项目经理资质证书并晋升为工程师，2001年3月被中共东平县委、东平县人民政府授予文明标兵荣誉称号，2002年12月晋升为高级经济师。2017年6月依据公司规定享受正职待遇退出领导岗位。

周传英　女，1950年9月出生，彭集镇冯庄人，中专文化，高级经济师。1969年9月参加工作，1972年9月加入中国共产党。1969年9月～1982年9月，先后任东平县建筑工程公司钢筋工、保管员、供销会计、劳资员、人秘股长、团支部书记（兼）、党支部委员；1982年9月～1993年6月，先后任县建筑工程公司信息科长、工会副主任、计生办主任、房地产综合开发公司副经理；1993年6月～1994年5月，任县建筑安装工程公司经理助理（副经理级）、房地产综合开发公司副经理；1994年6月～1997年2月，任东平县建筑安装股份有限公司副总经理、总经济师（兼）、党委委员、房地产综合开发公司副经理，1994年度被评为泰安市建设系统先进工作（生产）者、并被授予市巾帼岗位明星，1995年12月晋升为高级经济师。1997年3月调县城市建设管理办公室任副主任。

赵　刚　1961年12月出生，接山乡满村人，大专文化，高级工程师，国家一级注册建造师。1978年12月参加工作，1988年3月加入中国共产党。1978年12月～1985年4月，先后任东平县建筑工程公司瓦工、工地警卫、收料员、技术员；1985年4月～1987年4月，在武汉城市建设学院学习；1987年5～12月，任东平县建筑工程公司技术科长；1987年12月～1993年7月，先后任东平县建筑工程公司、东平县建筑安装工程公司第二工程处副主任、主任、党支部书记；1993年7月～1996年5月，先后任东平县建筑安装工程公司、山东东平县建筑安装股份有限公司副总经理兼建筑分公司经理、党支部书记，1996年4月研制的"平铺砌砖防水屋面"获"八五"期间优秀科技成果奖；1996年5月～2004年12月，任山东东平县建筑安装股份有限公司常务副总经理、党委委员、九鼎建材公司经理（兼），1997年度参加的全面质量管理小组被省经贸委等5部门评为全省优秀质量管理小组，2000年度获国家劳动和社会保障部评定的"屋面、卫生间防水QC成果"二等奖，2002年12月由工程师晋升为高级工程师；2004年12月～2017年5月，任山东东平鑫海建工有限公司董事会董事、副总经理、党委委员，2008年12月晋升为中华人民共和国一级注册建造师。2011年1月30日由中国建筑业协会"建筑企业职业经理人评价与资质认证委员会"认证为"职业经理人资质等级"（证书号J47—1110059）。2017年6月依据公司规定享受正职待遇退出领导岗位。

陈吉银　1954年4月出生，梯门乡芦泉村，高中文化，高级预算员。1976年3月参加工作，1991年12月加入中国共产党。1976年3月～1990年3月，先后任东平县建筑工程公司核算员、劳资员、预算员；1990年4月～1992年3月，从事建筑施工管理工作，任第三工程处主任，1990年5月荣获泰安市首届建筑工程预结算编审人员技术比赛个人赛第一名，6月荣获山东省首届工程建设预算编审人员技术竞赛优秀选手奖；1992年4月～2002年6月，先后从事建筑施工管理，任县建筑工程总公司副总经理，建筑分公司经理、党支部书记（兼），装饰公司经理、党支部书记（兼）；2002年7月～2014年11月，先后任县建筑安装股份有限公司、东平鑫海建工有限公司副总经理、党委委员，房地产开发公司经理（兼），2004年6月16日被公布为工程师，2008年8月晋升为土建高级建设工程造价员。2014年11月病逝。

刘茂和 1951年4月出生，彭集镇刘代村人，大专文化，高级国际财务管理师。1978年8月参加工作，1976年3月加入中国共产党。1978年8月～1994年6月，先后任县建筑工程公司、县建筑安装工程公司会计、财务股长、科长、党支部成员，1987年12月取得国家财政部会计师岗位专业知识培训合格证书，1990年3月被县总工会授予优秀工会积极分子，1993年8月被省总工会授予优秀工会工作者荣誉称号，同年度被泰安市人民政府表彰为先进个人、晋升为会计师；1994年6月～2013年10月，先后任县建筑安装股份有限公司、东平鑫海建工有限公司副总经理，2007年12月国家财政部为其颁发从事财会工作满30年荣誉证书，2010年6月8日，中国总会计师协会、国家人力资源和社会保障部、国务院国有资产管理监督管理委员会研究中心联名授予高级国际财务管理师资格。2013年10月退休。

杨 杰 1963年8月出生，济南市历城区人，大专文化，高级工程师。1980年12月参加工作，1991年12月加入中国共产党。1980年12月～1985年8月，任县建筑工程公司第一工程处技术员；1985年9月～1988年7月，在山东省建筑工程学校任学员；1988年7月～1991年12月，先后任县建筑工程公司、县建筑安装工程公司第一工程处副主任；1992年1月～1994年12月，任县建筑安装工程公司技术科科长；1995年1月起，先后任山东东平县建筑安装股份有限公司、山东东平鑫海建工有限公司副总经理，2001年11月晋升为高级工程师，2007年12月被泰安市人民政府授予第二批"泰安市首席技师"荣誉称号。2011年4月2日被中共东平县委、东平县人民政府命名表彰为"东平英才"，2019年2月依据公司规定享受正职待遇。

郑　军　1972年3月出生，老湖镇庄科村人，大学文化，工程师。1996年12月参加工作，1999年7月加入中国共产党。1996年12月～1999年12月，先后任老湖镇政府职员、建设环保土地办公室副主任、主任；1999年12月～2017年6月，先后任县建筑安装股份有限公司、东平鑫海建工有限公司副总经理，2007年3月被县建设局党委、建设局评为2006年度安全生产先进个人，2010年1月被县建设局党委、建设局评为2009年度全县建设系统安全生产先进个人；2017年6月起，任东平鑫海建工有限公司副总经理兼东平县鑫海房地产综合开发有限公司经理。

陈树隆　1964年6月出生，东平街道大陈庄人，高中文化，政工师。1987年3月参加工作，1993年12月加入中国共产党。1987年3月～1992年2月，先后任县建筑工程公司、县建筑安装工程公司临时工、农民合同制职工，1989年12月被评为"泰安市档案工作先进工作者"；1992年2月～1994年5月，任县建筑安装工程公司秘书科副科长，1993年11月在泰山体育中心建设中被泰安市人民政府表彰为先进工作者；1994年6月～2002年4月，先后任县建筑安装股份有限公司秘书科长、总经理助理；2002年4月起，先后任县建筑安装股份有限公司、东平鑫海建工有限公司党委副书记，2002年8月兼任县建筑安装股份有限公司、东平鑫海建工有限公司工会代理主任，2004年12月当选为东平鑫海建工有限公司监事会主席，2008年6月被中共东平县委表彰为优秀党务工作者，2019年2月依据公司规定享受正职待遇。

乔　峰　1976年8月出生，东平街道后屯社区人，大专文化，注册安全工程师。1999年4月参加工作，2001年11月加入中国共产党。1999年4月～2011年4月，先后任县建筑安装股份有限公司、东平鑫海建工有限公司安全科安全员、副科长、科长，2001年8月被共青团泰安市委授予"泰安市新长征突击手"荣誉称号，2003年4月被共青团东平县委授予"东平县新长征突击手"荣誉称号，2004年4月在泰安市第二届"人保杯"建筑施工安全知识大赛中荣获二等奖，同年5月在塔式起重机吊臂防护装置设计成果中获县科技进步三等奖，2005年7月"塔式起重机调配吊臂"由国家知识产权局颁发专利证书（专利号：ZL200420040311.2）为发明人之一，2006年度获东平县安全生产先进个人称号，2007年12月19日由国家知识产权局颁发"跌落式熔断器"专利证书（专利号：ZL200620161926.X）为发明人之一，2008年5月被共青团东平县委授予"第八届'东平县优秀青年标兵'"荣誉称号；2011年4月，任东平鑫海建工人事秘书科科长，同年4月20日、6月8日由国家知识产权局颁发"建筑物沉降缝外保护快速安全易装装置"专利证书（专利号：ZL201020565980.7）、"电梯主机安全制动装置"专利证书（专利号：ZL201020566025.5）、"节能环保箱式太阳能电辅加热开水器"专利证书（专利号：ZL201020566164.8），均为第一发明人、专利权人。2015年起，任东平鑫海建工副总经理。

邢家昌 1967年11月出生，东平街道鑫星社区人，大专文化。工程师。1992年7月参加工作，1996年12月加入中国共产党。1992年7月～1995年10月，先后任县建筑安装工程公司、县建筑安装股份有限公司第一设备安装公司生产安全科、技术质量科技术员、副科长、科长；1995年10月～2015年1月，先后任县建筑安装股份有限公司、东平鑫海建工有限公司安装分公司副经理、经理，2000年被聘为工程师；2015年1月起，任东平鑫海建工有限公司副总经理兼安装分公司经理。

王凤国 1977年6月出生，彭集街道岔河门村人，大学文化。工程师，国家二级注册建造师。1998年7月参加工作，2003年5月加入中国共产党。1998年7月～2014年7月，先后任县建筑安装股份有限公司、东平鑫海建工有限公司预算员、副科长、科长；2014年8月～2017年6月，任东平鑫海建工有限公司总经理助理兼预算科科长；2017年6月起，任东平鑫海建工有限公司副总经理兼预算科科长，2009年7月考取国家二级注册建造师，2017年10月晋升工程师。

熊延奎 1971年10月出生，东平街道赤脸店社区人，高中文化，工程师。1992年5月参加工作，2007年5月加入中国共产党。1992年5月～2005年4月，先后任县建筑安装工程公司、县建筑安装股份有限公司、东平鑫海建工有限公司预算员；2005年4月～2014年8月，先后任东平鑫海建工有限公司企管科科员、副科长、科长；2014年8月～2017年6月，任东平鑫海建工有限公司总经理助理兼企管科科长；2017年6月起，任东平鑫海建工有限公司副总经理兼企管科科长。

十九 大力推进企业文化建设

　　刘振海铭记伟大领袖毛泽东的教导，"没有文化的军队是愚蠢的军队，而愚蠢的军队是不能战胜敌人的"。他同样认为，没有文化的企业是愚蠢的企业，愚蠢的企业是不能开创辉煌，建成经济文化强企业的。发展壮大企业的自信与企业文化建设自信相辅相成，是建设经济文化强企业的康庄大道。刘振海在主政县建公司全面工作后，通过不断改革企业机制、体制，强化生产经营管理，推进企业经济建设的同时，不断强化企业文化基础设施建设；组织开展丰富多彩的企业文化娱乐活动；培植发展工地文化；鼓励职工投身文化创作活动；大力倡导企业精神文明建设；编修企业志。不断总结企业文化建设的经验、做法，把企业文化建设一步步推向新阶段。企业文化成为鑫海建工的无形资产、精神财富和软实力，成为建设经济文化强企业强有力的文化支撑、精神支撑。

企业文化基础设施（载体）建设

《星海传媒》建设

　　刘振海主政县建全面工作之后，即注重企业的宣传工作、员工的思想教育和鼓动工作，定期、不定期地印发《工作简报》《情况交流》，对企业文化的形成与发展起到了积极推动作用。

刘振海清楚地意识到随着企业文化的迅速发展，建立与之相适应的文化机构已成为必然。

2010年5月19日，东平鑫海建工有限公司所属东平星海传媒有限公司，完成企业注册正式公布，并经董事长刘振海提议，决定由陈树隆任执行董事（法定代表人）兼经理。

6月，东平鑫海建工有限公司所属东平星海传媒有限公司月刊《星海传媒》创刊号出版。该刊从内容涵盖范围、文字编辑水平到图文并茂的版面设计，堪称东平企业刊物一绝。东平鑫海建工的企业文化及产品品牌宣传又上新台阶。

此后，《星海传媒》越办越好，并与《齐鲁晚报》一并发行，实现了哪里有《齐鲁晚报》哪里就有《星海传媒》。《星海传媒》成为传承东平鑫海建工文化的企业媒体。实现了刘振海在企业集团设立文化机构（载体）、生产文化产品的夙愿。

《鑫海剧社》建设

东平鑫海建工（含前身机构）的发展历程中，员工的演唱活动产生于20世纪60年代，当时以小说唱为主，代表节目有宣传员工艰苦创业的《一根绳头》《一铲灰》等。

刘振海主持县建全面工作后，充分发挥企业员工队伍中不拘一格的人才优势，组织文艺演唱队，以快板、相声、活报剧、文艺表演等形式，宣传党的方针政策，宣传工业七十条，宣传企业员工中学习雷锋的好人好事。企业员工的演唱表演活动活跃了员工的思想，推动发展了企业文化，同时使一部分有文艺细胞的人脱颖而出。公司总经理助理马文广等人即是在这期间发展起来的歌唱表演高手。他们先后赴省市文艺汇报演出，并取得不少奖项。他们热爱歌唱及表演艺术，热心企业文化宣传活动。对企业的文艺人才和文艺活动，刘振海看在眼里，喜在心里，笑在眉梢。在他的倡导、支持下，成立企业剧社进入酝酿、筹备阶段。

企业剧社原则上以退休员工为主，在职员工以业余为主，企业提供场所，经费酌情补贴。

2009年9月23日，东平鑫海建工主办的"《鑫海剧社》成立暨庆祝新中国成立60周年戏剧晚会"在县政府广场举行。县人大常委会副主任张雪玲、县政协副主席孙式川出席晚会，并为东平鑫海建工组建的"鑫海剧社"揭牌。

此后，"鑫海剧社"根据地方经济社会发展的需要、企业经济文化建设中的好人好事，不断排练新节目，不定期地在员工中、社会上汇报演出，并多次参加省市县调演或汇报演出。这些演出活动，扩大了东平鑫海建工及其剧社的宣传，增强了东平的影响，赢得了良好的宣传效果和社会效益。

东平鑫海建工的"鑫海剧社"在演唱活动中发展，在发展中不断提高，逐步发展成为颇有名气的企业宣传演出活动的文化机构。

档案建设

刘振海主持县建公司全面工作后，把企业档案建设视为企业文化的基础性工程之一，不断加强企业档案的建设管理工作。

1989年1月，县建筑工程公司综合档案室建立，专用库房63平方米，阅览室24平方米，办公室20平方米。库房设置铁制档案橱20个，底图橱1套。实行档案集中统一管理，先后建立文书档案742卷，财审档案270卷（盒），科技档案81册（卷），劳资档案149卷（盒），声像档案册33册（盒），底图215张，共计1490册（卷）。公司的档案管理工作开始向规范化、制度化的管理轨道迈进。此后，公司经理刘振海依据上级相关要求，确定档案管理工作升级。期间，先后5次召开办公会，确定由公司经理刘振海主管，党总支副书记、技术副经理分管，并配备了2名事业心强、文化程度高、具有一定专业知识的员工任专职档案员，各主要职能科室设立兼职档案员，使公司档案管理工作自上而下形成网络体系。同时，对档案库房、档案机构、档案所需设备、资金等问题，进行专门研究。相继建立了12项档案管理制度，制定了档案管理工作的规定及各类工作程序；增大、增设了档案库房和办公室；购置全套档案设施、设备；派出档案员赴上级单位参加业务培训；建立健全档案工作标准。至1989年年底，县建公司被评为省级先进企业档案管理单位。

此后，公司档案室在全面做好文书档案管理的同时，不断强化技术档案、设备档案、财务档案的整理、保管工作，完善干部职工个人档案。至2010年，公司档案室文书档案案卷达302卷，其中永久保管的111卷、长期保管的87卷、短期保管的104卷；技术档案553卷，其中图纸75卷、资料478卷，均属长期保管范围；财务案卷60卷，其中账簿540本、凭证670本；图书资料3000余册。公司档案管理工作一直保持着同级企业先进水平。

刘振海和他的团队一致认为，企业档案是记录企业经济文化建设脚步，展示企业历程，传承企业文明的文化事业；档案建设与管理工作将随着企业经济文化建设的持续、快速发展而不断发展，并记载与传承着企业文明与企业精神。鑫海档案、鑫海文化与鑫海精神一样，永远在路上，砥砺前行，不断发展并传承光大。

企业文体旅活动

在企业经济文化建设的进程中，刘振海始终把活跃员工文化生活、增强员工体质、拓宽员工视野为出发点，组织员工开展文体旅活动，并多次举办戏剧节，邀请上级或外地专业剧团来东平演出，丰富员工群众的文化生活。

企业文体旅活动

经理刘振海一向认为，员工思想活跃、体质强健是做好工作的前提和本钱，亦是员工素质要求的内容之一。于是，他十分关心和支持员工的文体旅活动。

1992年3月7日，县建筑安装工程公司组织的青年妇女演唱队，在全县"三八妇女节"汇演比赛中，荣获二等奖。

1996年5月1日，县建筑安装总公司组织的职工代表队参加全县庆"五一"职工体育运动会，荣获篮球比赛的冠军奖，拔河及男、女子跳远亦获得较好名次。

在县举办的各项文艺汇演、体育比赛活动的推动下，县建公司的文体娱乐活动不断向内部科室、单位发展，并如火如荼、蓬蓬勃勃地开展起来。

2001年3月8日，县建筑安装总公司组织女职工先进模范代表31人外出参观学习。

3月17～24日，东平县建筑安装总公司组织优秀项目经理、先进科室负责人和先进个人代表赴上海、广州等地参观学习。

2007年9月28～30日，为欢庆国庆节，丰富职工群众文化生活，东平鑫海建工承办县直机关篮球比赛、乒乓球比赛和钓鱼比赛。公司篮球队夺得优秀名次并获优胜奖。

2009年9月12日，"中国·东平全国首届龙舟邀请赛"在东平湖大安山码头擂鼓开赛。东平鑫海建工总经理刘虎、副总经理赵平率队参赛，并荣获大龙舟组第一名。

2010年3月10日，山东东平鑫海建工有限公司组织各科室，分公司及项目部、施工队班的相关人员参观2009年重点工程、重点项目及2010年新开工程项目。此举，激发了干部职工拼搏进取、再创佳绩的热情和积极性。

2011年3月，东平鑫海建工有限公司组织副科以上管服人员与所属厂、工程处副职以上人员，分3批先后赴海口、西安、三亚等地参观学习。此举，对于提高上述人员视野，激发其创新、争先意识以及强化企业凝聚力具有积极作用。

企业的文体活动越来越丰富多彩。这些活动不仅陶冶了员工情操，开拓了员工视野，强健了员工体质，亦成为企业文化的组成部分。

文艺演出（唱）活动

随着企业的发展壮大、经济效益的不断改善，提升员工群众的精神文化生活提上了企业的议事日程。公司经理刘振海坚定地说，企业的辉煌是员工的心血和汗水换来的，亦包含着县城各单位和广大居民的关心和支持。我们要和员工及广大人民群众同庆、同乐、同享几天娱乐生活，并借此提升企业及员工的文化品位。

2001年2月18～23日，县建筑安装总公司邀请泰安市"山东梆子剧团"到东平影剧院演出，此举受到员工及社会各界群众的好评。

2002年3月11日，县建筑安装总公司邀请济南市吕剧院在县影剧院演出，答谢客户，慰问社会各界人士，展示企业经济文化实力。

2004年2月10日，县建筑安装总公司为答谢东平人民的支持和厚爱，并活跃员工群众文化生活，独家举办的第八届群众文化戏剧节在县影剧院拉开帷幕。

2008年3月2日，东平鑫海建工有限公司举办的第十届戏剧节在东平影剧院隆重开幕。本次演出共3天6场，丰富了员工群众精神文化生活，受到员工及社会各界群众好评。

2010年3月2～9日，鑫海剧社、东平豫剧团在鑫海山庄广场隆重演出，祝贺"鑫海山庄"工程开工，为职工群众献上丰盛的戏剧文化大餐。

2011年2月22日～3月5日，东平鑫海建工重金举办第十一届戏剧节，特邀河南商丘豫剧院、东平豫剧团分别在县影剧院、后屯村、鑫海山庄等处演出34场，赢得员工及广大群众的肯定和好评。

刘振海不断组织开展的企业文化娱乐活动和邀请各地剧团（院）的演出活动，展示了现代企业的风范，对于提升企业及其员工的文化品位，培养和造就新型员工队伍，推动地方经济社会的和谐与发展起到积极作用。

建筑文化、工地文化

刘振海在狠抓企业经济文化建设的过程中，从实际出发，重视基层、基础工作，大力倡导以施工生产为中心的建筑文化、工地文化。经过不懈努力，东平鑫海建工的建筑文化、工地文化异常活跃，硕果累累，且部分优秀作品被《人民日报》《中国建设报》《厂长经理日报》等报刊刊载[1]。

20世纪90年代，员工创作的《五月之歌》《考工晋级现场交响曲》[2]，真实描绘出员工如火如荼的施工场面，恰似一幅美丽动人的油彩画，刻在人们的记忆里，给人以无穷的鼓舞和力量。《工地快书》《赞"小段包工"的带头人》[3]，讴歌了工地上"小段包工"的带头人，树立起新时代施工生产的榜样。《现场施工五字歌》[4]，将忙而不乱的施工场面、复杂而缜密的施工程序系统化、文学化，潜移默化地规范着员工的施工行为……

---

[1] 详见本书东平鑫海建工干部职工市（地）级以上文化作品统计表。
[2] 详见《东平鑫海建工志》P187。
[3] 详见《东平鑫海建工志》P188。
[4] 详见《东平鑫海建工志》P188。

异军突起的建筑文化、工地文化，使企业施工生产得心应手。得益于这种建筑文化、工地文化的刘振海更加重视企业文化，不仅为企业文化建设高唱赞歌，加大扶持力度，而且深入其中，带头创作。

1997年11月，刘振海的论文《抓好企业内部的"放开"与"搞活"》由《中国建设报》刊载。同年12月，刘振海的论文《怎样当好企业党委书记》由《泰安日报》采用。1999年1月，刘振海的论文《主业要"主"副业要"富"》由《厂长经理日报》刊发。2001年11月5日，刘振海的论文《工程质量奖：企业创新的动力》由《中国建设报》第一版刊载，并为全国开展的工程质量奖大讨论画上了句号。至21世纪10年代，东平鑫海建工的建筑文化、工地文化如火如荼，先后被国家及省、市以上报刊（或相关单位）刊发、采用32篇，其中刘振海的4篇，3篇重要论文均由国家级报刊刊载。刘振海成为东平鑫海建工企业文化的旗手和统帅。总经理刘虎、党委副书记陈树隆成为企业文化的骨干和中坚力量。企业文化队伍不断发展壮大，东平鑫海建工的企业文化方兴未艾、蓬勃发展。以建筑文化、工地文化为重点的企业文化已成为东平鑫海建工的无形资产、宝贵财富，成为推动企业施工生产和各项工作健康发展的不竭动力。

东平鑫海建工干部职工市（地）级以上文化作品统计表　　　　　　　　　　表7

时间	作者姓名	题目名称	呈现方式	获奖情况
1984.8.3	陈树隆	书法《书友》	上海《青年报》	
1984.8.21	陈树隆	诗歌《东平湖的夏天》	山东《农村大众》	
1991	陈树隆	散文《白佛山石窟记》	《经济新闻报》	
1991.3.6	陈树隆	消息《东平县建筑公司开展风险工程承包》	《泰安日报》	
1992.4.8	王玉山 陈树隆	通讯《东平建安公司推行党员目标责任制见成效》	《泰山建工报》	

续表

时间	作者姓名	题目名称	呈现方式	获奖情况
1992.7.30	王玉山 陈树隆	消息《东平建安公司上半年完成产值一千万》	《泰山建工报》	
1992.9.30	陈树隆	诗歌《建筑工》	《泰山建工报》	
1993.2.24	陈树隆 颜世乡	消息《负数工资》	《中国建设报》	
1996.11.12	陈树隆 刘庆忠	通讯《女工张桂兰苦学苦干成标兵》	《泰安日报》	
1996.12.10	陈树隆 刘庆忠	消息《东平建筑公司开展"创文明工地"活动》	《山东建设报》	
1997.1.17	陈树隆 刘庆忠 李桂花	消息《山东东平县建筑公司推行风险项目施工法》	《中国建设报》	
1997.3.26	陈树隆	美术《东平电视塔速写》	《泰安广播电视报》	
1997.11.20	刘振海	论文《抓好企业内部的"放开"与"搞活"》	《中国建设报》	
1997.12.4	刘振海	论文《怎样当好企业党委书记》	《泰安日报》	
1998.1.6	陈树隆	散文《锁》	《农村开发报》	
1998.2.3	陈树隆 刘庆忠 司志才	通讯《赢得生产天地宽》	《泰安日报》	
1998.11.23	陈树隆	散文《相亲》	《人民日报》	
1999.1.24	刘振海	论文《主业要"主"副业要"富"》	《厂长经理日报》	

续表

时间	作者姓名	题目名称	呈现方式	获奖情况
2000.7.18	陈树隆 刘庆忠	通讯《东平湖畔铸辉煌》	《中国建设报》	
2001.6.10	马文广 谢德山	小品《一把铜锁》	泰安市文艺调演	二等奖
2001.7	陈树隆 张克伟	电视片《党旗在创业中飘扬》	泰安电视台播映	
2001.11.5	刘振海	论文《工程质量奖：企业创新的动力》	《中国建设报》	
2002.7	马文广	戏剧《柳根新芽》	山东省文艺汇演	二等奖
2004.7.8	马文广	小品《一张存款单》	泰安市文艺调演	
2005.7	马文广	小品《情暖农家》	泰安市文艺调演	
2006.4	陈树隆	小说《走骗》	《山东文学》	
2006.10	张克伟	摄影《家》	泰安市共青团摄影展	三等奖
2007.4.26	张克伟	摄影《给塔吊工人系上生命安全带》	《泰安日报》	
2007.7	陈树隆 张克伟	电视片《鑫海·新篇章》	泰安电视台播映	
2008.2	陈树隆	小说《开口饭》	《山东文学》	
2009.2	陈树隆	通讯《从农民建筑工到项目经理》	《泰山鲁班》	
2009.9.29	陈树隆	散文《千里驱车送学子》	《山东建设报》	

企业精神文明建设

刘振海在推进企业经济文化建设的进程中，始终坚持"三个代表"的重要思想，坚持企业文化的先进性，坚持社会主义的核心价值观，坚持诚实劳动光荣、创造发明光荣、奉献社会光荣的指导思想，不断强化企业精神文明建设。

在推进企业精神文明建设的进程中，经理刘振海坚持充分发挥企业文化的载体和引领作用，通过多种文化活动，强化职工思想政治工作，推动企业精神文明建设。首先是强化企业党的建设，组织开展新时期共产党员如何发挥先锋模范作用的大讨论。同时，抓好团员业余学习日、青年之家活动日；组织开展创文明班组和青年职工学习比赛、法律知识竞赛和技术比赛活动；开展爱国主义和革命传统教育，组织收听泰安市劳动模范事迹报告和南疆战斗英雄报告。各项学习、活动内容突出和坚持党的四项基本原则，反对资产阶级自由化。推动企业造就有理想、有道德、有文化、守纪律的"四有"职工队伍，企业精神文明建设扎实推进。

1996年1月3日，县建公司"企业精神文明建设领导小组"成立，刘振海任组长，同时印发《精神文明建设方案》。就加强职业道德教育、发挥党团员模范作用、宣传党的方针政策、开展劳动竞赛和岗位练兵、确立职工的企业主人公地位、公司中层以上管理干部率先垂范及奖罚等方面制定出具体意见。方案突出强调抓教育，抓宣传，抓推动，抓党员的模范带头作用。通过办班培训及公司的《工作简报》大造声势。通过考核走访和评议优秀共产党员、模范职工，巩固、扩大精神文明建设的成果、阵地。通过对优秀共产党员、模范职工的集中宣传，再掀精神文明建设新高潮，使企业精神文明建设活动既轰轰烈烈，又踏踏实实。

1998年，依据经理刘振海的要求，县建筑安装股份有限公司强化企业形象建设。公司在狠抓工程质量、进度，兑现对建设方承诺的同时，注重公司的厂容厂貌、厂风厂纪、员工精神风貌及企业信誉等。狠抓职工，特别是管理人员的学习、修养，提高其素质。充分利用企业文化的载体作用，注重培养宣传文明典型，培植宣传工作棱角，扩大企业知名度，提高美誉度，树立企业良好的社会形象。把企业的社会形象、社会信誉，作为企业文化建设的重要成果。此举，极大地推动了企业精神文明建设。

期间，刘振海和他的团队在大力加强企业精神文明建设的同时，积极组织开展安全文明工地创建活动，并获得多块安全文明卫生工地奖牌。1998年3月30日，泰安市建设系统1997年度表彰大会举行颁奖仪式，东平县建筑安装总公司施工的县公安局宿舍楼工地荣获"十佳文明工地"奖牌和泰安市精神文明委员会办公室、市建委联名颁发的锦旗。企业精神文明建设在一个个施工工地结出累累硕果。

2001年8月21日，县建筑安装股份有限公司召开讲学习、讲政治、讲正气的"三讲"学习教育动员会。企业员工在刘振海和他的团队组织带领下，在认真学习文件、深入讨论的基础上，确定强化"五种精神"，开创企业经济文化建设新局面，强化企业精神文明建设。

一是实事求是精神，一切从实际出发，提升工作，开拓市场；二是创新精神，在创建"泰山杯"工程的基础上，争创全国质量最高奖——"鲁班奖"工程；三是开拓精神，树品牌，闯市场，立足泰安、济南，向四周开拓，施工队伍进军更多城镇，进军北京；四是拼搏精神，党组织在政治、思想、作风上形成战斗堡垒，领导班子率先垂范，进一步强化项目支部建设，充分发挥党员的先锋模范作用；五是艰苦创业精神，廉洁自律，廉政勤政，发扬白手起家、吃苦耐劳及拼搏奉献的精神，精打细算，节约挖潜，重新修订机关作风管理规定，制定施工一线材料消耗节超奖惩办法，使艰苦创业精神落到实处。通过强化"五种精神"，提高"三讲"学习教育活动效果，实现思想建设、经济建设和企业精神文明建设的全面丰收。

干部职工讲学习、讲政治、讲正气，团结拼搏，无私奉献。工作中开拓拼搏创佳绩，业余休息时间主动承担义务劳动作贡献。环境卫生处处有人管，院内绿化处处有人干，好人好事大量涌现，各类先进单位、模范人物层出不穷。期间，企业及其所属机构、下属机构、内设机构先后受到国家、省、市、县级表彰的达97个单位、242人次。还有许许多多一心扑在事业上的老黄牛和勤勤恳恳、兢兢业业、埋头工作的无名英模、清洁工、绿化工、志愿者、帮扶队等。这一切成为企业精神文明建设的新亮点，成为刘振海和全体员工的自豪和骄傲。

东平鑫海建工的企业文化及精神文明建设永远在路上，并不断前行。

2015年，由董事长刘振海支持、总经理刘虎主持，通过对企业多年来的管理工作、生产经营、经济文化建设等，自上而下、自下而上地反复回顾总结、认识升华并达成共识的基础上，规划企业未来，形成了《东平鑫海建工员工文化手册》。该手册设我们鑫海，鑫海荣誉，鑫海精神，鑫海使命、愿景目标、价值观及核心理念，鑫海员工道德准则，鑫海员工行为准则，鑫海员工日常行为规范，鑫海文化建设，鑫海员工誓词，鑫海员工寄语等10章。刘振海带领企业员工多年来践行、培育的"创优、诚信、团结、奉献"的鑫海精神集于一书，闪闪发光。"质量是企业的生命，创优是鑫海永恒的主题；人，无信不立，诚信是鑫海精神之本；团结是钢，团结是鑫海精神的核心；奉献是一种品德和境界，奉献是鑫海精神的最高要求。"对鑫海精神的这一具体表述，是鑫海员工的共识和心声，是鑫海精神和文明建设的最高成果和最高境界。文化手册的编辑出版，使企业精神文明建设、员工管理迈上了新台阶，必将推动企业施工生产和营销工作的健康开展。刘振海高兴地说，文化手册是鑫海建工文化建设和精神文明建设的新成果，为企业科学管理、开创未来奠定了坚实的文化支撑；相信年轻的管理班子在企业现代化管理中定能书写新篇章，不断光大鑫海精神，推动东平鑫海建工健康发展，不断开创新辉煌，不断迈向百年经济文化强企业！

企业志编修

2009年5月，根据《山东省史志工作条例》的规定和中共东平县委办公室、东平县人民政府办公室《关于编修地方志的通知》的要求，《东平鑫海建工志》编纂工作启动。刘振海任编委会主任、主编，并公布了编纂委员会成员及编辑班子。

编撰人员通过对企业情况的座谈形成编写篇目后，历时一年余，查阅了企业档案室的千余卷（册）的档案资料，形成了大部分文字长篇。

鉴于资料尚缺欠的实际，刘振海主持编委会会议，确定成立《东平鑫海建工志》资料征集（补充）领导小组，刘振海任组长，分管企业文化的党委副书记陈树隆任副组长，并聘任曾在该公司工作多年的原副总经理周传英帮助工作，切实加强志书的资料征集补充工作。

在刘振海的大力支持下，志书编撰人员查阅了东平县委组织部、东平县人力资源与社会保障局、史志办、住建局、档案局及菏泽市住建局、平阴县档案局的相关资料，与当事人、知情人进行了座谈，并走访了东平鑫海建工（及其前身机构）历届班子的主要领导成员和重要时期、重大事件的见证人、知情人，使资料征集、核实工作取得重大成效。志书各篇目得到补充完善。

在刘振海的主持下，志书经反复修改，三易其稿，终众智成志，于2011年初形成送审稿。全书主文含机构、职工管理、工程管理、机械设备、教育与文化、科研与技术、安全生产、房地产开发、安装与装饰、建材生产、调味品生产、组织建设、企业管理、先进模范、人物等15编58章，前有概述、大事记，后有附录、后记等，全书905千字。涵盖1952～2011年（并适当追溯或下延）共计60年间的机构沿革及经济文化建设的方方面面。具有重要"存史、资政、教育"作用，是东平鑫海建工空前的文化建设工程。

《东平鑫海建工志》书稿得到了山东省史志办公室的充分肯定，史志办主任刘秋增欣然作序，省住房城乡建设厅厅长杨焕彩题词；《企业经营管理报》《山东建筑业》等报刊作了"山东省第一部县级企业志即将面世"的报道。

《东平鑫海建工志》书稿同样得到中国建筑工业出版社的欣赏，确定予以荣誉出版。国家住房城乡建设部原总工程师、中国民族建筑研究会会长姚兵，听说《东平鑫海建工志》是中国建筑工业出版社出版的第一部建工企业志的时候，欣然接受审稿并作序。

2012年11月11日，由中国建筑工业出版社、山东省地方史志办公室、东平县人民政府主办的《企业文化研讨暨〈东平鑫海建工志〉首发式》会议在东平湖畔的水浒大酒店召开。中共中央党校原副校长刘海藩，国家住房城乡建设部原总工程师、中国民族建筑研究会会长姚兵，山东省住房城乡建设厅厅长杨焕彩的授权代表卢晓栋（副厅级），省地方史志办公室主任钟华，中共东平县委书记赵德健等领导同志出席会议；泰安市、东平县相关部门、单位及鑫海建工的员工代表参加会议；《中国建设报》《中华建筑报》《企业经济管理报》《山东建筑业》等媒体的记者出席了会议。会上，刘振海以《鑫海历程》为题，汇报了企业经济文化建设及志书编修情况，姚兵等领导同志发表了热情洋溢的讲话。他们盛赞东平鑫海从过去的辉煌走向未来的辉煌，充分肯定《东平鑫海建工志》的出版，将企业文化的内容与志书的形式结合起来，总结过去，传承文化，面向未来，开创了基层建筑企业文化建设的新路子。

《中国建设报》《中华建筑报》等报刊对东平鑫海建工经济文化建设情况及《东平鑫海建工志》的编写出版进行报道。

东平鑫海建工的企业志编写工作取得重大成果。编委会主任、主编刘振海道出了奥妙：一是加强领导，将企业志视为企业经济文化建设的大事，加强领导，强化措施，一抓到底。二是组建由专家与员工相结合的编辑班子，编辑人员要通晓地方志的基础知识、基本理论，要知晓企业发展概况，了解较多的资料、线索。三是修志人员要有精品意识、品牌意识，具有不惧清苦、呕心沥血的奉献精神和精益求精的执着追求精神。四是开门修志，修志的全过程坚持向企业员工、向社会开放，吸纳各方意见、建议，抓住事物的本质和发展主线，使志书编写成经得起历史和人民检验的精品佳作，实现档案资料与志书内容的统一，企业文化与志书形式的统一，思想性与可读性的统一，起到"存史、资政、教育"的功能和作用。

随着《东平鑫海建工志》的发行，东平鑫海建工的企业文化及志书编写工作在建筑行业及社会诸多方面产生了积极影响。

二十 至诚至信

从后屯社区（刘振海籍贯原后屯村）居民到鑫海建工员工，从街巷路人到党政机关、厂企单位的职员，凡熟悉刘振海的人都会说出同一句话："这是个实在人"。这个平易近人的山东大汉确实有山东人"实在"的品性。他常说，人应以诚为本，诚信至上。他坚持"小事讲风格，大事讲原则"，说句话掷地有声，承诺价值千金。刘振海的施工工程诚信、工作诚信、财政税务诚信已为各界共识，并成为企业文化的重要内容，鑫海精神的精髓及本质要求。

施工工程诚信

刘振海一向秉承施工工程诚信，信守承包合同。在确保工期不拖延的同时，始终坚持"诚信、精细、精品，造福天下"的企业理念，坚持"以质量求生存，以信誉求发展"的治企方针，走树形象、抓市场、创名牌、促发展的路子。他把敢于负责、乐于吃苦、一丝不苟的技术人员选拔到总公司科室，并承包重点项目，同时实行公司领导分包项目责任制；制定比国家质量验收标准高出十五个百分点的企业《内控质量标准》体系；职工收入直接与质量挂钩，每月考核奖惩。在总公司内部形成了相互制约、相互监督的管理机制，有力地促进了工程质量的提高。至20世纪末，县建公司创省、市优及"泰山杯"工程48项，工程合格率100%，实测实量达到100分；除变更图纸等特殊情况外，工程合同工期不拖延，有的则提前竣工、提前交付使用。工程诚信的企业形象日益显现。

1994年，东平县建公司承建泰安中心医院11号宿舍楼。建筑面积6000平方米，是泰安市当年度面积最大的创优工程。工程负责人阎殿军采取了质检员分项包干、施工员分段定人的办法，并约法三章：不达标准不验收，浪费材料要包赔，实测实量低于80%受惩罚。施工人员处处按程序，精益求精，使该工程一次验收便达到市级优良标准。由于职工起早贪黑，不辞劳苦，创出了10天1层的高速度。职工始终坚持文明卫生施工，偌大一个工程，竟然连一块废砖也没有，受到甲方领导的一致好评。该工程按合同工期竣工、交付使用，并于同年被评定为省优工程。张西振率领的公司王牌军第一工程处，在泰安中心医院病房大楼裙楼工程的突击会战中，以高质量、短工期一举拿下了泰安市委、市政府的攻坚工程，为东平县建公司赢得信誉。

1997年11月25日，承建东平石油公司宿舍楼工程的县建筑安装总公司第二工程处，依据合同条款之规定，喜获县石油公司奖励2000元。

面对施工工程诚信方面的成果、荣誉，刘振海不骄不躁。他认为，施工工程诚信应成为县建员工应有的心态和品质，他决心狠抓工程质量管理、安全文明卫生施工和工期管理不放松，沿着工程诚信的路子走下去。以施工工程诚信的指导思想统领工程质量管理、工期管理和安全文明卫生施工管理，统领施工工程的全过程、各方面、各领域，并把这一切细化、明细写入工程承包合同、创优合同中，进而形成工作制度，并不断推动落实到员工行动中，上升为员工的思想理念、企业文化、企业精神。

1998年3月11日，在总经理刘振海的倡导支持下，县建筑安装总公司印发《关于实行生产调度会制度的通知》指出，为确保指令性施工计划的实施，推动施工合同的履行，决定实行生产调度例会制度。同时，通报了例会的时间、内容及纪律。此举，重在施工工程的过程控制和经常性的监督，确保施工工程诚信落到实处。

刘振海决心通过工程合同的管理、监督（经常性的检查督导）、履行，确保施工工程的质量和工期，同时确保安全生产、文明卫生施工。推动施工工程诚信成为企业和员工共同的心愿，成为企业文化内容和鑫海精神基本要求。

1998年4月6日，县建公司召开的生产调度会上，总经理刘振海与相关工程处主任等依次就县粮食局宿舍楼、北实验小学宿舍楼、国税局宿舍楼、邮电局宿舍楼、山东矿业学院学生公寓楼和公安局2号宿舍楼签订创优工程合同。这些创优工程合同均顺利履行，取得良好效果。

1998年12月8日，东平县建筑安装总公司确定，创建河务局办公楼、粮食局实业公司宿舍楼2个省级安全文明卫生工地。至23日通过了省、市检查验收。翌年5月，山东省建委为上述2个工地颁发了"省级安全文明示范工程"金牌2块。

该公司承建的泰山石化东平总公司宿舍楼工程，合同签订为合格工程。但施工人员本着"宁可不挣一分钱，不让工程留隐患"的原则，坚持一丝不苟，严把质量关。后经县质检站核验，达到优良标准。

此后，刘振海坚守施工工程诚信的理念不动摇，路子越走越宽广。

1999年4月27日，东平县建筑安装总公司总经理刘振海与相关工程处主任等就县工具厂办公楼等11处工程分别签订创优工程合同书。翌年1月16日，省、市、县工程质量验收小组对县建筑安装总公司1999年度11项创优工程进行复查，均给予较高评价。至月底，国税局1号、公安局2号宿舍楼被评为省级优良工程，并下发证书；另有9项工程被评为市级优良工程。12月27日，东平县建筑安装总公司承建的高6层、建筑面积5106.15平方米的县公安局交警大队3号住宅楼工程，被山东省建筑局授予"泰山杯"工程奖，并在鲁建管〔2000〕第21号文中给予表扬。

1999年6月28日，东平县建筑安装总公司申报的自来水、国税局3号、交警3号、公安局4号宿舍楼及工具厂办公楼、泰美宝法医院门诊楼等6项创优工程，一次性通过泰安市建管处的检查验收。

2001年，东平县建筑安装总公司承建的高10层、建筑面积9600平方米的县人民医院病房大楼工程，被省建筑工程质量"泰山杯"奖（省优质工程）评审委员会评议并经省建筑业联合会审定为"泰山杯"工程。

2002年5月19日，泰安市建管处、质量监督站组织全市建筑工程质量大检查。东平县建筑安装股份有限公司承建的县国税局办公大楼工程质量被确认为"全市一流"，并予以表彰。5月27日，泰安市建筑业工作会议召开。会上，东平县建筑安装股份有限公司荣获山东省工程质量最高奖——"泰山杯"工程奖及"山东省建设系统1999～2001年度先进集体"等8项奖励。6月1日，县煤气公司经理郭诚率公司领导班子到公司商住楼工程工地看望县建筑安股份有限公司第十九项目部职工，并送去慰问品。7月21日～8月4日，全市建筑系统组织工程质量、安全生产及项目经理考核等内容的大检查。县建筑安股份有限公司承建的县人民医院2号、3号宿舍楼及高级中学餐厅被定为优良工程，该公司在县财政局工地施工的项目部被定为优秀项目部，受到全市通报表彰。

之后，刘振海为确保施工工程诚信健康运行，不断强化对施工工程的整体和通盘管理、过程监控。

2003年6月28日，山东东平县建筑安装股份有限公司印发《关于加强安装、装饰分项工程管理的通知》，强调严格执行总公司关于"分项工程不得肢解分包""安装、装饰分项工程由两个分公司派遣队伍施工，独立结算、核算和全权管理"的规定。

2003年10月16日，泰安市质量技术监督局印发《关于表彰泰安市质量管理先进单位和先进个人的通知》，东平县建筑安装股份有限公司被评定为泰安市质量管理先进单位。10月28日，山东省安全文明工地验收专家组到东平县建筑安装股份有限公司承建的县环保局宿舍楼工程工地，检查验收，并给予了较高评价。

2005年9月26日，东平县鑫海建工凭借雄厚的工程施工实力和良好的社会信誉与几家同等资质的企业竞争，同时中标县人民医院门诊楼和九洲钢业办公楼、宿舍楼3项工程，总建筑面积23000平方米。

2005年10月，东平鑫海建工为确保民心工程——县人民医院门诊楼（本年度县委县府八件大事之一）创出优质工程，抽调骨干力量组成公司第一项目部，任命刘虎为经理，开赴施工现场。至2007年2月，该工程被省质检总站评定为优质工程。

2007年6月15日，县建设局组织全县工程质量大检查。山东东平鑫海建工第十八项目部承建的金汇街1号工程经实测实量排名第一。

鉴于刘振海持之以恒的不懈努力，公司以工程质量、安全（包含文明卫生施工）、工期为重点的施工工程诚信不断光大，并越来越变为员工的理念和自觉，融入企业文化的重要内容，成为鑫海精神的精髓和本质要求。

工作诚信

山东大汉刘振海工作有魄力，善于拼搏开拓，"拼命三郎"的劲头是企业员工和世人有目共睹、一致认可的。同时，刘振海也最讲科学，重视工作和事物的自身规律，工作心中有数、说话算数，承诺千金，从不说大话、过头话。他在工作上的诚实与信仰，已为众人、领导和社会认可。

1989年1月5日，东平县建筑工程公司印发《关于加强计量管理工作的通知》，要求确保1989年达到三级计量，实现计量工作标准化、系统化。至1990年初，该公司被上级主管部门评定后由《泰安日报》公布为三级计量合格证书单位。

同样是在1989年1月，东平县建筑工程公司印发《档案管理发展规划》，提出1989年按照山东省《企业档案管理升级试行标准》的要求，一项一项落实，争创省级先进企业档案管理单位。至1990年初，该公司经上级主管部门考核审批后由《大众日报》公布为省级先进企业档案管理单位。

1989年7月23日，东平县建筑工程公司印发《关于企业管理升级工作的意见》，提出本公司管理升级的指导思想、目标及完成时限、任务及分工责任人，公布了领导及办事机构，升级工作全面启动。至1990年初，该公司被上级主管部门评定后由《泰安日报》公布为"泰安市建工系统先进企业"。

1990年9月15日，东平县建筑工程公司印发《关于清理计划外用工的规定》指出，凡未经县公证处公证的临时职工，原则上一律办理清退手续。并强调，凡违背该规定的当事人，给予严肃处理。至1990年年底，共清理计划外用工186人，圆满完成了清退任务，为支援农业发展作出了贡献。

1992年1月1日，东平县建筑安装工程公司印发《1992年要办的十一件大事》。其中包括完成产值1500万元、利税70万元，晋升资质二级企业，创省级优良工程1个、市级优良工程2个，争创省级先进企业，达到省二级实验室标准，整修职工宿舍楼等。至1992年年底，所列计划全部兑现或超额完成。

1999年4月15日，东平县建筑安装总公司决定，开发混凝土轻质砌块生产项目。5月8日，投资10万余元的轻质砌块项目机械设备到位。6月6日，首批合格产品出厂。

2000年，县建总公司兼并调味品公司，刘振海及时调整经营机制，投入资金150万元，开发研制出"鑫禾堂"牌天然酱油，并成功打入北京、上海、香港等地超级市场，使这一濒临破产的企业重现生机，为政府解决了一大难题。

面对急难险重的工作任务，刘振海不负重托，总是抢在前、干在先、完成好。在2001年东平湖抗洪抢险中，他心系大堤安全，组织抢险队，奔赴抗洪第一线，出动车辆200余台次，运送救灾物资300余吨，为保障东平湖库区人民生命财产安全作出贡献。2003年，在非典医院建设中，他始终靠在现场指挥，仅用14天就完成了艰巨任务，被称为"东平的小汤山速度"，为抗击非典病魔、保护人民的生命与健康赢得了时间。刘振海的工作诚信赢得人们的尊重、领导的信任。县委、县政府将九鑫集团、恒德食品、曙光印务、中顺纸业等园区数十项重点工程，全部交给县建施工，在资金不到位的情况下，刘振海竭尽全力筹集资金500万元，仅用了60天的时间就完成了恒德食品有限公司6个大跨度车间的建设，其他引资项目亦相继提前竣工投产，为全县的经济建设贡献了力量。

刘振海时刻依照共产党员的标准严格要求自己，注重党性锻炼，密切联系群众，与职工同甘共苦，被职工亲切地称为"实干经理""职工的好当家"，在多次民主测评中，均获优秀票100%。期间，刘振海当选为中共东平县第八届~第十届党代表，县委候补委员；东平县第十三、十四、十五、十六、十七届人大代表；泰安市第十二、十三、十四、十五、十六届人大代表。

刘振海任市、县人大代表后，时刻以"三个代表"重要思想激励自己，并经常这样告诫自己，"人民选我当代表，就要脚踏实地干实事，一心一意为人民谋利益。"他坚持几十年如一日地拼搏进取、诚实工作，为人民干实事、做好事。他和他的团队以及东平鑫海建工企业的信誉不断提升。

至21世纪初期，在他和他的团队带领下，东平鑫海建工创出"泰山杯"及省市优良工程82项，工程合同创优率100%，合格率100%。"本土品牌更加信赖""客户成朋友"，已成为东平人以及广大客户对刘振海团队、鑫海建工企业的共识。刘振海的工作诚信成为企业文化、鑫海精神的重要内容。

财政、税务诚信

1987年1月，刘振海主持县建全面工作后，坚持诚信办财政的原则，严格工程资金核算与企业收支管理；强调依法、按时、足额纳税。"以诚为本，管好财务为员工，依法纳税报国恩"是刘振海经常告诫财会人员的一句话。坚持财政、税务诚信是他一贯的理念和坚守的原则。

1987年年初，公司响应中共中央、国务院关于增产节约、增收节支号召，落实县建委指示精神，成立双增双节领导小组，刘振海任组长，组织职工开展以双增双节为内容的社会主义劳动竞赛。年内，通过修旧利废、挖潜革新，节约资金37400余元。坚持从大处着眼、小处着手，使落地灰回收率达70%，碎砖头的利用率达100%，仅此一项，一处工程栋号就节约上千元。双增双节活动促进了工程资金核算，工程成本明显降低。此后，公司不断推出新举措，强化工程资金核算与收支管理，严格财经纪律。至年底结算，全年完成产值353万元，税后利润14.8万元，上缴税金31.8万元。

翌年10月27日，东平县财政局、税务局联合检查组对县建筑工程公司进行财务、税收严格检查后，被评定为纳税及时、财政开支合理的信得过单位。

此后，刘振海和他的团队不断推进双增双节，强化工程资金核算与收支管理，严格财经纪律，并不断健全规章制度，推动财政、税务管理工作制度化、规范化。

刘振海诚实、严谨的财经管理工作多次赢得上级主管部门和业务部门的肯定。2008年11月26日，山东东平鑫海建工有限公司荣获泰安市国家税务局、泰安市地方税务局颁发的"2006～2007年度A级纳税信用单位"奖牌和证书。企业财政、税务诚信成为社会共识。值此之际，亦有不少世人一语道破天机：此乃企业老总刘振海诚信至上的理念必然结出的又一硕果。

第四篇 ——•

生活 x 伙伴

二十一 四海朋友

"以诚相待、心诚则灵，愿我们永远是朋友。结识新朋友，不忘老朋友……愿我们永远是朋友"。

"团结就是力量，这力量是铁，这力量是钢，比铁还硬，比钢还强"。

这是东平鑫海建工企业广播中经常播放的两首歌曲，也是刘振海经常哼唱的两首歌曲。

刘振海不仅是一个敢打善拼的硬汉子、具有慈悲菩萨心肠的温情人，而且心胸坦荡，善于广交朋友，遍交四方朋友。

刘振海常说，我们要搞五湖四海，绝不搞小圈子；我们要以诚待人，绝不溜须敷衍；我们坚持积极上进，绝不搞世俗庸俗。我们既要慎独，还要慎微、慎言、慎行，不断为企业、为地方、为整个社会的和谐与发展凝心聚力、积累正能量。

功夫不负有心人。经过长期不懈努力，企业客户、竞争对手成为朋友，从企业走出去的员工和在企员工多朋友，和东平鑫海建工（含前身机构）有缘的成为挚友，企业上下左右友好和睦，四邻八方处处是朋友。友好和谐型企业、友好和谐型"鑫海"已成为人们的共识。

企业客户成朋友

刘振海和他的团队坚持"承揽一份工程交一个朋友"的理念，将客户利益摆在高于一切的位置。在确保客户利益方面，刘振海和他的团队主要注重并狠抓工程质量、工期和文明施工等方面的问题，并以此不断赢得客户的信赖、尊重，感情逐渐递增，最终成为朋友。

1992年，该企业第二工程处刘殿军施工队，承建县粮食局宿舍楼工程。参建员工严格依据公司与县建设局签订的合同条款要求施工。在坚持安全文明卫生施工的同时，抢工期、高标准、严要求，使工程按期竣工交付，并一次验收达到市级优良，受到建设单位10000元的奖励。员工真诚的投入，使两个单位成为友好单位，领导人成为挚友。

1994年，企业承建泰安市中心医院直线加速器、钴60房工程（属连体建筑）。工程长23.5米，宽11米，高7米，墙厚3米，屋面厚1.5米。采用全钢筋混凝土现浇施工，技术质量要求独特、苛刻。施工期间不能停顿，以免形成间隙，造成射线外溢。鉴于此，施工前详细论证施工方案，从人员、机械设备、原料供应、后勤保障、技术指导、质量检测、安全措施等一系列问题做了细致研究，留足后备力量。开工后，实施高速度、高强度、连续性施工，一次成型。主体工程完工后，医院领导非常满意，院长袁训书特破例宴请施工将士，并频频称赞："如此神速，如此高质量，破了山东的记录。"企业员工真诚的投入、拼搏的汗水、一丝不苟的精神，使其情谊骤升，两单位结成友好单位，领导人结为挚友。

1998年该公司第二工程处承建的泰山石化东平总公司宿舍楼工程，合同签订为合格工程。该工程处坚持经理刘振海倡导要求的"宁可不挣一分钱，不让工程留隐患"的原则，在施工中一丝不苟，严把质量关。主体工程竣工后，经县质监站核验，平均得分92.9分，达到优良标准。两单位及领导之间自然成为友好与朋友关系。

......

这样的案例举不胜举。这都是企业、员工以真诚、汗水浇灌的友谊之花，永恒的朋友情。

企业在工程施工生产和房屋销售的生产经营活动中不断赢得广大客户信赖，一个又一个、一批又一批的客户成为朋友。近30年来，鑫海建工（含前身机构）从未发生过与客户争吵、情绪对立的现象，则始终充满着和睦和谐的友好气氛和朋友情谊。

2012年，恰逢东平鑫海建工60年大庆；11月11日《〈东平鑫海建工志〉首发式暨企业文化研讨会议》在水浒古镇酒店隆重举行。在企业大喜大庆的日子里，慕名前来祝贺的客户单位、家庭及个人多达309个。其中企业客户也已成为东平鑫海建工的朋友、刘振海的朋友。

竞争对手是朋友

刘振海主政东平县建以来，即坚持与泰安市、县各大建筑企业以诚相待，尊重他们的办企理念和利益，学习他们的管理经验和先进技术，坦诚介绍自己的创新做法，在相互学习、相互帮助、相互支持中，不断增进友情，使竞争对手逐渐变成朋友、好朋友。

2012年11月11日，《〈东平鑫海建工志〉首发式暨企业文化研讨会议》期间，泰安市一建、泰山普惠建工、宁阳县建筑安装总公司、山东兴润建设有限公司（即肥城市建设公司）等泰安市各大建筑公司的主要负责同志到会祝贺、畅叙合作友情。会前，泰山普惠建工董事长李天忠亲笔题写了"业内旗帜　四海兄弟"的贺联，宁阳县建筑安装总公司党委书记、总经理郭景民的贺联是"创新发展　行业领先"，山东兴润建设有限公司董事长、党委书记、总经理李云岱的贺联是"鑫海明天会更好"……泰安市内几大建筑单位的领导人与刘振海早早约定，以《泰山挚友》栏目载入《东平鑫海建工志》，载入史册，使友谊永存。《东平鑫海建工志》的出版圆了他们永恒的友好梦。地方志、企业志将告诉世人、后来人，刘振海、东平鑫海建工企业与竞争对手成为朋友、挚友的雄辩事实、历史结论。

从企业走出去的是朋友

刘振海主政县建公司30年来，新员工不断充实进来，老员工一茬茬从企业走出去。许多人告老还乡、还家，颐养天年；不少人提拔、调离，走向领导岗位或其他单位，走向四面八方。

凡员工即将离开企业的时候，公司一般为其举办一个欢送仪式。把该员工的同事们召集在一起，举办茶话会，合影留念，肯定他们在本企业的业绩与贡献，欢送他们走向新的工作、新的生活，欢迎他们为企业临别赠言。同志们都以诚相待，共叙友情，指点过去，一吐为快。此时此刻，情真意切。调出、离开的员工往往会一针见血地指出本企业客观存在而平时少有人说到的一些弊端和问题。这对企业来说，是一件大好事，得到的是千金难买的肺腑之言。茶话会成了永恒的记忆，从此天各一方。从企业走出去、分布在四面八方的老员工、原员工，不忘企业、难忘友情，采用电话、短信、明信片等与企业、与刘振海保持联络，畅谈思想，述说感情，关心企业的发展与进步；刘振海亦牵挂着这些老（原）员工，常常询问他们的工作、生活及身体情况。这些人成了东平鑫海建工和刘振海永恒的朋友。2012年11月11日，企业60年庆典暨《东平鑫海建工志》首发式的大喜日子里，来自省市县机关的解培春、张广奎、常本祥、栾启虎、王玉山、周传英、董宪桐、王学晋等36名同志和来自农村、退休在家的徐庆琦、宫传奎等12名老人，来到"娘家"（或曰"老家"），赴会恭贺东平鑫海建工的盛大节日，恭贺东平鑫海建工的辉煌，畅叙朋友情谊，争相与刘振海等合影留念、相互合影留念，其乐融融、不亦乐乎，彰显出从企业走出去的员工与鑫海建工、与刘振海深厚的朋友情谊。

企业员工是朋友

刘振海在企业员工管理工作中常说："朋友是天，朋友是地，朋友是永久的财富；企业员工是和自己一起滚打摸爬的一家人、身边最近的朋友。"他一向对企业员工以诚相待、以家人相处、以朋友相待。坚持民主议事的原则、平易近人的作风和一心一意关心关爱员工的态度，使他和企业员工建立起家人的关系、朋友的情谊。

刘振海发扬民主、办事公道，且平易近人，拉近了他和班子成员、企业员工的距离，大家宛如亲密无间的一家人、亲密朋友。但真正使员工心贴心的凝聚在一起的，是他对员工真诚的关心关爱。

在关心关爱员工问题上，刘振海和他的团队鼓励员工通过诚实劳动发家致富，清除失信的人，关心弱势群体，关爱特殊人群等四大方面尤为突出，令全体员工为企业领导班子、为刘振海点赞，视刘振海为知己人、朋友。

鼓励员工通过诚实劳动发家致富

刘振海大刀阔斧改革的出发点和归宿就是用足、用活党的富民政策，鼓励员工通过诚实劳动发家致富，进而带动全体员工脱贫奔小康。随着企业管理机制改革的不断深入，承包经营全面落实，部分员工的收入大幅提升。在员工劳动收入成倍增长的同时，刘振海兑现承包承诺，大幅提升的奖金如实发放。2010年3月11日，东平鑫海建工2009年总结表彰大会上，对2009年度涌现出的14个先进单位、248名模范个人予以表彰奖励，对张守珍、宋来宾、常海滨、管庆海分别给予15万元、10万元、3.5万元、2万元的重奖。

随着这些改革先锋人物总体劳动收入的攀升，建筑工人整体贫困的帽子抛进了历史的垃圾箱。所谓"远看是要饭的，近看是掏碳的，走进一看才知是搞基建的。"这种经济地位低下、穿着破旧的现象彻底扭转。其中不少员工在县城买了房，安了家，购置了家庭轿车，过上了县城内中上等居民的生活。这些率先富起来的员工发自肺腑地喊出：感恩党的富民政策，感恩企业为我们搭建施展才华的平台，感恩坚定的企业改革者刘振海。这些人成为刘振海企业改革的忠实拥护者、知心朋友。

随着承包经营的成功实施，企业整体收入的提升，员工工资依据上级有关政策不断调整、提升。得到企业改革红利的广大员工，拥护党的领导，拥护企业改革，拥护坚定的改革者刘振海，为刘振海的改革喝彩、点赞，成为刘振海的朋友。尤其是，当员工看到县服装厂、鞋厂等企业破产、员工下岗的痛苦情形后，纷纷表示，跟定我们刘（振海）董（董事长）走改革之路，坚持诚实劳动，大干、实干加巧干（指奋力拼搏+科学施工、提升个人技能），不断提高经济收入、快步奔小康！

清除失信的人

在企业员工乘改革开放的东风，开拓拼搏，以诚实劳动奔小康的大潮中，项目部负责人李某丧失诚信，丧失良心，坑骗供货客户、克扣农民工工资、坑骗心地良善的员工，严重损害企业形象、企业利益（即员工整体利益）。刘振海对这种严重失诚，以致不仁不义的人，在规劝、制裁并限期彻底改正无果的情况下，将其开除，从企业员工队伍中清除出去。这一举措，维护了企业形象，呵护了员工利益，使刘振海与员工的心贴得更近了。

关心弱势群体、关爱特殊人群

刘振海对待企业员工以诚相待、一视同仁，"支强扶弱"是他一贯的思想原则。在他为通过诚实劳动发家致富的员工发奖、喝彩的同时，心中牵挂着员工中的弱势群体、特殊人群。他落实并及时提高了企业供养亲属的补助标准；坚持定期走访资助困难职工；慷慨解囊资助寒门学童、学子入校读书、完成学业。对于企业员工中出现特殊情况者，坚持将心比心，用"心"、用亲情关爱他们，做到"职工有病有伤必看望，职工闹家务影响工作必调解，职工家属、父母看病住院必慰问，职工婚丧嫁娶和偶遇天灾人祸必到场"（即"四必"原则）。使企业方方面面的员工都感到鑫海建工这个大家庭的温暖，感到企业当家人刘振海待员工如家人、如朋友般的情谊。

要问员工对刘振海的信赖、情谊有多深，选票（含民意测评、民主评议票）代表员工的心。企业班子历次调整选举，刘振海均高票当选，连选连任；上级组织等部门的民意测评、民主评议，他以优秀、满意票高居榜首。这期间，还发生过一个"文盲习字"的动人故事。1994年5月，班子调整，投票选举的前几天，憨厚老实的文盲韩振虎（孩童时有些木讷，未上学）每天来到仓库材料场空地上，选一僻静处，低着头，全神贯注地在地上描啊画啊，全然一幅文人习字作画的样子。看到韩振虎这种从未有过的专注样子，仓库保管员陈梦清惊奇地走了过去，发现他在地上一笔一画地、一次一次地习写刘振海的名字。陈梦清正要发问的时候，韩振虎慢慢抬起头，喃喃地说："在我选票上写对写好刘经理的名字，别再废了我的票！"将自己神圣的一票投给刘振海，这就是韩振虎的心，这就是企业员工的心。这种质朴而真诚的情谊，比那一般朋友的情谊不是更高尚、更可贵吗？！

四海处处有朋友

刘振海为人诚实，礼貌待人，虚心听取他人意见，不断改进自己的工作思路和方法，企业经济文化建设不断取得新的起色、新的辉煌，刘振海和社会各界、各方面的情谊亦不断广泛、加深。这种清淡如水、却难以忘怀的情谊，刘振海非常珍惜。他常常说"我永远忘不了给了我教诲、鼓励和指导，给了东平鑫海建工（含前身机构）关心、支持和帮助的各位领导、专家和朋友们！"

2006年，中共西藏自治区党委代理书记张庆黎到东平调研，听取了东平鑫海建工党委书记、董事长刘振海的简短汇报，鼓励他把企业做大做强，为人民作出更大贡献，并欣然与之合影留念。这种鼓舞和激励，刘振海永远难以忘怀。

2010年，中共中央党校原副校长刘海藩到东平参加"中国书画名家作品邀请展暨东平"鑫海杯"书画大赛"开幕式，与东平鑫海建工党委书记、董事长刘振海亲切交谈。刘振海永远不会忘记老校长"加强企业文化建设，提升企业软实力"的谆谆告诫。

2012年11月，住房和城乡建设部原总工程师、中国建筑金属结构协会会长姚兵，从中国建筑工业出版社得知，《东平鑫海建工志》系该社出版的第一部建工企业志的时候，欣然同意审稿、作序。11日，又亲自参加由中国建筑工业版社、山东省史志办、东平县人民政府主办的"《东平鑫海建工志》首发式暨企业文化研讨会"，并发表了重要讲话。他高度评价了《鑫海建工志》在展示鑫海的团队风貌、记载鑫海60年的辉煌业绩、弘扬鑫海建工文化、记载鑫海的创新、展示鑫海社会责任、揭示鑫海的未来等方面的贡献和作用。希望东平鑫海建工围绕建设质量效益型、环境友好型、和谐发展型、组织学习型、社会责任型企业不断努力，从过去的辉煌走向未来的更加辉煌！刘振海对老领导对《鑫海建工志》的肯定和对企业未来发展的指导和教诲由衷地感激、敬佩，热血沸腾，暗暗下定决心，努力按照老领导的要求和期望不懈拼搏、奋斗，再创佳绩。

难忘领导情、朋友谊。刘振海慢慢频数起30年来，给予东平鑫海建工（含前身机构）关爱、指导和帮助的省部级机关的领导、专家和朋友有：中宣部原副部长兼文化部长刘忠德，中国建筑工业出版社副总编辑刘江、建知（北京）数字传媒有限公司总经理岳建光，山东住房城乡建设厅厅长杨焕彩，等等。

地市级机关的领导、专家和朋友有：市委书记鲍志强及李际山等。

县级机关的领导、专家和朋友有：县委书记刘静海、张圣亮、周克峰、赵传香、朱玉合、宋鲁、陈湘安、赵德健，县长韩振明、侯庆祥、张广胜、王骞，县领导李成印、张辉、康绍军、魏辰、姜兴春、刘祥涛、刘思宏、吴国庆等。

还有许多暂时想不起名字的领导、专家和朋友。

鉴于工作、生活等原因，他们已走向四面八方，遍布五湖四海。不少人为圆个人梦、中国梦坚持拼搏奋斗，成为时代的强者；不少人为国家经济社会的发展、人民福祉作出卓越贡献，成为一方百姓拥戴的人；不少人已步入耳顺、耄耋、高寿之年，并还乡、还家，畅享"夕阳无限好"的美好人生和天伦之乐。他们远在千里万里之外，但在东平鑫海建工的年轮里蕴含着他们的关心关爱本企业的音容笑貌和奔波的身影，在鑫海建工的血液和骨子里流淌着他们的汗水、心血、智慧和奉献。刘振海和东平鑫海建工的员工永远把他们视为"贵人"、温馨的领导、真挚的朋友。刘振海和鑫海建工员工永远不会忘记你们！

二十二 敬老爱家

孝敬父母老人

刘振海常说："百善，孝为先。"她认为；"孝，德之本也；为人子，孝当先，这是一个人道德水准及诚信、本分的本质要求；孝，在心在行，重在心。"在孝敬父母问题上，他坚持"尽忠孝之责"，让父母从内心满意，精气神高昂。同时，坚持照料好父母的生活和身心，让父母健康满意，红光挂面、笑口常开。刘振海及其夫妇，坚持忠孝统一的思想，倾心孝敬好父母老人。

"尽忠孝之责"让父母放心满意

刘振海牢记自己进入学校读书和刚参加工作之初父母的多次叮嘱："别惜力、别懒惰，好好干""办公家事、做公家人，不拿公家一根草棒"。"为国家出力，为百姓办事，为家庭增光""廉洁从政，勤政为民"，这是父母一贯的思想，对自己不变的希望和要求。父亲干生产队长几十年，工作辛辛苦苦、兢兢业业，对群众热心、诚恳，且不沾一分一毫，深受领导喜爱、群众拥戴；母亲快言快语，帮邻里、助乡亲，吃亏受累，无怨无悔，是村内及附近村庄出名的"好心三婶①"。父母将实心实意做好自己的工作、为百姓办事作为自己的追求、分内事。刘振海敬佩父母，效仿父母，坚持尽忠孝之责，为国家效力，为百姓办事，作为自己的人生追求，作为对父母的最大孝敬。在简单意义上的"忠"与"孝"冲突的时候，他总是毅然决然地选择"忠"的原因就源于此。东平湖抗洪抢险，他率先出征、坚守工地，将照顾年迈双亲的任务托付给体弱的妻子。双亲寿诞，他慷慨承担，却心系创优、抢工期的工程工地，将陪伴双亲、应酬宾客的事情多拜托姐妹等人。母亲66岁大寿，他下决心主持母亲的寿宴。由于心中放不下不断告急的工程而奔波在工地间，夜深（宴）席散，他拖着疲惫的身子急匆匆赶回家，面对守候在门外的白发母亲，泪水扑扑嗒嗒落个不停。

1989年9月，刘振海的父亲因患癌症住进了济南解放军90医院。病危弥留之际，正值东平县大麻脱胶科技攻关项目工程施工的关键时刻，刘振海这个主帅怎么办？这条汉子强忍泪水，把催促相见的加急电报揣进怀里，毅然选择了事业。

后来，有人问刘母（李氏），在他重任在肩、百忙之时，总顾不得照顾你们，可生他的气？笑容可掬的刘母总会说："哪里话，天下父母哪有不希望子女出息，懂事理的？我高兴还来不及呢！"对于一生明白的刘父（泮铭）同样会含笑在天际。

刘父、刘母的态度，道出了"孝顺"的实质和最高境界，是对子女"孝顺"的最好界定。即，最好的孝顺是对自己的人生负责，对国家、人民负责。这是人之父母对子女的根本要求、父母的心。旧社会宣扬的"辞官归田陪父母""桃园偷桃孝母亲"是庸俗和虚伪的。以"孝"为名贻误国家和人民利益、贻误个人工作和事业，是对"孝顺"的最大玷污。刘振海坚持大忠、大孝，忠、孝高度统一的思想和作为，体现出不忘父母教

---

① 妯娌排序三。

海，传承优良家风，对社会、对家庭的担当精神、奉献精神，并以他的言行影响着子女、邻居和职工，是当代人的典范，是当代孝星的典范。值得我们点赞，值得我们效仿学习。

照料好父母的生活和身心，作孝顺儿女

刘振海牢记父母对子女的最大愿望，开拓进取、尽职尽责地做好工作。同样，他也十分关爱父母生活和身心，让二老健康满意，笑口常开，红光挂面。

二十世纪六七十年代，人民群众的生活还比较艰苦。参加工作初期的刘振海，任开山工，劳动强度大，饭量也大。但他坚持多吃些粗粮及瓜菜等代食品，省下些细粮，买成馒头，送给家中的二老；在家经常帮老人打水、磨面、扫院子。刘泮铭夫妇常对人说，"都说儿大不由爷，心在外，不着家，俺海（孩）可不是那样的，总挂着爸妈，想着家。"

刘振海、焦恩梅结婚后，二人手脚勤快、麻利，地里（农活）、家里整理得井井有条，使二老非常开心舒心。十几年来，这个家庭一直是全村有名的父慈子孝、邻里仰慕的和睦家庭。

随着二老年事渐高，刘振海夫妇对二老照顾服侍得更加周到。二老常常诙谐地说，有个孝顺的好儿子、好儿媳，"老来难"就会变成"老来优、老来乐"。

天有不测风云，人有旦夕祸福。1987年7月，刘父被查出患了癌症。这一消息简直要摧垮这个美满幸福的家庭，刘振海的脑袋几乎都要炸了，他喃喃地说，"父母养育的大恩未报，我绝不能接受父亲被疾患夺走生命的残酷事实。我要不惜一切地为父亲医治病患；我要用我的孝心温情鼓起父亲战胜病患的勇气。"他带着父亲南里北里求医看病，终日守候在父亲身边。一向明白的刘父坦然地告诉刘振海，"我的病是治不好的，你不要荒废工作了。"但刘振海仍坚持为父亲医治病患，并恳请父亲积极配合治疗。看着疲

愈消瘦的儿子，听着他那诚恳有力的请求，刘父病痛的面容舒展开来，颤颤巍巍地说："你，尽心了。有你，我孝顺的儿子，爹知足了！"

父亲病逝后，刘振海更加关注母亲的身心健康。他和妻子商量，按照科学膳食的要求，结合母亲的口味、饮食习惯等不断调剂母亲的生活，使母亲吃得好，吃得舒心，精神好，身心健康。夫妇二人还非常关心老人的文化生活，为老人购置老年人喜欢的纸牌等娱乐品，安排老人赶庙会、春会，参加单位组织的文化节等活动。老人可是个"戏迷"，几乎场场到。刘振海夫妇对陪人、接送以及随身所需衣物、饮水等安排得细致周到。刘母天天就是听戏，玩牌，散步，和院内老人们唠嗑……生活得开心，舒心的刘母脸上总挂满笑容，还常常发出朗朗的笑声。

日子过得真快，挥手间刘母进入高寿之年。

俗话说，六月天、孩子脸，说变就变，老生似顽童。意思是说，老年人的失忆、痴呆、情绪失常是多发病，情绪会像孩童一样，时好时坏。

进入耄耋之年的刘母，情绪逐渐出现不稳定。刘振海、焦恩梅夫妇对刘母服侍得更加周到。刘振海坚持每天傍晚陪老人散散步、散散心。刘母有时高兴，有时就不高兴，散步中近一点着急，远一点生气，扶着着急，不扶生气。无所适从的刘振海则总是以甜甜的微笑和顺从服侍老妈。他要以自己的诚心、精心和耐心服侍老母安度晚年，走完她的美好人生。

什么是爱的真谛，父母及其儿女都献出他们心灵的花；什么是孝的精粹，儿女捧出他真诚的心。这不正是刘振海与其父母间至爱至孝的真实写照，这不正是刘振海孝敬父母老人的真实意境吗？！

2001年，刘振海被评为东平县"十大孝星"。

敬重社会老人

传统家风的熏陶和良好的家庭教育，刘振海幼年时期即敬老爱幼，对邻里老者比较尊重。中学时代，他受到中国古代文化和文明的教育，信奉并坚定了"老吾老以及人之老"的思想，更加自觉地孝顺父母，敬重街坊社会老人。

20世纪70年代，刘振海在县石灰厂任职工期间，刻苦学习，积极工作，团结同志，更敬重老同志、老前辈。年近60岁的厂革委会副主任梅成然，是一位曾在部队服役多年的"老三八"干部。刘振海对他非常尊重，更敬佩梅老坚持看书看报的学习精神。二人经常交谈学习内容，交流学习心得，结为忘年之交的学友。梅老对刘振海这位后生刻苦学习、积极工作的精神所感动，经一段时间的观察、考核后，介绍刘振海加入了中国共产党。

刘振海敬重老同志的事迹更是感动了企业老职工。年过半百的职工解培增，为人良善，深受员工爱戴。解工经多年的观察，认定后生刘振海学习、工作积极，素质好，尤其是敬老爱幼的品质令他感动。经慎重考虑，解工郑重提议，认刘振海做干儿子。刘振海面带微笑，充满真诚的回敬解老说，我一定像孝敬我的父母一样敬重企业老职工、老前辈。刘振海是这样说的，更是这样做的。一年，几年，十几年，刘振海敬重老职工、老同志、老前辈的心不变、情更浓。县石灰厂的员工认定了刘振海的真诚、素质、上进和公平正道，纷纷提议、保举年轻后生刘振海主政石灰厂，做企业负责人……

敬重企业老职工，是刘振海永恒不变的选择，也是他的优秀品质之一。任县建筑工程公司主要负责人后，他不断提升企业职工的主人公地位，在充分调动中青年职工拼搏进取精神的同时，紧紧依靠老职工的经验和技术优势，使企业的生产经营不断上台阶，使企业的经济文化建设从辉煌不断走向新的辉煌。在将企业大发展的成果、红利惠及员工的问题上，他重奖那些为企业经济文化建设作出重大贡献的有功人员，提高职工工资及生活待遇。同时，不忘那些为企业发展作出贡献的离退休职工及其企业供养亲属。每年春节前，企业安排专门人员走访离退休职工，为他们送去面粉、食油、酱油等物品；对其中的特殊困难人员，刘振海责成企业工会派人不断前去看望，帮助解决实际困难。对于企业供养亲属，则依据国家政策规定，及时提高他们的生活待遇，并按时足额发放。对于为企业发展作出一定贡献的老员工，他们的生活及身心健康更是刘振海关心的问题。他除不定时地走访外，还通过企业开展的重大活动，邀请他们回来走一走、看一看，散散心、吃顿饭，谈谈对企业发展的感受、建议等。《东平鑫海建工志》发行大会期间，就曾邀请近百位企业老领导、老职工赴会（亦称"回老家""回娘家"）。他们来自农村、机关，绝大多数人已过甲子，不乏耄耋、高寿老人。刘振海和他们合影留念，称赞他们是企业的功臣、家庭的福星寿星、党和国家的宝贵财富。大家畅谈过去、今天，畅叙友情，其乐融融。

刘振海还是企业一代老职工张兴德家的常客。家住州城街道的张兴德，为企业的发展作出一定贡献，又是元老。刘振海对他非常敬重，关心他的生活及身心健康。每每相逢，二人话语多多，从日常饮食到保健，从东平历史到建工业的发展、企业的未来……二人既是情投意合的话友，亦是忘年交的挚友。

刘振海一件件、一桩桩关爱企业老职工、敬重社会老人的事迹，不胫而走，在企业内、在社会上广泛传颂……

夫妻恩爱

刘振海和焦恩梅夫妻恩恩爱爱，已跨过45年的蓝宝石婚，正轻松跨越50年的金婚，奔向60年的钻石婚。

1968年春天，丘比特的神剑射向刘振海和焦恩梅这双青年男女。

几天来，在距刘振海家的后屯村西一华里的虹桥村的焦恩梅家的老槐树上，喜鹊欢快地上下飞跃，咋咋地叫个不停。焦恩梅的母亲从心底觉得高兴，自言自语地说，要有喜事降临焦家了。晚上，焦母做了一个梦：梦见一个虎头虎脑的小牛走到梅儿身边……

焦母梦中醒来，推推身边的老头子说，梅儿的婚事要动了。焦父历盈回曰，"婚姻在姻缘，姻缘定终身"。

几天后，后屯村民井维恭夫妇到焦历盈家为梅儿提亲，男方是后屯村刘泮铭的儿子刘振海。媒人的到来，为刘振海与焦恩梅牵起了月下老人的红线。

在相互了解过程中，刘振海窥视了梅姑娘的花容月貌，为之倾倒；聆听到梅姑娘良好的家庭教养、高尚的品德、落落大方的举止，为之叹服。

梅姑娘一家为刘振海出身老户人家（即农村中生活殷实，子女有教养，有传统家风等）表示满意；为刘振海在县石灰厂刻苦学习精神，抢红旗、争先进的开拓拼搏精神所感动，更为这位后生的担当精神所折服。

11月16日，刘振海到虹桥村焦家相亲（又曰求亲）。二人一见钟情。在刘振海眼里，焦恩梅似乎很平常，但是，她却有一种清纯、柔和的气息扑面而来，使你感到窒息。刘振海惊讶地想，这就是二人的缘分，这就是焦恩梅的气质。气质可真是个奇妙无比的东西，看得见说不出，竟能把一个相貌平常的女人装饰得魅力无穷，浑身洋溢着一种使人说不清道不明、拿不起放不下的味道，太可爱了。焦恩梅只看了刘振海一眼，同样得到了一种很奇妙的感觉。这个青年身上透射出英气逼人的魅力，绝不能用"漂亮""英俊"那简单的称呼所涵盖。在他沉静如水的神态下，分明有一种文化积淀的智慧和强烈的争胜之气，一副不怒自威的神情，恐怕没有任何人敢对这样的男人表现出半点不诚不敬。这真是一个不可思议的厉害男人，一个在未来拼搏奋斗中的成功者。

焦父、焦母对这位后生及其家庭亦非常满意。但觉得还是要尊重梅儿的意见，便去问梅儿。一向对爱情冷漠的焦恩梅这次从心里高兴，脸上泛起红润，她羞涩地说："父母觉得好那就定啊！"

焦恩梅出生在东平虹桥村一户焦姓农民家庭里，爸爸、妈妈，祖父、祖母、小叔叔（焦历俊）和她共六口人。爸爸、妈妈是家中的主要劳动力。

1953年，八岁的焦恩梅到焦村小学读书。她聪明活泼，成绩优异，深受老师、同学的喜爱。1959年高小毕业后，因家庭生活困难又缺少干活的人手而停止了学业，做起母亲的帮手。

焦母是农村中一位精明能干、干嘛嘛行，乐于助邻里、帮乡亲的女强人。在母亲的熏陶、引领下，天真活泼的焦恩梅逐渐成为干活泼辣、吃苦耐劳、心地善良的姑娘。

女大十八变，越变越娇艳。焦恩梅不仅身体健康而且出落得如花似月、美丽耀人。细致的外表与深厚的内在使其独具风采。

焦恩梅中等偏高的个子，体态匀称，如果用语言形容的话"亭亭玉立""婀娜多姿"都算不上。大辫子、浓眉毛、大眼睛，端庄清秀的面孔使人望一眼就难以忘怀。她温和的目光、微笑的嘴巴、宽宽的肩膀，透露出他的教养、真诚、大方与智慧。

追求的美男子、提亲的热心人开始来到焦家，但焦姑娘如同美丽清澈的秋水一样平静，丝毫不为所动。刘振海在她的视线出现后，她的心中像春风荡漾，一天天变暖变热起来。随着思念越来越深，常常是浮想不断，意识模糊，饭忘咽下，觉难入睡。她认定刘振海就是陪伴她终身的丈夫。这就是说不清道不明的所谓"姻缘""缘分"的缘故吧。她爱他的人格、正气和担当，爱他的"勤奋学习""拼搏争先"和"乐为别人的奉献"。

亲人的信息是联通的，并不断传递。在县石灰厂上班的刘振海，脸上不断泛起甜甜的微笑。在休息时、在家中常常想起他的梅姑娘。他总认为梅姑娘是天下最美的姑娘，她人美、心美，一举一动都美。他欣赏她的美丽、人品和大方，欣赏她的细腻、温柔和体贴。

天下有情人终成眷属。1969年12月，刘振海、焦恩梅二人登记结婚。从此，二人的人生发生了巨变。现在的刘振海已不是过去的刘振海，现在的焦恩梅已不是过去的焦恩梅。就像是一块泥，捻一个你，塑一个我，一起打破，用水调和，再捏一个你，再塑一个我，我泥中有你，你泥中有我，男人的一半是女人，女人的一半是男人，每个人的生命里各有了一半你和我。

爱是什么？爱是责任，是忠诚，是奉献，是举案齐眉，是相敬如宾，是相互激励、相互鼓舞，是恩恩相报。真正的爱情需要牺牲，自私的人不配享有高尚的爱情。

刘振海和焦恩梅的爱情，是久经艰难岁月考验的纯真无私的高尚爱情。

焦恩梅嫁到刘振海家后，即坚持一天三出勤①，参加生产队挣工分的劳动；在家帮婆婆洗菜、和面、做饭，伺候老人及全家人吃饭，还要刷锅刷碗、洗衣服，一天到晚忙忙碌碌。她强健的身体觉得承担这一切不在话下，一家人和睦融融使她非常开心。

女儿刘霞和虎儿的先后出世，使全家增加了无限的欢乐，做了母亲的焦恩梅更是打心眼里高兴。她整天乐呵呵的，做这做那一会也不肯闲着；吃饭热一口凉一口，甚至吃不饱、忍饥挨饿全不在话下，生活苦累一点点但心里是甜甜的。

在那"瓜菜代"的年代，后屯和其他山区农村一样，靠种植多穗高粱（饲料用粮）和大量高产地瓜充填人们的肚皮。秋收季节，农户擦地瓜、晒瓜片成为一害。一户几百成千斤的鲜地瓜，靠人工一片片地擦出来，一片片地摆开，干了还要一片片地拾起来，装袋子运回家。遇上天气不好，还要一片片地翻弄。简直是烦死人、累死人。

每年秋季收地瓜的日子里，焦恩梅主动应战，在小妹、老爸陪伴下，大半夜大半夜地在坡里擦地瓜、晒地瓜片。简直腰蹲折、腿蹲断、手擦木，中间还要跑着回家给孩子喂奶、喂饭。她觉得身体有些超负荷，有些吃不消。但她不叫苦、不叫冤，她绝不能因家里事耽误振海，拖累丈夫，她要承担起这一切，支持丈夫工作。就这样年复一年，一干就是十几年。

---

① 在当时的饮食习惯下，农村劳动人员分早晨、中午、下午三次出勤做活，每日10分工的分配为早晨2分，中午、下午各4分。

随着，联产承包责任制的推行，群众的生产积极性不断高涨，生活水平逐步提升。不甘示弱的焦恩梅亦想靠党的富民政策把日子过得好一些。但她清楚；二老年事渐高难帮自己大忙，两个孩子都在学校读书，小妹业已拉家带口自顾不暇，丈夫承担着企业近千人的生产、吃饭的大任，千斤重担她要自己担。平时，她坚持下地做好自家的农活；秋麦和农忙时节，找几个人帮忙，她是家里、地里、场里跑，还要厨房里烧火做饭。她简直像个铁人，她不断消瘦……

对于这一切，刘振海早就看在眼里，记在心里。但员工把自己推到主要负责人的位置上，就不能辜负党的培养、不能辜负员工的信任，就一定把企业、员工的利益摆在高于一切的位置上。他爱自己妻子、疼自己妻子的心怎么会变呢？当他看到妻子疲惫不堪的时候，他想哭泣，当他看到妻子消瘦面容的时候，他的心在流血……

他常常抽空回家看看。当他发现妻子还在地里、场里劳作时，他会顾不得吃饭、喝水，抓块毛巾就往外跑，他要把妻子手中的活抢过来、全干完。当他发现妻子为照顾老人、孩子的生活需求，贴补好日夜奔波操劳的丈夫而自己省吃俭用，将炒好的菜盛光，端去堂屋的饭桌，而自己蹲在厨房里喝糊糊（玉米糁作的稀饭）后，刘振海总是把菜为老人、孩子拨足后，剩下倒进自己碗中，借着去厨房盛饭，将菜强行拨入妻子饭碗中……

刘振海心里非常清楚：没有妻子对自己的大力支持，没有妻子的拼搏、劳作，照顾好老人、孩子，支撑起这个家，自己就很难专心致志、聚精会神地工作。在自己工作业绩中，在自己荣誉证章里，有妻子的一半，有妻子结结实实的一半。1999年，当刘振海被中华人民共和国人事部、建设部授予全国建设系统劳动模范称号后，他毅然决定，邀请妻子一同去北京领奖。刘振海感激自己的妻子，尽一切可能关照自己的妻子，他深深地爱着自己的妻子。

随着全国经济社会的飞速发展，东平鑫海建工和其他单位一样，小康建设不断加快，职工住宅区一片片建成。

1999年，刘振海把家中的老母和妻子接到单位家属院，让妻子享受小康建设的幸福生活，过些清闲日子。可一向勤劳、乐为他人的焦恩梅就是闲不住，一天到晚忙忙活活，侍奉年迈的老母，照顾没早没晚上班的丈夫，操持忙忙碌碌的孩子，想着东邻西舍的嘱托……

2011年12月，焦恩梅终因积劳成疾病倒了。刘振海看到心爱的妻子病倒，心都要碎了，他想哭，他要紧紧把妻子抱住……他请求医院派最好的大夫，用最好的药物医治妻子的病患。他喃喃地说，你的病是为了我、为了子女、为了这个家庭才得的，我要不惜一切地医治你的病患，要用我的温情、爱情温暖你的心，为你疗伤医病，鼓起你恢复健康的风帆……

焦恩梅的病一天天恢复，刘振海、焦恩梅温情加爱情的夫妻生活正在回归，并一天天热络。刘振海经常陪伴妻子串串门，逛逛商店，溜溜马路。在公园里，当他们看到年轻恋人相依相偎，视若无睹，但偶尔看到一对老夫老妻相挽着，蹒跚而行，心中总有一分端肃的感动。那是一种黄昏之恋透射出来的安详之光，那是一种"执子之手与子偕老"的温柔意境，实在是令人看得不忍眨眼。在家中，生活回归清淡，二人喜欢吃稀饭，常常是用小盆或大碗将稀饭盛上饭桌，二人相对或相依而坐，一人手捧一只小碗，你喝完我盛，我喝完你盛，你一碗我一碗，吃得身上热乎乎、头上冒热气、脸上渗热汗，其情融融、乐悠悠，多么像一副素雅的诗画……

真正的爱情耐得住最仔细的吟读，而真正的恋人确确实实是无年龄的。这正是刘振海和焦恩梅夫妇修得的神仙眷属。

弹指一挥间，刘振海和焦恩梅夫妇携手并肩已近50年，由一对心心相印的姻缘情侣到恩爱夫妻、柴米夫妻，终修得人人羡慕的神仙眷属。

关爱子女晚辈

20世纪70年代前期，刘振海、焦恩梅的女儿霞霞和虎儿先后降临人间，为这个和谐而平静的家庭带来无限的活力与快乐。爷爷奶奶整天笑得合不拢嘴，妈妈高兴得一天到晚打理孩子不停闲，不断抿嘴笑的爸爸拼搏开拓的工作劲头更足了。对于这二位小天使，一家人疼爱有加、关怀备至。

终日拼搏常感疲惫的刘振海一跨进家门，总要抱抱虎儿、亲亲霞霞，说一说今天高兴的事、激动喜悦的心情及叔叔、阿姨们艰苦拼搏的故事，有时会给孩子们带些玩具、小食品，亦有时会把大红的奖状交孩子看看，并说让你妈收存好。两位聪明的孩子亦总会大声呼喊着妈妈说，爸爸回来了，让妈妈为爸爸备水备饭。

霞霞和虎儿最热缠绕在妈妈身边，抓住妈妈的手，牵住妈妈的衣襟。他们要睡觉时，更喜欢让妈妈坐在身边，用手轻轻拍打着自己，并不断地哼着儿歌、童谣。他们也喜欢帮妈妈扫地，进厨房帮妈妈拉风箱、烧火（做饭）。妈妈非常疼爱两个孩子，总想拦着这个、扛着那个，但闲不住的妈妈没有那么多时间。

聪明懂事的两个孩子更多的时间是跟爷爷奶奶玩，随爷爷奶奶串门、遛街、逛公园。他们为爷爷奶奶处处帮人、做好事而高兴，同样为邻里、街坊、路人对爷爷奶奶总那样热情、尊重而自豪，他们心里总是美滋滋的。

霞霞和虎儿两位小天使在父母及奶奶爷爷的关爱下幸福生活，同样地在拼命三郎、建设劳模刘振海和默默操劳、甘为人梯的焦恩梅的一言一行的教育影响下，在明白、慈祥、深受邻里尊重的奶奶爷爷高尚品行耳濡目染的熏陶下健康成长。焦恩梅更是家庭和两位小天使心目中最慈善的人，是默默奉献的老黄牛，是劳模身后的劳模，是支撑家庭和劳模的劳模。

刘振海秉承"幼吾幼以及人之幼"的思想，关爱家人、子女晚辈，同样关爱企业职工的子女晚辈及企业青年职工。在企业党委扩大会议上，他曾专题讨论、部署青工工作，要求分管同志及工会、妇女、青年团等群团组织的负责同志要切实把青工的学习、进步、生产、生活问题抓好，关心他们的成长、成才、成功以及成家、立业的具体问题。企业曾先后建立图书阅览室、职工之家，为青工牵线搭桥、做红娘，对结成伴侣的为他们祝贺、为他们举行集体婚礼等。

他还非常关心职工子女的教养培养问题，在企业职工大会等多种场合强调，本企业职工必须加强思想道德修养，孝敬老人，关爱家庭，关心子女的成长、成才、成家。对于特殊家庭、特殊情况，他就伸出援助之手，帮助寒门学子完成学业，资助失学少年重返校园……

刘振海诸多关爱青少年健康成长的事件、故事，不仅在企业内、社会上广泛流传，不少还载入了1912年10月由省、市、县史志办审定，中国建筑工业出版社出版的《东平鑫海建工志》中。

老树春深更护花。近十几年来，随着第三代（孙辈）进入他的生活，他对孙女、外孙，院内少年儿童及广大青少年更是关爱有加、疼爱有加。每逢六一儿童节或学校的重大活动，他都会委派党委副书记参加孩子们的节日庆祝活动，送去学习用品、纪念礼品。住宅小区内的孩子们亦成了他的小朋友、好朋友。邻居范加栋（企业老员工周传英外孙，泰安某小学学生）等小朋友就经常到刘爷爷家串门、玩耍、做客，和心中敬爱的刘爷爷结成真正忘年之交的好朋友。

老骥伏枥

二十三

2019年，已迈入70周岁的刘振海，在企业滚打摸爬50余年，主持县建全面工作30年有余。为东平鑫海建工企业（含前身机构）乃至东平县地方经济文化的建设与发展作出一定贡献，堪称老企业、老建筑，东平企业老将、全国建设劳模。60余年前的"红孩儿"历经一个甲子多的岁月征程变成了当今的"红老头"，健步迈入寿星的不老翁。

即将进入耄耋之年的老企业刘振海仍旧有一颗火红的心、铁打的身板、旺盛的精力，仍旧坚守在一线、披甲出征、拼搏奋斗。他在继任第十二、十三、十四、十五、十六届泰安市人大代表的基础上，于2016年底当选为泰安市第十七届人大代表，肩挑着东平鑫海建工集团董事长、党委书记。他常说，身在其位，就要不辱使命，敢于担当，拼搏奋斗。他是这样说的更是这样做的。他总是夜以继日，日复一日、月复一月、年复一年地工作、工作。我（即笔者）是党史工作者，为刘振海作《传记》的志愿者，为了更多了解、捕捉他当前学习、工作、生活、思想等等的具体详尽情况、典型事例，总想找他座谈几次。自2016年11月份就向企业党委副书记陈树隆挂号。陈书记热情而诚恳地说，他很忙，会抽他的空给你安排。3个月过去了，"座谈"的事竟没有排上号。然而，企业上级任务出色完成，内部工作井井有条，员工和谐向上，各项工作成绩斐然。我的"座谈"要求尽管被一拖再拖，我能有怨言吗？！我理解他不辱使命、对党对人民负责的心情，敬佩他"拼命三郎""工作细实"及拼搏奋斗精神，正所谓"老马自知时间短不用扬鞭亦奋蹄"，甘愿做比"黄忠"更"黄忠"的人，甘愿做不辱使命、求真务实的人。当今，像刘振海这样的一批老同志忠诚、勤奋工作亦成为一道亮丽风景线。

在当今，大批老年人畅享社会主义的幸福生活、展现社会主义的优越，理所当然。他们呈现出一道道亮丽风景线，大妈大叔的广场舞，愈来愈火爆的风光游、文化游，公园里丰富多彩的各类活动……

想想在旧社会中国人"东亚病夫"的痛苦，在清朝、民国时期人均寿命亦只有33～35岁，在中国共产党的英明正确领导下，推翻了压在中国人民头上的三座大山，迎来了新中国的建立，人民当家做了主人。随着新中国经济社会的快速发展，人们的生活水平、身体健康状况、人均寿限不断提高、攀升。至2015年，中国人人均寿命为男74岁、女77岁，这是多大的跨越！中国人能不引吭高歌新中国、能不引吭高歌共产党，载歌载舞歌唱社会主义、歌唱新生活吗！

歌唱新生活、畅享新生活，更要建设新生活。齐心协力建设小康社会，开创人类更加辉煌灿烂的明天，就要以劳动托起实现中华伟大复兴的中国梦。随着人们生活水平、体质状况和寿命的不断好转和提升，干部职工多劳动工作一二年、三四年、五六年，岂不是利国、利民、利己的好事。刘振海等一批老同志依然忠诚、勤奋的劳动工作，已经为人们做出了样子。我们敬佩他们，为他们点赞，并希望有更多身体健康的老同志自愿加入建设新生活的劳动工作的大军中，让老同志为国家社会忠诚、勤奋劳动工作这道亮丽风景更加绚丽、更加光彩夺目吧！

谈到未来，这位"红老头"异常兴奋，充满十足的阳光心态。他说，我要接续我这未了的情，永远心系企业，心系员工，心系地方经济社会的发展，心系青少年的成长、成才，心系东平振兴、中华复兴，不断发挥余热，为东平鑫海建工企业集团乃至东平地方经济文化的建设做些力所能及的工作。他在盘算着，帮助东平鑫海建工企业集团制定《企业百年发展规划纲要（建议稿）》；制定个人工作、生活的《古稀计划（草稿）》。《企业百年发展规划纲要》内容主要包括企业中、长期目标，体制、机制形式，生产经营及企业文化建设的主要措施等。个人《古稀计划》的原则内容包括：有所循（比上班期间的节奏稍有放缓的生活规律及作息安排），有所养（科学的生活与养生项目），有所乐（享受生活，参加力所能及的文体娱乐活动等），更要有所为（积极从事对企业对社会有益的工作）。在全面落实"四有"原则的同时，采取各种形式和方法，自觉主动地多做对社会、对鑫海建工有益的工作，为党的事业增添正能量，为鑫海建工鼓劲加油，为人们的忠诚、勤奋劳动鼓劲加油，为人们的创造、奉献加油点赞。重点突出对青工、青少年进行拼搏进取、遵纪守法，立志成才、成业的传统教育、法制教育、思想教育，并在可能的情况下帮助企业、社会和个人解决一些实际问题。积极参与"展示阳光心态，体验美好生活，畅谈发展变化"为主要内容的为党的事业增添正能量系列活动。以积极的心态、历史的眼光、辩证的思维，全面客观地看待国家的发展变化，辩证地分析党内和社会风气，正确理解周围的人和事，正确对待个人，以阳光的心态感染人、鼓舞人，做和亲睦邻的模范长辈、企业员工尊崇爱戴的前辈，教育和带动子女、晚辈、亲友、邻居及企业新老员工等身边人崇德向善，共同释放正能量；坚持从历史的视觉和国内外对比中，充分肯定中国几十年来发生的翻天覆地的变化，充分肯定中共十八大以来各方面发生的明显变化，充分肯定全国各行各业、各条战线蒸蒸日上的发展态势，牢记政治意识、大局意识、核心意识和看齐意识，增强道路自信、理论自信、制度自信、文化自信；热情全面地宣传中共十九大精神，宣传中国特色社会主义新时期理论和宏伟奋斗目标；坚持健康向上的生活方式，做好身边事，服务周围人，齐心协力感恩社会、回报社会、奉献社会、推动社会不断前进。做一个为实现中华复兴的中国梦而不懈奋斗的"时代最美老人""优秀离退休人员"。坚持通过适当的形式，以群众乐意听、听得懂的方式畅谈发展变化，畅谈祖国美好的前程，宣讲中国梦、传播好声音，为正能量点赞，为好声音喝彩，唱响凝心聚力、拼搏奉献的赞歌，唱响中国精神的正气歌。

人老心红的刘振海，壮志未酬、情未了。誓在东平鑫海建工企业集团经济文化建设大发展，在伟大祖国沿着中国特色的社会主义道路飞速前进的宏图中，展现并畅享奋斗者的"夕阳红""夕阳无限好"的完美人生。

附录

刘振海大事年表

60

1958.5.	进入后屯村初级小学读书，任组长。

1962.8.	考入护驾村高级小学读书，任副班长。
1964.8.	考入东平二中（赵桥中学）读书，任体育委员。
1967.8.	在后屯村务农，任农民。
1968.2.	在县石灰厂开山排，任临时开山工。

70

1971.9	在县石灰厂开山排，转为正式工。
1972.4.	加入中国共产主义青年团。
1972.12.	被评为生产标兵。
1973.2.	在县石灰厂一担土石灰窑，任烧窑工。
1973.5	被派往辽宁省本溪钢铁公司机电车间学习。
1973.12.	被县石灰厂评为一等先进生产者，出席了县直社会主义革命和社会主义建设突击手大会，并受到县领导奖励。
1974.3.	任县石灰厂新项目上马领导小组组长。相继，领导轻质碳酸钙生产。
1974.12.	被评为先进生产者。
1975.12.	被评为先进生产者。
1976.1.	由梅成然、赵厚信二人介绍加入中国共产党。
1976.1.	被县石灰厂宣布为开山二排排长。
1977.1.	由县政府人事局公布为县石灰厂生产股副股长。
1977.12.	由县政府人事局公布为县石灰厂生产股股长。
1977.12.	被评为"工业战线先进标兵"。
1978.3.	出席泰安地区工业战线先进标兵会议。

80

1980.3.	调入县建筑工程公司供销股工作。
1980.10	任县建筑工程公司供销股负责人。
1981.10.	被选为县建筑工程公司首届职工代表大会代表，在其代表大会会议上被选为经济监督委员会主任。
1984.1.	被选为县建筑工程公司第二届职工代表大会代表，在其代表大会会议上被选为经济监督委员会主任。
1984.7.	由县政府人事局公布为县建筑工程公司供销股股长。
1985.7.	由县人民政府公布为县建筑工程公司副经理。
1987.1.	由县人民政府公布为县建筑工程公司副经理、代经理。
1987.6.4.	县企政办主任张德林、建委党委书记李方华、主任金甲祥到县建筑工程公司召开全体干部会议，宣布刘振海为公司经理。
1987.11~12.	在广泛酝酿的基础上，在主管机关主持下，县建筑工程公司经过报名、核定标底、筛选投标人、答辩会答辩、评委会投票确定中标人等5个阶段，刘振海成功中标，成为县建委系统第一个竞争中标承包企业的经理。
1988.4.	县建筑工程公司召开第三届职工代表大会，刘振海被选为职工代表，在其职工代表大会会议上刘振海被选举为主席团（第一）成员（主席一名为企业工会主任）。

| 1988.5. | 刘振海被泰安市人民政府命名表彰为"职工劳动模范"；泰安市总工会为刘振海颁发"振兴泰安劳动奖章"。 |

1988.5.　刘振海被泰安市人民政府命名表彰为"职工劳动模范"；泰安市总工会为刘振海颁发"振兴泰安劳动奖章"。

1989.8.17.　东平县建筑工程公司惩治腐败打击经济犯罪领导小组成立，刘振海任组长。

1989.　刘振海被泰安市集体建筑企业协会评定为协会积极分子。

90

1990.7.21.　中共东平县委印发《关于公布中共东平县第八届委员会、纪律检查委员会人员组成的通知》。东平县建筑安装工程公司经理刘振海任中共东平县第八届委员会候补委员。

1990.10.16.　经县委、县政府及县建委同意，县建筑工程公司改称县建筑安装工程公司。是月31日，县城乡建设委员会印发《关于公布刘振海同志任免职务的通知》，刘振海任县建筑安装工程公司经理。

1990.　刘振海被中共东平县委组织评选为优秀共产党员。

1992.9.21～28.　刘振海参加县委、县政府在县委党校举办的《全民所有制工业企业转换经营机制条例》培训班。

1992.　刘振海被中共东平县委、东平县人民政府表彰为先进工作者。

1993.3.1.　东平县工交财贸重点项目建设总结表彰大会召开，公司经理刘振海作典型发言，并被表彰为优秀经理。

1993.　在泰山体育中心建设中，刘振海荣获泰安市人民政府记大功表彰。

1994.4.21.　公司召开股份制改造动员会议，经理刘振海作动员报告。县体改委主任张德林、县股份制改造工作小组成员、建委负责人赵魁盈等出席会议并讲话。股份制改造工作拉开序幕。

1994.5.30~6.1.	山东东平县建筑安装股份有限公司董事会一届一次会议选举刘振海为董事长，并表决通过董事长刘振海兼任公司总经理。
1994.12.28.	东平县职称改革领导小组印发《关于公布东平县1994年高级专业技术职务任职资格的通知》，刘振海被公布为高级经济师。
1995.9.8.	中共东平县城乡建设委员会印发《关于刘振海同志任职的通知》，公布了中共东平县建筑安装股份有限公司委员会组成人员，刘振海任党委书记，袁恒华任党委副书记兼纪委书记。
1995.12.7.	中共山东东平县建筑安装股份有限公司委员会召开党员代表会议，选举刘振海为中共东平县第九次代表大会的正式代表。
1996.1.17.	刘振海的项目风险承包施工法被《中国建设报》刊发。该法按照工程总造价一次性向总公司交纳一定数额的承包风险金，工程竣工后，通过对合同条款履行情况决定予以返还、奖励或处罚。
1996.11.16.	公司总经理刘振海带领总公司32名、建筑分公司12名、安装公司6名机关管理服务人员到平顶山电视转播自立塔工地，冒着雪雨参加义务劳动。
1997.3.20.	县建筑安装总公司成立"建设执法年活动领导小组"，刘振海任组长。
1997.6.3.	泰安市建筑业集体企业协会年会在东平召开。本次会议的中心议题是，学习推广东平县建筑安装总公司独创性的企业管理模式——风险项目施工法，刘振海作典型发言。该公司被表彰为泰安市集体企业协会先进会员单位。

1997.8.1.	"东平县建筑安装总公司领导干部廉洁自律领导小组"成立，公司党委书记、总经理刘振海任组长，组织副职以上干部开展廉洁自律承诺活动。
1997.11.20.	《中国建设报》刊登公司总经理刘振海《抓好企业内部的"放开"与"搞活"》的文章。
1998.4.6.	县建筑安装总公司召开生产调度会，总经理刘振海与相关工程处主任依次就县粮食局宿舍楼、北实验小学宿舍楼、国税局宿舍楼、邮电局宿舍楼、山东矿业学院学生公寓和公安局2号宿舍楼签订创优工程合同书。
1999.2.3.	公司总经理刘振海受国家建设部邀请赴京参加全国工程质量研讨会，并在会上发言。
1999.4.27.	公司总经理刘振海与相关工程处主任就县工具厂办公楼等11处工程分别签订创优工程合同书。
1999.11.	中华人民共和国人事部、建设部授予刘振海"全国建设系统劳动模范"称号。
1999.	刘振海被泰安市建委评定为泰安市建筑业先进管理工作者。

00

2000.5.1.	国家人事部专家服务中心发出"兹聘请刘振海为西部地区经济开发顾问，任期三年"的聘书。
2000.5.	刘振海被东平县人事局、东平县体育运动委员会表彰为体育工作先进工作者。
2000.8.18.	公司总经理刘振海创建的《风险项目施工法》，被山东省企业经营管理学会、山东省企业经营管理优秀成果评选委员会授予"山东省企业经营管理优秀成果奖"。
2000.	刘振海被泰安市建委评定为泰安市建筑业先进工作者。

2001.8.10.	县建筑安装总公司与台湾亚澳兴业股份有限公司签订天然酱油、无机不燃复合板材合资合作项目，建立11人合资项目筹建领导小组，总经理刘振海为组长。
2001.9.6.	在泰山国际登山节暨泰安市"十五"重点项目和经济技术合作项目洽谈会上，东平县建筑安装总公司总经理刘振海与美国昌盛集团（香港）有限公司董事李世华共同签署了新型建筑材料合资合作项目合同。市委书记鲍志强表示祝贺。
2001.9.	刘振海被中共泰安市委、泰安市人民政府表彰为"全市抗洪抢险先进个人"。
2001.	刘振海被泰安市建委授予"泰安市2001年度建筑业先进个人"。
2001.	刘振海被评为东平县"十佳孝星"。
2002.7.3.	刘振海等13名同志在公司全体党员民主评议活动中评为优秀共产党员，公司党委印发《关于表彰优秀共产党员的决定》以通报表彰。
2003.3.27.	中共东平县建筑安装股份有限公司委员会印发《关于成立"保持共产党员先进性教育活动"领导小组的通知》，公司党委书记刘振海为领导小组组长。
2003.5.6.	公司成立预防《传染性非典型肺炎》领导小组，刘振海任组长。
2004.4.2.	公司召开"工业园区施工生产调度会"。总经理刘振海、副总经理赵刚、陈吉银、杨杰及园区负责人参加会议。会议确定按"五天一小段计划、五天一落实、五天一调度、五天一奖惩"的办法抓好施工生产。
2004.12.23.	总经理刘振海在公司四届一次职工代表大会上作《企业改制动员报告》。会议讨论并经投票表决，一致通过公司整体改

制《实施方案》。

2004.12.31.	山东东平鑫海建工有限公司创立暨第一届股东大会第一次会议召开。会议通过《公司章程》，选举产生了公司董事会董事长、董事及监事会主席、监事，并形成相应决议。刘振海为董事长，陈树隆为监事会主席。
2005.1.6.	山东东平鑫海建工有限公司第一届董事会第一次会议作出决议：通过《董事会议事规则》；聘任刘振海为公司总经理。
2005.4.6.	山东东平鑫海建工有限公司召开第一季度工作会议，董事长兼总经理刘振海主持会议并作重要讲话。会上，总经理刘振海与班子成员，各分公司、项目部负责人及新开工承包单位逐一签订承包合同和"一岗双责"安全合同书。
2006.2.23.	公司总经理刘振海与各工程项目部及分公司、厂18位承包人签订承包合同书，使公司与各承包人的责任、义务明确，使质量管理、安全生产及经营管理等方面更加规范。
2006.3.23.	公司总经理刘振海号召全体干部职工开展"质量安全效益年"活动。此后，各分公司、项目部狠抓质量管理和安全生产。月内，公司监事会主席陈树隆及成员深入生产一线，检查指导"质量安全效益年"活动的开展，企业安全文明施工提升一个新档次。
2008.3.18.	东平鑫海建工召开的安全生产工作会议上，董事长兼总经理刘振海与各项目部、分公司负责人签订《安全生产目标管理责任书》。
2008.4.1.	东平鑫海建工董事长刘振海被泰安市国家税务局、泰安市地方税务局评选确定为A级纳税人。
2008.5.12.	四川汶川发生8.0级大地震，造成重大人员伤亡和经济损失。16日，东平鑫海建工组织

	开展"向灾区人民献爱心"活动。董事长兼总经理刘振海带领干部职工踊跃捐款，支援灾区人民抗震救灾。
2008.6.19.	东平鑫海建工董事会作出决议，董事长刘振海不再兼任总经理，聘任刘虎为公司总经理。
2008.8.5.	东平鑫海建工组织承办的"喜迎北京奥运，弘扬东原文化，'鑫海杯'全县书画大赛作品展"开幕。中共东平县委书记朱永强及刘思宏、李成印、郭冬云、牛树柏、白昭银等领导，在董事长刘振海陪同下出席开幕式并颁奖。
2009.5.20.	泰安市副市长宋鲁及东平县副县长吴国庆等领导到"水浒古镇"施工现场指导工作。东平鑫海建工董事长刘振海陪同活动。
2009.5.25.	中共泰安市委常委、宣传部长白玉翠，在中共东平县委书记陈湘安等陪同下，到"水浒古镇"项目建设现场指导工作。东平鑫海建工董事长刘振海、副总经理赵刚汇报工程施工情况后，白玉翠等表示满意。
2009.6.20.	东平鑫海建工组织2009年"慈善月"捐款活动。公司董事长刘振海、总经理刘虎和干部职工一起踊跃捐款。此次共捐款5920元。
2009.6.24.	泰安市十五届人大代表、东平鑫海建工有限公司董事长刘振海就建设泰安至东平旅游快速专线提案接受泰安电视台记者采访，阐述该旅游专线建设对于泰安市创建国际旅游名城的重大作用和意义。
2009.8.7.	东平鑫海建工召开"2009年上半年工作总结及专项奖兑现大会"。公司董事长刘振海在全面总结上半年工作后，宣布对其质量创优奖、文明工地奖、安全管理奖及突出

技师贡献奖予以兑现，兑现额达8.6万元。

10

2010.2.19.　　中国共产党东平县委员会印发《中共东平县委东平县人民政府关于表彰2009年度经济社会发展先进单位和先进个人的决定》。东平鑫海建工、东平鑫海水泥分别获奖17.8万元、32.5万元。同日，2009年度全县经济社会发展目标责任制奖惩兑现大会召开，东平鑫海建工有限公司董事长刘振海、总经理刘虎分别代表鑫海建工、鑫海水泥两家企业同时登台领奖。

2010.5.19　　东平鑫海建工所属鑫海东澳新科工程材料有限公司、鑫海建恒商品混凝土有限公司、东平星海传媒有限公司，完成企业注册正式公布。经董事长刘振海提议，决定由赵平、刘茂和、陈树隆分别任执行董事（法定代表人）兼经理。

2010.5.21.　　中共东平县委副书记、县长赵德健到东澳新科工程材料有限公司工程现场指导工作。董事长刘振海、总经理刘虎、东澳新科有限公司经理赵平汇报项目概况及施工情况后，赵德健对鑫海建工延伸产业链条，发展壮大企业规模给予高度评价。

2010.6.18.　　东平鑫海建工开发的"鑫海山庄"举办盛大开盘仪式。总经理刘虎发表讲话，董事长刘振海宣布开盘价格。226户签订预约合同（或预付款）的购房户参加抽奖活动，先后产生特等奖（奖车库1间）1名，一等奖（奖手提电脑1部）2名，二等奖（奖液晶电视机1部）4名，三等奖（奖洗衣机1台）20名。

2010.7.15.　　中共东平县委书记陈湘安等领导到县四实

小和东澳新科工程材料有限公司等工程施工建设现场调研指导，鑫海建工董事长刘振海和总经理刘虎分别汇报情况或陪同活动。

2010.8.　　泰安市人大常委会印发《关于表彰优秀市人大代表和先进市人大代表小组的决定》，东平鑫海建工董事长刘振海被表彰为泰安市优秀人大代表。

2011.2.19.　东平鑫海建工2010年度总结表彰大会召开。总经理刘虎作总结报告，副总经理赵刚、赵平、刘茂和、杨杰、郑军和监事会主席、党委副书记陈树隆作述职报告。董事长、党委书记刘振海作重要讲话。大会对2010年度涌现出的7个先进单位、352名模范个人予以表彰奖励，奖金总额高达50万元，其中管庆海项目部、张守珍项目部分获重奖17.5万元和13.5万元。

2011.4.2.　东平鑫海建工董事长刘振海被中共东平县委、东平县人民政府首届命名表彰为"东平英才"。同时被首届命名表彰的"东平英才"还有副总经理、总工程师杨杰。

2012.11.11　由中国建筑工业出版社、山东省地方史志办、东平县人民政府主办的《企业文化研讨暨〈东平鑫海建工志〉首发式》会议在东平湖畔的水浒大酒店召开。会上，刘振海以《鑫海历程》为题，汇报了企业经济文化建设及志书编修情况。

2013.12　　东平鑫海建工董事长刘振海作出决定，鉴于鑫海广场的开发建设进入倒计时，在其域内的鑫海建工总部乔迁工业园区（东奥新科院内）。

2014.1.1　　东平鑫海建工董事长刘振海与利比里亚贵宾扎拉（JALLAH）先生在鑫海建工会议

室亲切交流、商定赴利施工计划。

2014.3.3	东平鑫海建工董事长刘振海、总经理刘虎与泰安市书法家仇东等人会见并亲切交流。
2014.7.22	东平鑫海建工党的群众路线教育实践活动动员大会召开。县委常委、政法委书记常庆智、县经贸局副局长、民发局局长王长龙、县纪委常委纠风办主任袁昌民出席会议。鑫海建工党委书记、董事长刘振海出席会议并讲话。党委副书记陈树隆主持会议。
2015.1.	刘振海被东平县人民政府聘为经济顾问。
2016.5	东平鑫海建工董事长刘振海与副总经理杨杰等赴朝阳庄易地建设项目工程现场调研。
2016.12.	刘振海当选为泰安市人大代表。
2017.5	东平鑫海建工党委书记、董事长刘振海主持企业管理班子建设、调整工作会议。副总经理赵刚、赵平依公司规定享受正职待遇退出领导岗位，年富力强的王凤国、熊延奎进入管理班子。
2017.10.20	刘振海为庆祝中共十九大胜利召开、宣传十九大精神，在《东平报》企业刊物《星海传媒》刊发《学习十九大精神，谱写社会主义新时代建设的恢弘新篇章》的重要文章。
2018.5.4.	东平鑫海建工党委作出《关于深入开展向全国建设劳动模范刘振海同志学习的决定》。召开全体党员职工大会号召向刘振海同志学习。刘振海成为企业全体党员职工的一面旗帜，刘振海的精神成为企业的宝贵财富。
2018.7.1	东平鑫海建工（鑫海集团）总部乔迁龙山大街016号。同日，在总部新居大楼隆重举行"庆祝建党97周年暨毛主席塑像揭幕"，党委书记、董事长刘振海出席仪式并为毛主席塑像揭幕，仪式上，刘振海与全体党员重温入党誓词。

企业内部的"放开"与"搞活"

——山东东平县建筑安装股份有限公司总经理　刘振海

国有大中型企业要搞活，重点还是要大刀阔斧地进行内部改革。根据我在企业几年来工作的经验教训，结合十五大报告，谈一下建筑企业内部的"放开"与"搞活"。

骨干队伍"收"与"放"。"抓大放小"也适用于企业内部的调整与改革。我的做法是：把建筑、安装、装潢主业抓好，调整人员，配强班子，充实机械，形成铁拳硬骨闯市场。对于配属施工的小工种和附属厂则要放开，让其自由竞争，面向社会自创市场。我公司所属的设备制修厂与其他公司签订了联营合同，对外经营产值是公司内部合作产值的4倍，经济效益大幅度攀升，一举解决了设备闲置、人员富余的诸多问题。

富余人员的"分"与"留"。大多数企业在改革中面临着下岗、富余人员的安置就业问题。这部分职工大多是文化、技术素质偏低，但不少是为企业发展做出一定贡献的功臣，所以企业不能甩下包袱不管不问。我的办法是将这部分人员先安排在后勤服务部门，做一些临时性的工作，如职工招待所、食堂、仓库保管、清洁队、清欠办、周转材料部等，统一管理，组织学习培训，工资按最低保证数进行补贴，另外按劳取酬，多劳多得，保障下岗职工的基本生活，这样就解开了捆着企业手脚的疙瘩，腾出更多的精力与实力，抓好主业的发展。

监督工作的"规范"与"提高"。十五大报告中指出，"企业要建立决策、执行和监督体系，形成有效的激励和制约机制"。目前有不少企业激励有余而制约不足，民主、管理、监察、审计工作放得宽，甚至形同虚设，以致出现这样那样的经济问题。要保障企业的健康发展，必须加强检查、监督工作，动真见实，发挥党组织在企业中的政治核心作用，充分发扬民主监督与管理，广开言路，集思广益，消除"一言堂"式的武断作风。重要经营决策在召开办公会讨论的同时聘请职工代表参与，实行政务公开。由总会计师、职工代表等组成内部审计小组，对各会计单位每月一审计，拿出奖罚、整治措施并通报，解决了放得开、收不拢、"包""管"分离的问题。对科室实行岗位责任目标化管理，每月进行考核评定，奖优罚劣，不劳动者不得食，调动了各方面的积极因素。

内部机制"死"与"活"。企业追求的最终目标是经济效益，在市场经济条件下，就要以市场为导向，与市场接轨。要想搞活企业，首先要活思想，既要有大船抗风浪的雄心壮志，又要有船小好掉头的灵活机制。几年来，我公司通过考察论证新上了涂料、保温材料、常压锅炉制造、预制构件、木工制作等项目，支持了建筑安装主业的发展，形成大船优势。同时，这些附属厂各自为战，又有小船的机动性。我们还将市场法则引入企业内部，实行人员竞争、价格竞争，推行工程项目内部招标投标，提倡强处兼并弱处，弱处也可以化整为零，蓄势待发。

所谓"死"，就是要将经济核算抓"死"，经济核算要不折不扣，是挣是赔要有水落石出。执行内部合同也要铁面无私，奖罚到位。

摘自《中国建设报》1997.11.20，第二版

怎样当好企业党委书记

——山东东平县建筑安装股份有限公司党委书记 刘振海

办好国有企业，党建工作要搞好，党委书记是关键人物之一。根据多年在基层工作的实际感受，我认为当好党委书记必须做好以下几点：

首先是站好位置。作为基层党委书记，一定要讲党性，讲大局，站好位置。既要在政治思想领域、在精神文明建设上聚精会神，务实创新，又要在生产领域、在物质文明建设上深谋远虑，主动参与，与经理配合默契，共同把企业的事情办好。

其次要处理好关系，最大限度地调动各方面的积极性。一是处理好与党委委员的关系。书记既是党委会的班长，又是其中一员，要牵头抓好班子的自身建设，充分发扬民主，善于集思广益，团结依靠一班人"弹好钢琴"。二是处理好与经理的关系。目标一致，感情融洽，制度约束，是处理好这一关系的基本要素，必须全面把握好。三是代表党委处理好与职能部门、下级组织的关系。要统观全局，全面策划，深入基层，吃透下情，广交朋友，善于协调，同时做到对下级政治上信任，工作上放手，生活上关心。

再次是做好工作。在工作内容上，要突出抓好各级领导班子建设，主动参与企业重大问题的决策，积极支持经理依法行使职权。认真抓好党的建设、精神文明建设和思想政治工作，统筹安排，分工协作，突出重点，抓紧抓实。在工作作风上，要坚持实事求是，勇于创新，雷厉风行，注重实效，善于不断总结经验教训，及时发现和解决工作中出现的新情况、新问题，在攻克难关中有所作为。

最后要树好形象。群众看党，首先看身边的党员，特别是身边的党委书记。因此，党委书记的形象十分重要，关系到党组织的威信和凝聚力。这种形象大致可概括为四句话：一是坚信马列，二是服从中央，三是团结群众，四是清正廉明。通过自身形象的塑造，带动企业的发展。

摘自《泰安日报》1997.12.4

主业要"主"，副业要"富"

——山东东平县建筑安装股份有限公司总经理　刘振海

在市场经济的大潮中，企业要获得长足发展，必须发展多元经济，做到主业船大抗风浪，副业船小好调头，主业要"主"，副业要"富"。

主业要"主"，成立足之本。主业是企业的核心和支柱，企业建设发展的主要精力要放在主业上，培植新生力量，引进开发高精尖技术，强筋壮骨，形成铁拳硬骨，创精品，上规模，上档次。以质量上的优势赢得用户、社会的信赖，抢占市场制高点，以规模优势抢占市场份额、扩大市场覆盖面。主业与副业相比，在主业上，更应投入足够的人力、物力，抓好市场运作，逆境之时保持强劲势头，站稳脚跟、巩固市场、积蓄后劲，顺境之中把握机遇，加快发展。

副业要"富"，促主业腾飞。副业对之于主业，犹如机体之于两翼，副业对主业起着保驾、护航的促进作用。副业要"富"，就是要搞活经济，使之成为企业经营中最活跃的部分，多头出击，支持主业的发展。正如江泽民同志所提出的"抓大放小"原则，抓大即是扶强，放小即是搞活。副业要"富"，就要灵活多变，顺应潮流，瞄准经济热点，少投入多产出，把握有利时机，选准"短、平、块"项目。企业要把善经营、会管理、市场嗅觉灵敏的人才用到副业开发上，既要在市场兴盛之时乘势发展，又要在市场趋向低谷阶段迅速转航。

一业为主，多种经济，是市场竞争的需要。单一经营风险大，多种经营可分散风险，减轻主业压力。主业要"主"，把企业主体建成乘风破浪、勇往直前的"航母"；副业要"富"，把多元化经济发展成为"护航舰"，构成联合舰队优势，齐头并进闯市场，促进企业长足发展。

摘自《厂长经理日报》1999.1.24

工程质量奖：企业创新的动力

刘振海

通过广泛征求意见，结合自己从事工程施工多年来的思考，笔者认为：工程质量奖利大弊微，它是企业创新发展的动力，取消不得。

工程质量奖的评定，在很大程度上侧重于新科技、新成果的应用和推广，工程质量奖的等级越高，证明企业的综合实力越强，在竞争中就更具有实力，这符合优胜劣汰的生产规则。因此，企业在工程质量奖的角逐中，舍得投入人力、物力、技术，创造出精品工程和标志性建筑。工程质量奖项的设置，作为一种动力和目标推动着企业不断地发展、创新。

诚然，在工程质量评奖中也存在着不可否认的问题，比如评奖中的幕后交易、企业在施工中超定额投入、评标中的倾向与偏差等因素。但这些问题和矛盾，可以通过不断完善的法律、法规、制度加以解决。从另一个方面讲，如若取消工程质量评奖制度，以上这些现象也绝不会断然消失。由于个别执法人员的素质偏低，依然会导致在质量核验、评标打分中出现一些不正常现象，但是取消工程质量评奖的结果害莫大焉。首先是企业的创新发展意识受到抑制，工程质量达到一定标准即可，绝不会再做绞尽脑汁、攻克难关、加大投入创造精品的傻事。其次，目前在我国建筑业，创建精品工程刚刚形成一个良好的开端，但工程质量依然不容乐观，"豆腐渣"工程时有发生，工程质量奖的评定，无疑是对创优企业的肯定，同时对质量平平的企业也是一个有力的鞭策。综上所述，笔者认为：工程质量奖励在双赢，弊在一微，宁强勿弱，取消不得。

摘自《中国建设报》2001.11.5，第一版

关于加快县城建设与发展的思考

刘振海

一、序：城市是经济发展的产物。

城市是大量异质性居民聚居的、以非农业人口为主的、具有综合功能的空间地域的人类生活共同体。城市是一种历史观象，是社会经济发展到一定水平的产物，是人类文化发展的象征。城市的演变依赖于社会经济形态的变革。

我国的城市化进程大体可分为三个阶段：第一阶段，1949～1957年，新中国成立后，大规模经济建设，一大批重点项目分布在全国各地，形成了第一批城市；第二阶段，1958～1978年，国家政治、经济处于动荡状态，城市化水平处在停滞状态；第三个阶段，1978年至今，是我国城市化加速发展的阶段，特别是十一届三中全会后，党的工作重点转移到经济建设上来，实行改革、开放政策，社会主义商品经济蓬勃发展，为加速我国的城市化进程创造了良好的条件。

我们的东平县城就产生、发展于这个时期。

首先，农村经济体制改革，实行联产承包责任制，解放了生产力，促进了农村商品经济的发展，为城市化的发展提供了条件；其次，农村剩余劳动力猛增，他们要进城寻找职业，为城市化发展增强了推动力；第三，第三产业的发展，为城里人和"乡下人"提供了更多的就业机会，城市的文化、教育、卫生、体育设施的改善、市政设施的改善，居住条件的改善，增强了城市的吸引力。第四、乡镇企业、民营企业的发展，为城市化开拓了新的途径。这四个方面汇合成一股强大的力量，推动和加速了城市化进程。

　　以上是我们东平县城形成基本框架的主要原因。

二、基本观点：政府的直接参与指导，对城市化进程起着重要作用。

　　城市化是国家经济社会发展计划的一个重要组成部分。中央政府和地方政府直接参与城市化的进程。从城市的布局、性质、结构、发展方向等方面，都由政府审定和组织实施。城市化的发展和国家的经济、政治、人口等息息相关。有的政策适应城市化发展，对城市建设起着积极的推动作用，有的政策不完善，就妨碍城市化的进程。

　　城市化和工业化相伴随，工业化发展战略必然影响到城市化进程，我国对城市化提出的指导思想是："两条腿走路"——即沿海与内地共同发展，"变消费性城市为生产性城市"——即城市的工业化，以"离土不离乡"发展乡镇企业、发展小城镇，就地推进城市化。厂矿企业的布局设置，一般是政府引导、因地制宜，这为城市的聚集成形和扩大发展提供了政策、方法上的首要条件。

三、基本策略，集聚工商企业是加快城市建设发展步伐的必经之路。

　　小城市是我国金字塔形城市体系的底部，是大中城市发展的基础，星罗棋布的小城市也属于城市的范畴。因为小城市与大中城市具有共同的属性，聚集程度高，以非农业生产为主，起经济中心的作用。

　　小城市的经济支柱，是乡镇企业。乡镇企业源于1958年创办的社队企业，它是在"文化大革命"这一特殊条件下发展起来的，是中国农民的一个创举，乡镇企业根植于农工相辅的历史传统，是"草根工业"（费孝通），但它已完全不同于传统副业，发展到今天，特别是一大批新兴的乡镇企业，完全是一种商品经济，是集体性质的合作经济，它在分配、人事、管理和技术素质等方面接近现代工业。

乡镇企业的发展，由分散到集中，必然会促进小城市的发展。

现有的乡镇企业中，绝大多数乡级企业和一部分村级企业、民营企业，集中布局在原有或新建的小城镇之中，随着经济的发展，它们必将向小城市集中。

政府的参与、引导，必将加快工商企业的集聚速度，从而促进城市的建设发展。

四、几点建议

之一，城市是政治、经济、文化的中心，城市的长远规划，亦应从这三个"中心"考虑，设置三个区域。目前，我们县城的政治、文化区域基本形成，重点应放在经济区域的规划和集中建设上。建议县政府在集聚工商企业方面要给予充分的优惠条件，使有条件建设和搬迁至县城的乡镇企业、民营企业能够承担，并有较好的发展前景。

之二，为兴商营造环境。目前，县城内的商业比较集中，但环境较差，没有形成大市场的规模体系。建议设置商业步行街，衣帽服饰一条街，家具商业城、电子商业城、饮食一条街等专业市场。要形成规模，必须加以引导。

城市建设不可能一蹴而就，正确的指导思想，合理的发展导向，必然加快城市建设发展的进程。

摘自中共东平县委《情况交流》

鑫海历程

——董事长刘振海
在鑫海建工60年大庆暨《鑫海建工志》首发式会议上的讲话摘要

一、东平建筑业初创时期

新中国建立初期，百废待兴。在县工会的倡导组织下，东平县建筑业工会，于1952年4月16日成立，这就是初创的东平鑫海建工。此后，国家拨款5.89万元，予以扶持，并把经济性质确定为全民所有制。县建筑业工会先后参与承建东平县人委、"流泽跃进大桥"、水河炼铁炉及东平县早期工业厂房工程的修建，年产值不足10万元。

1959年，企业改称县建安工程公司，职工达217名。同年11月，东平县建制撤销，公司机构撤销，人员、财产并入平阴县建筑公司。1961年12月，东平县建制恢复，原建筑公司人员、财产回归东平。成立东平县建筑材料厂。1968年，县建材厂更名为东平县建筑工程公司。此后，公司狠抓职工培训，组建"青年瓦工班"，公司的整体技术水平、施工能力明显提升，承建的东平县政府办公大楼、新泰市协庄煤矿宿舍楼等工程，被评为泰安市优良工程。

二、东平建筑业的改革探索

随着市场经济的发展，经济体制改革的深化，厂长经理负责制全面推行。1987年，县建委党委决定，我任企业承包人。

实行经理负责制后，公司围绕提高施工技术、创建公司品牌，组织开展了一系列活动。

一是内强素质。开展"职工技术考核晋级、技术比武"。高级工与所带徒弟签订《以师带徒合同书》。这一做法被《中国建设报》刊发推广。

二是狠抓创优。公司施工的计生委服务楼，被评为山东省优良工程。

三是开发外地市场。1993年，公司与河北省邢台钢厂签订6项工程承包合同，首次赴省外施工。1994年在山东矿业学院工程的投标招标中中标，跻身泰安建筑市场。在施工中，与泰安建工、山东普惠、宁阳县建、山东兴润、新泰建工等兄弟单位，互帮、互助、相互学习，共同提高，公司年产值由几百万元，上升到几千万元。

四是创新管理。推行风险项目施工法。经过不断探索，公司确定，按照工程总造价，项目部向公司交纳承包风险金。工程竣工后，通过考核合同条款履行情况，给予返还、奖励或处罚。《中国建设报》刊发通讯，介绍东平县建筑公司的做法。相继，《风险项目施工法》被山东省企业经营管理学会评定为："优秀成果奖"。随着《风险项目施工法》的实施和创新管理的深入，企业施工技术水平不断提高，先后创出县交警宿舍楼、县人民医院病房大楼两项"泰山杯"工程。

我作为公司总经理，企业管理者，坚持不断探索，不断前进。1999年，我被评为全国建设劳模，国家人事部聘请我为西部地区经济开发顾问，受建设部邀请赴京参加全国工程质量研讨会，与建设部总工程师姚兵同志会见。《中国建设报》先后刊发了我的《抓好企业内部的"放开"与"搞活"》《工程质量奖是企业创新的动力》等文章。中共东平县委组织部录制的党员电教片《广厦万间铸辉煌——公司党委创业纪实》，在市、县电视台播放。

三、东平鑫海建工的创立、发展与贡献

2004年12月31日，东平县第十五届人大常委会第十四次会议通过《县建筑安装总公司进行整体改制的实施方案》。同日，山东东平鑫海建工有

限公司创立暨第一届股东大会第一次会议召开。我当选为董事长、总经理。公司设置生产、经营、财务、党群、后勤5部和房地产开发、设备安装、九鼎建材、装饰、九盛调味品等5个分公司，计十大机构。

2010年，为适应市场，公司投资创建东澳新科工程材料有限公司、鑫海建恒商品混凝土有限公司、东平星海传媒有限公司。企业形成了完善的质量自控、自检、互检管控体系，连续创出山东省工程质量最高奖——"泰山杯"工程2项，省市优良工程、优质结构工程200余项，赢得了较高的社会信誉和市场空间，企业实现了集团化、多元化经营。

鑫海建工以全县经济建设为中心，讲大局，讲奉献，克服困难，勇挑重担，积极筹措资金，按时完成了水浒古镇影视城、中央储备粮泰安直属库东平分库、东平县四实小、工业园区等多项市、县重点工程、重点项目，垫付施工资金1.2亿元，为东平地方经济发展、社会和谐作出贡献。

在2010年、2011年度，东平全县经济社会发展目标责任制奖惩兑现大会上，鑫海建工、鑫海水泥分别获得17万元、20万元政府奖励。

鑫海建工的发展与党委政府的关怀是分不开的，从鑫海建工成立以来，市、县历任领导，都曾到鑫海公司施工现场视察、指导工作，为鑫海建工的发展给予高度关注、支持和鼓舞，在此，我们深表感谢。

四、东平鑫海建工是一个模范的群体

自20世纪50年代初期创建以来，公司有19位正职领导，他们是：王学诚、张志轩、李吉銮、孙玉时、业秀山、李震东、李春韶、李福芝、宫传水、李钦山、李厥起、赵乐滋、乔秉俊、赵方岳、董先桐、武文合、袁恒华、刘振海、刘虎。还有23位副职领导，是他们紧紧依靠和带领广大干部、职工、技术人员，将县建筑公司一步步推向前进，一次次开创企业发展的新辉煌。

鑫海公司员工，讲政治、讲大局、讲正气，团结拼搏，无私奉献，先进单位、模范人物层出不穷。先后受到国家、省、市、县级表彰的有97个单位、242人次。还有许许多多一心扑在事业上的老黄牛和勤勤恳恳、兢兢业业、埋头工作的无名模范。这是东平鑫海建工的光荣和骄傲。正是这些可敬可佩的先模人物和广大员工，推动着鑫海集团，不断向着经济文化强企业，和谐文明企业，健康发展。

五、东平鑫海建工的集团化发展

在各级领导、特别是东平县委、县政府的关心支持下，今天的东平鑫海建工，已成为初具规模的企业集团，2012年上半年纳税总额、增幅列东平县纳税排行榜第四名。

目前，鑫海建工（集团），注册资本5000万元，总资产9000万元，具有二级施工资质、四级房地产开发资质。

鑫海建工自觉服从服务于全县改革发展稳定的大局，创业发展与奉献社会并重，先后接纳和重组的县属倒闭企业有县水泥厂、县沙庄煤矿、县石灰厂、县调味品公司、县装饰公司、县鞋厂、县塑料制品厂等七家企业，妥善安置抗日战争时期的8名离休老干部，在维护社会稳定、促进地方经济发展方面，作出了积极贡献，实现了发展企业、回报社会的夙愿。

企业团队建设。公司现有干部职工达1478人，其中高级工程师9人，高级经济师8人，高级会计管理师2人，高级技师26人，中级技术职称人员95人，一二级项目经理86人，享受政府特殊津贴的市、县首席技师8人。公司党团组织健全。在加强制度建设的同时，强化人文管理，招聘大中专毕业生，安置下岗职工，照顾老弱病残，慰问困难职工，建设职工住宅小区5个，有824户职工住进新房，彻底结束了建筑工人住草房的历史。

和谐文化建设。鑫海建工积极参与全县文化建设，先后出资举办戏剧节十二届，连年举办全县书画展、摄影展、篮球比赛等群众文体活动。

2010年举办的"中国书画名家作品邀请展暨'鑫海杯'书画大赛"在鑫海山庄开幕。中央党校原副校长刘海藩及文化、文艺、书画界36位知名人士到会，成为东平文化建设的盛会。

公司无偿投资70万元购置、安装的LED电子显示屏，成为县政府广场上一大文化设施和亮点。为支持旅游事业发展，无偿购置游船、大龙舟各一艘。

公司设立"鑫海奖学金"，奖励全县高考成绩前五名的学生和班主任、任课教师。

公司出版的《星海传媒》与《齐鲁晚报》拼版发行，受到好评。为繁荣东平文化、构建和谐社会作出了积极贡献。

修志工作。2009年5月，在各级领导的关怀和社会各界的支持下，我们回顾历史、总结现状，坚持历史唯物主义和科学发展观，开门修志，历时三年，众手成志。《东平鑫海建工志》由中国建筑工业出版社出版，是第一部建工企业志，国家住房和城乡建设部副部长姚兵、山东省史志办主任刘秋增、东平县人民政府县长王骞欣然作序。中央党校刘海藩副校长、山东省住房和城乡建设厅杨焕彩厅长、泰安市住房和城乡建设委李际山书记热情题词。

六、东平鑫海建工发展的宝贵经验

1. 建设祖国、回报社会的使命意识，与国家同呼吸共命运，是鑫海建工发展的根本。

2. 解放思想，更新观念，适应市场，敢于竞争，是鑫海建工发展的灵魂。

3. 坚持改革创新，与时俱进，是鑫海建工发展的动力。

4. 制定科学发展目标，打造鑫海品牌，是鑫海建工发展的指南。

5. 坚定信心，坚守主业，是鑫海建工发展的基石。

6. 提高员工素质，强化班子和队伍建设，是鑫海建工发展的源泉。

7. 加强党的建设和企业文化建设，是鑫海建工发展的保障。

摘自东平鑫海建工《星海传媒》第16期

学习十九大精神，
谱写社会主义新时代建设的恢宏新篇章

刘振海

10月18日上午，党的十九大在京开幕。作为一名党员，我自始至终认真聆听习近平总书记的报告，集中精力收听收看盛会直播3个半小时。10月19日《人民日报》刊发《报告》全文，通过学习，我深切体会到：

习近平总书记所做的报告，是一篇闪耀着马克思主义真理光辉的纲领性文献，紧扣中国特色社会主义新时代的主题，是我党新时代的政治宣言和行动纲领。

最显著的特点，是站在中国特色社会主义新时代的历史节点上，不忘本来、吸收外来、面向未来，具有很强的继承性、创新性、时代性。

最重大的贡献，是科学提出了新时代中国特色社会主义思想，开辟了马克思主义中国化新境界、中国特色社会主义新境界，是前进的灯塔。

最突出的亮点，是深刻回答了新时代坚持和发展中国特色社会主义的全局性、方向性问题，明确了党和国家未来发展的根本任务和战略安排。

"新时代"，确定了我国发展新的历史方位和时代坐标，开启了坚持和发展中国特色社会主义的新纪元。

"新时代"，根本在于习近平总书记领袖核心的掌舵领航，党中央的坚强领导，全党、全国各族人民的砥砺奋进。

我们要深刻领会，习总书记《报告》提出的重要思想，坚定"四个自信"，不忘初心、牢记使命，锐意进取、埋头苦干，勇于担当，再鼓干劲，为实现"两个一百年"奋斗目标，为实现中华民族伟大复兴的中国梦，砥砺前行，不懈奋斗！

摘自东平鑫海建工《星海传媒》第28期

脚手架上的奉献

记东平县人大代表刘振海

东平湖，景色优美，山水相映，素有"小东庭"之称。在这片古老的土地上，崛起了一颗新星，他就是东平县建筑安装股份有限公司董事长兼总经理——优秀企业家、县人大代表市劳动模范刘振海。

1987年，改革的春风吹过东平大地，刘振海投标承包县建筑公司。1987年建筑市场全泰安市同行滑坡，东平更是举步艰难，退休职工增多，设备、技术落后，外欠工程款100余万元难以回收，工人已4个月没发工资，面对这些，刘振海咬紧牙关，他坚信开弓没有回头箭，是刀山，是火海，也要闯出一条生路来。

刘振海背上了缧索，开始了艰难的登攀和跋涉。

刘振海和工程师安兴沛一道住进了工地，打破了长白班惯例，昼夜连轴转，十天一层楼，在强攻的45天里，刘振海吃饭不香睡觉不安，常常拿着黑夜当白天，紧张超负荷的工作，他患重感冒加上劳累过度，口吐鲜血，最后导致肺炎，疼得他多次倒在办公桌和工地上，同志们心疼他，含着热泪劝他去住院治疗，可他却语重心长地说：眼下工程在抢工中，我在医院能躺得住吗？刘振海凭着对党、对人民、对革命事业一颗无限忠诚的心，战胜了一般人难以忍受得住的疾病折磨，使工程提前竣工。

市优工程的诞生，给建筑公司注入了新鲜血液，新建项目接连不断找上门来。

为提高全员的文化素质，刘振海又带头自学，组织职工上电大函大、自修。还每年盛夏到建筑学院游说，拉着毕业生交谈，给予住房和优惠福利待遇，找院方负责人商议，赞助资金，搞联合办学，定向培训。1990年获得学位的名牌大学生彭衍胜受到感动，领着三名同学"下嫁"到东平建安公司。

人定胜天，有了人便有了发展的主体。东平县靠人才夯实了牢固的根基。1990年东平县第一个省优样板工程——东平县计生委服务楼，在刘振海的队伍中建成了。

刘振海这个硬汉子，把全部精力和心血都献给了东建公司，唯独没有自己的家。就在东平大麻脱胶科技攻关项目工程的施工的关键时刻，刘振海的父亲住进济南90医院，病危弥留之际，加急电报一封封拍来：振海，父要见你一面。可是工程大梁正在吊装，老父只好遗憾地与世长辞……

志当存高远，在改革的大潮中，刘振海以一位优秀企业家的气魄，于今年5月份创立了股份有限公司，在泰安市是第一家完成股份制改造的建筑企业。公司创立后，刘振海对公司进行了大刀阔斧的改革。建立规范化的领导体制。改革内部管理机构，制定了科室管理规定，明确了各自的职责与目标任务。在用人上，坚持"因事设人，据才聘人，定编、定岗"，管理人员由原来的79人减为16人，从根本上改变了一事多人，人浮于事的状况，使企业形成了一呼百应的凝聚力和感召力。

汗水浇出丰收果，最近公司被评为"泰山建工杯竞赛经济效益金牌企业"，质量效益优胜先进单位的荣誉称号。他正带领公司的全体干部职工敢向大潮扬征帆，锐意进取创大业。

摘自《人民权利报》1994.9.21（邵竹林　许洪胜）

赢得市场天地宽

——东平县建筑安装总公司闯市场纪实

东平县建筑安装总公司以市场为导向，内强素质，外塑形象，全体干部职工奋力拼搏，锐意进取，走出了全力以赴抓市场、依靠信誉抢市场、科技进步赢得市场、深化改革适应市场的成功之路。

全力以赴抓市场 公司首先注重了提高员工的市场意识，让人人树立市场观念，通过各种形式宣传教育，在公司上下营造一个人人抓市场的氛围，做到干一个工程、树一个形象、占一个阵地、赢一个市场，步步为营，以质量、工期、服务、信誉求生存、求发展，已成为全体员工的自觉行动。

公司在巩固县内市场的同时，抓住机遇，开拓外围市场，在泰安、济南、日照、河北邯郸先后设立了公司、办事处，并集中优势兵力，一举拿下了泰安中心医院钴60放射室、泰山体育场、河北邯郸钢铁总厂增钢项目等一系列急、难、险、重的重点工程，赢得了社会的广泛赞誉，有64名职工受到市政府表彰，并有12名同志记功、记大功。

依靠良好信誉抢市场 在创建第一个省优样板工程之初，总经理刘振海和技术科、质检科的工程师在施工现场一靠就是十几个小时，当时的质检员管庆海一丝不苟，对不按规程操作的施工员当时就"翻脸"，铁面无私，硬是创出了东平县境内第一个省优样板工程。目前，公司拥有初级以上技术职称的工程技术人员180余名，工人技师达到135名，职工平均达到中级技术水平。

在泰安施工的中心医院11号宿舍楼，建筑面积6000平方米，是全市当年度面积最大的创优工程。工程负责人阎殿军采取了质检员分项包干、施工员分段定人的办法，并约法三章：不达标准不验收，浪费材料要包赔，低于80%受惩罚。施工人员处处按规程，精益求精，使该工程一次验收便达到市级优良标准。由于职工起早贪黑，不辞劳苦，而且注重文明施工，创出了10天1层的高速度。偌大一个工程，竟然连一块废砖也没有，受到甲方领导的一致好评。张西振率领的公司王牌军第一工程处，在病房大楼裙楼工程的突击会战中，以高质量、短工期一举拿下了泰安市委、市政府的攻坚工程。

依靠科技进步赢得市场 早在1989年，公司就引进了建筑物内、外墙装弹涂新工艺，不仅提高了工作效率，而且提高了工程质量。在设备装备上先后引进了代表90年代建筑机械水平的道轨行走式吊车6台，液压自升式60TM高层建筑吊车4台。在建筑东平县境内最高建筑——中行东平支行营业大楼之际，公司高级机械师李启岭又自行研制了9套高空施工吊篮投入使用，使工程施工攻克了一道道难关。公司QC小组研制的实用科技项目——"平铺砌砖钢性防水屋面"，解决了国内建筑行业的质量通病——屋面漏雨，被选入《中国"八五"科技成果选》和《中国科技文库》两部大典，用此技术施工的工程无一出现屋面漏雨现象。公司投资100余万元购置了300吨、100吨、30吨万能建材实验检测系列设备，筹建了东平县第一个建筑建材实验室，为建筑施工提供了科学准确的数据，建筑施工如虎添翼，所施工的中行大楼高度68米，垂直度误差仅为5毫米，受到专家的一致称赞。在1997年度泰安市组织的工程质量大检查中，公司施工的东平县公安局宿舍楼工程以88.8%的优异成绩，列全市抽检的24项工程第3名，除泰安一建、二建外勇冠全市6个县市区之首。公司预制构件厂生产的预应力楼板被泰安市建筑质量检测站连续5年定为优质免检产品。

深化改革适应市场 在用工制度方面，一是采取了精兵强将上一线，达到了人员精、运转灵、效益高的目的；二是大量使用季节工，经过安全、技术培训后上岗，作为固定工的补充，降低了管理费，适应了施工行业的特点，人员高峰期达到3000人，能同时完成10余项大规模工程，走向了由劳务密集型向技术密集型发展的轨道；三是实行了"三岗制"，即上岗、试岗、待岗，先后有六七名科级干部因工作平庸，经职工评议不称职，被安排到工人岗位，同时也有近10名出色的工人被安排到中层领导岗位，其中在东平县水泥厂30万吨技术改造项目中立下汗马功劳，又首先创造出"小段施工法"的施工队长贾传林被提拔到建筑分公司副经理岗位上。四是将风险机制引入项目施工法，按照工程造价，由项目班子交纳一定比例的风险抵押金。签订内部项目风险承包合同，使项目施工走上了法制化轨道。

为避免单一经营在市场中的风险，东平县建筑公司的决策者们在调整产业结构方面花费了很多心血，先后办起了建筑涂料厂、保温材料厂、设备制修厂，设立了装饰装潢公司、设备安装公司，开辟了桥式起重机、电梯、锅炉安装的新技术领域，使公司向集团化规模发展。这些多元开发的企业，既养育了施工主业又提高了企业的盈利水平，增强了企业抗风浪的能力，也为公司将来形成施工、生产、贸易的多元开发集团创造了有利的条件。

我们相信，东平县建筑安装总公司在市场经济的大潮中，一定会奏出更高的激流勇进的强者之音。

摘自《泰安日报》综合新闻1998.2.13（陈树隆　刘庆忠　司志才）

安得广厦千万间

——记市、县人大代表

县建筑安装总公司总经理刘振海

每当看到县城一座座具有现代风貌的标志性建筑拔地而起，人们便自然而然地想起"东建"的当家人——刘振海。刘振海自1986年任县建筑公司经理并当选为人大代表以来，心系桑梓，以实际行动履行着他的诺言——"人们选我当代表，我当代表为人们"。

受命创业"东建"航船破浪扬帆

1987年7月6日，在100多名职工代表雷鸣般的掌声中，刘振海健步走上答辩席，庄重地在承包合同上签上了自己的名字。从此，他把自己和集资公司的命运紧紧地连在了一起。作为一名人大代表，他坚信群众中蕴藏着巨大的生产力。一连几天，他找职工座谈，听职工建议，然后研究市场，综合分析，一条"内抓管理，外找市场，以质量求生存，靠信誉求发展"的工作思路理清了。犹如一场大战前的将军，刘振海开始了他的第一个战役——更新设备，强化管理，实施创优工程，重振东建雄风。他咬紧牙关，多方筹措资金50万元，淘汰了落后设备，一批现代化的施工设备出现在东建工地；接着，他优化组合，推行目标管理，实行"五包""七奖责任制"，激发了企业内部活力；在县农行办公楼创市优工程的战前动员会上，刘振海坦率告诉大家说："市场不讲人情，我们没有退路，必须高质量地拿下这项工程。"他吃住在工地，一连十几天连轴转。经过努力，"市级优良工程"的大楼竣工了。他们一鼓作气，接连拿下十几项市优工程，其中县计生委服务楼被评为"省级优良工程"，填补了东平建筑史上无省优的空白。接着，他们又开辟多处县外市场，使东建冲出了低谷，在激烈的市场竞争中牢牢地站稳了脚跟。

市场竞争，说到底是人才和质量的竞争。刘振海审时度势，又推出了培养人才、提高建筑质量的举措，开始了他的第二个战役。他采取请进来办班、送出去培训等方式，先后选派40余名青年骨干到武汉、济南等高等院校学习深造；在生产一线，他组织开展了以师带徒、技术比武、劳动竞赛等活动；在每年大中专学生毕业之际，刘振海总是广泛查阅毕业生资料，以优惠的条件招贤纳士。目前，东建公司已接纳大中专毕业生130余人，有技术职称的189人，工人技师206人，形成了能打硬仗、善打胜仗的人才梯队。质量的优劣，关系到企业的生死存亡。1993年，在他的倡导下，公司投资60万元，建起了鲁西南唯一的一个二级实验室，从建筑用料的源头首先把住关。他把敢于负责、敢于吃苦、工作一丝不苟的技术人员选拔到总公司技术科、质检科、安全科，给他们明确责任，分解目标，他主持制定的质量验收规定，高于国家质量验收规定15个百分点，每月的质量大检查，工程质量无质检员签字，预算劳资科不予计算工资，使职工收入直接与质量挂钩，增强了干部职工质量忧患意识。

抗御市场风浪要靠企业规模，他又开了第三个战役——实施跨地区、跨行业经营。以建筑业为主体，以第三产业为两翼，组建集团，形成了建筑、安装、装饰装潢、锅炉制造、建材生产、供销、联营的集团化经营格局。1999年，他通过考察论证，又新上了轻质墙体材料生产，旅游船制造、消防设施安装、电梯安装及维修等新项目填补了县内空白，扩大了经营领域。1999年2月和10月份，国家建设部先后两次特邀刘振海赴京参加中国建设研讨会，介绍了公司的发展经验，赢得与会者的好评。

面对汹涌澎湃的市场经济大潮，"东建"这艘航船破浪前行。"东建"承建的中国银行东平支行14层营业楼、县信用联社9层营业楼、县地税局9层办公楼均被评为优良工程。1998年，"东建"总产值突破800万元，上缴利税124万元，被泰安市建设系统评为"十佳企业"、"经济效益金牌企业"。

兴业为民 神圣职责胸中装

面对全国建设系统省市劳动模范、优秀企业家、优秀共产党员等一系列荣誉称号，刘振海更加珍惜"人大代表"的殊荣。他经常围绕城市建设开展调查研究，倾听群众呼声，1998年，他专门就煤气公司用户不足、企业经营困难的问题进行了专门调查，在10月17日召开的部分省、市、县人大代表座谈会上提出自己的意见：煤气公司必须搞好，否则1600多万元资产将被浪费。并提出两条建议：第一、企业应该正常运转；第二、由政府出面引导，将县城锅炉、茶水炉等燃煤炉改造为燃气炉，既扩大用户，又净化县城空气质量。建议受到县领导的高度重视。经考察论证，县委、县政府于1999年分别下达8号、15号文，煤气公司新投资342万元续建，供气量由原来的日供1000立方米，扩大到10000立方米，产生了良好的经济效益和社会效益。

为改变本单位职工的住房问题，刘振海实施了"安居工程"。他一连建了8栋宿舍楼，以优质优价售给职工，解除了他们的后顾之忧。公司职工张继新患有间歇性精神病，刘振海主动与其结对子，帮助其失学的女儿重新返校，每逢年节还登门探望，并帮助其家属安排了工作。他说，人大代表就应心里想着群众，为群众办实事、办好事。

"安得广厦千万间，大批天下寒士俱欢颜，风雨不动安如山"。东平建筑业的发展，记载了东平的发展轨迹，也记载了刘振海这位人大代表带领全体职工艰苦创业的辉煌历程。

摘自《东平报》人大代表风采1999.10.28

（本报记者 彭广德，通讯员 陈树隆、刘庆忠）

东平湖畔铸辉煌

——记全国建设系统劳模、东平县建筑安装总公司总经理刘振海

在鲁班故里，水浪浩渺的东平湖畔，有一支名声远播的建筑铁军——山东省东平县建筑安装总公司。在这个拥有3000多名职工的集团化企业里，有一位与它荣辱与共二十载、艰苦奋斗的创业者，他就是全国建筑系统劳模、总经理刘振海。

1980年，东平县建筑公司生产经营举步艰难，企业员工人心涣散，受命危难之际的刘振海，抽调精兵强将，组成了东平县建筑公司有史以来的第一支外出施工队伍，开赴新汶矿务局。到1984年，这支施工队伍已发展到1100余人，挑起东平县建筑公司的半壁江山。

1987年，东平县建筑公司在全县率先实行了经理负责制。刘振海针对企业实际，编制了10万字的《企业管理规程》，量化、细化工作目标，实行厂务公开和民主监督，使企业的管理逐步走上了科学化、制度化的轨道。为多创名牌工程，刘振海提出"每承建一项工程，必创优良工程"，带头签订创优合同书，并科学组织，精心施工。当年施工的县计生服务楼、中行营业大楼等项工程，分别获得省优、市优，实现了东平建筑业优良工程"零"的突破。近几年，刘振海适时调整经营战略，先后组织了房地产开发公司、常压锅炉制造厂等十多个生产经营实体，开展了锅炉、电

梯及消防安装业务，经济总量迅速膨胀。1992年，产值突破亿元大关，上缴利税达240万元。1994年，刘振海率先推行企业股份制改造并取得成功，泰安市建委在东平召开了股份制改造现场会，有力地推动了全市建筑业改革的进程。

刘振海始终坚持"以质量求生存，以信誉求发展"的治企方针，树形象、抓市场、创名牌、促发展。他把敢于负责、敢于吃苦、一丝不苟的技术人员选拔到总公司科室，带头承包重点项目，实行公司领导分包项目责任制，制定了比国家质量验收标准高出十五个百分点的企业《内控质量标准》体系，职工收入直接与质量挂钩，每月考核奖惩，在总公司内部形成了相互制约、相互监督的管理机制，有力地促进了工程质量的提高。几年来，东平建安公司创省市级安全文明工地26项，省、市优及"泰山杯"工程32项，工程合格率100%，实测实量达到100分。

刘振海任经理20年来，一心扑在工作上。他将个人应得的26万元奖金，全部奉献给了企业。在山东科技大学工程投标中，刘振海喝白水泡凉馍充当午饭，深深感动了招标方领导。他们说："把工程交给这样的创业者，我们最放心。"1989~1999年，企业累计完成产值12亿元，上缴利税380万元。

刘振海十分注重党性锻炼，与职工同甘共苦，被职工亲切地称为"实干经理"，在多次民主测评中，刘振海获优秀票100%，当选为中共东平县第八届至第十届党代表，县委候补委员，东平县第十一届至第十四届人大代表；泰安市第十二届、十三届人大代表。

摘自《中国建设报》全国建设系统劳模巡礼，2000.7.18（陈树隆　刘庆忠）

干事创业　当好代表

——记市、县人大代表
县建筑安装总公司党委书记、总经理刘振海

　　"人民选我当代表，就要脚踏实地干实事，一心一意为人民谋利益。"县建筑安装总公司党委书记、总经理刘振海经常这样告诫自己。自当选市、县人大代表以来，刘振海时刻以"三个代表"重要思想激励自己，勇于探索，敢于实践。几年来，他领导的县建总公司创出泰山杯及省市优良工程70余项，工程合格率达100％。

　　2000年，县建总公司兼并调味品公司，刘振海及时调整经营机制，投入资金150万元，开发研制出"鑫禾堂"牌天然酱油，并成功打入北京、上海、香港等地超级市场，使这一濒临破产的企业重现生机，为政府解决了一大难题。

　　壮大企业规模，实施多元化经营。刘振海奔赴上海、广州，争取到金利国际投资集团投资200万美元，合资兴建了泰安九鼎建材公司。该公司生产的轻质墙体材料，获山东省新型材料认证和技术专利，年产值达450万元。

　　作为人大代表，他还千方百计为人民群众排忧解难。每逢节假日，他放弃与家人团聚的机会，深入职工家庭问寒问暖。在2001年东平湖抗洪抢险中，他心系大堤安全，组织抢险队，奔赴抗洪第一线，出动车辆200余台次，运送救灾物资300余吨。在非典医院建设中，他始终靠在现场指挥，仅用14天就完成了艰巨任务，被称为"东平的小汤山速度"。县委、县政府将九鑫集团、恒德食品、曙光印务、中顺纸业等园区数十项重点工程，全部交给县建施工，在资金不到位的情况下，刘振海竭尽全力筹集资金500万元，仅用了60天的时间就完成了恒德食品有限公司6个大跨度车间的建设，使引资项目提前竣工投产，为全县的经济建设作出了贡献。

在职工张继新的女儿辍学之际，他用自己的工资资助其重返校园。考入大学的寒门学子蒋习平，其父病故，家庭困难，他决定资助蒋习平上大学期间的全部学费。十几年来，刘振海将个人应得的26万元奖金，全部奉献给了企业。

刘振海在干好本职工作的同时，始终不忘履行人大代表的义务。他深入基层，走访调查，倾听群众的意见和建议，并将群众的意见带到会议上。他提出的关于县煤气公司发展的建设性意见，使该企业避免经济损失1000多万元，受到了领导和同志们的肯定。

十几年来，刘振海先后被泰安市政府记大功一次，被国家人事部聘为专家顾问，荣获泰安市劳动模范、全国建设劳动模范等荣誉称号。

摘自《东平报》"人大代表风采"专栏，2004.4.23（王庆元）

山东省住房和城乡建设厅厅长杨焕彩
为东平鑫海建工60年大庆举办的《企业文化研讨
暨〈东平鑫海建工志〉首发式会议》的

贺　信

东平鑫海建工有限公司：

2012年11月11日，你公司承办的《企业文化研讨暨〈东平鑫海建工志〉首发式》将隆重召开，省住房城乡建设厅特致贺信，提前向你们表示热烈祝贺，向出席会议的各界嘉宾表示感谢，并向全体员工表示亲切问候！

鑫海建工创建六十年特别是改革开放后正式组建公司以来，在东平县委、县政府的正确领导下，开拓奋进，埋头实干，秉承"质量第一，诚信为本"的经营理念，承建了县里大多数重要公共建筑和大量工业与民用建筑，创"泰山杯"工程2项，省市优良工程和优质结构工程200余项，业务拓展到房地产开发、建材生产、调味品等领域，市场拓展到周边大中城市。鑫海建工注重社会责任和企业文化建设，接纳和重组了县属困难企业并妥善安置了职工，积极筹资完成了县里的多项重点工程，被评为"省善待农民工和谐企业"，还多次出资举办公共文化活动和群众文体活动。

希望鑫海建工全体员工贯彻落实党的十八大精神，以科学发展观为指导，发扬光荣传统，继续开拓奋进，提升管理水平，强化社会责任，弘扬企业文化，取得更好发展，发挥好东平建筑业排头兵的引领作用，为住房城乡建设事业发展作出新的更大的贡献。

山东省住房城乡建设厅　杨焕彩

2012年11月8日

摘自东平鑫海建工《星海传媒》第16期

从过去辉煌走向未来更加辉煌

——中国建筑金属结构协会会长姚兵
在《东平鑫海建工志》首发式会议上的讲话摘要

非常高兴应邀出席我们这样一个大会。

作为《东平鑫海建工志》，我早看了。《东平鑫海建工志》是一本书。我们今天搞这么隆重的出版发行会议，它的意义在哪里？志，有什么用？我想讲一下，《东平鑫海建工志》是鑫海人的心血，60年了，我们今天才出版发行这样一个《东平鑫海建工志》。从国家来说，国家也修志，我们有专门修志的办公室，今天来参加会议的有地方史志办的同志。盛世修志，国家只有在盛世的时候才修志。《东平鑫海建工志》，至少有六点大家可以加深一下认识：

第一点，《东平鑫海建工志》，它展示了鑫海的团队风貌。鑫海60年，在这个团队里，有60年的每一届、多少届的领导同志，也就是企业家队伍，有我们的技术专家队伍，有我们的管理专家队伍，还有我们的工人技师队伍，鑫海的成就是人干的，书写的是团队精神，它展示了一个团队从老到今天，展示了一个团队。

第二点，《东平鑫海建工志》，记载了鑫海60年的辉煌业绩。我多次讲过，作为一名建设者，我这人可是搞了一辈子建设，干过承包商，干过甲方，在过中央，在过地方，什么都干过，就干这建筑业了。我多次讲过，一个国家城市的发展，乡村的变化，江湖河海的改造，离不开建设者的丰功伟绩。各行各业的振兴，不管哪一行，你搞卫生也好，你搞其他行业也好，哪一行业都得盖房子。各行各业的振兴，千家万户的幸福，凝聚了我们建设者的无私奉献。作为鑫海建工60年，它的辉煌业绩，在这个《东平鑫海建工志》中做了记载，让人们去了解，让人们去体会，鑫海建工的心血。

第三点，《东平鑫海建工志》，弘扬了鑫海建工的文化。作为一个企业来讲，无论它的精神，无论它的物质，它的总和是企业的文化，是以人为本的文化，体现了鑫海的整个企业精神，企业的和谐文化，企业的文化氛围，增强了鑫海人的文化自觉，提高了鑫海人的文化自信，繁荣发展了鑫海企业文化。

第四点，《东平鑫海建工志》，它包括了鑫海的创新，各种创新，包括鑫海的经营管理创新，科技创新。我们说，鑫海是不断创新的60年，发展的60年，包括了鑫海人的创新事迹。因为创新是一个国家的灵魂，也是一个民族的灵魂，也是一个企业竞争力的体现。创新是为了企业更好的明天，所以，我们今天强调，鑫海，将不断有新的专利，有新的工法，提高鑫海的科技含量。

第五点，《东平鑫海建工志》，还体现了鑫海的社会责任，鑫海建工所盖的房子、所做的事情，底线是保证质量，以社会职责、以品牌优先、以群众信赖、以社会战略为前提，鑫海建工，为东平的社会进步、东平的经济发展，应该说，作出了贡献，它尽到了作为一个企业的社会责任。

第六点，《东平鑫海建工志》，还揭示了鑫海的未来。我们说以史为鉴，过去60年的辉煌，揭示鑫海今后的10年，20年，60年，乃至刚才我们县里领导讲的百年老企业。现在我们中央开着十八大，各大报纸宣传了10年的辉煌，同时，宣传着我们坚持社会主义道路，奔向美好未来。道路自信，理论自信，制度自信，文化自信，奔向我们中华民族的美好未来。

作为企业来说，鑫海60年，应该说，随着祖国的繁荣和发展，今后的鑫海应该更加美好，至少有三个方面：

第一个方面，鑫海应该在企业转型升级方面，特别在转型方面再向前迈进一大步。鑫海集团现在有十大企业，不是过去简单的一个鑫海了，集团下面有10个从事不同行业的企业，每一个企业，都应该做到质量效益型、环境友好型、和谐发展型、组织学习型、社会责任型。

第二个方面，我们的企业现在才是二级企业，有的还是三级、四级企业，应该定下目标，什么时候奔向国家一级企业，走向国家特级企业，这是完全可能的，也是必须、应该的。

第三个方面，鑫海从市场拓展来说，也不能光在东平，要在省内外，要在国内外，中国建设者应该成为国际建筑市场的主要力量。（我在全世界很多国家都说过，了解他们的建筑业。）我干建设部总工程师的时候，外国人——英国人，美国人，拿我开玩笑，说姚兵是中国最大的包工头，对了，我说我有3600万，现在又有4500万建设者，我们中国建筑业应该成为国际市场的主力军。鑫海建工应该走出省外，走入国际，实行走出去战略，使鑫海有更辉煌的明天。

今天，是鑫海庆祝60年的庆典，也是《东平鑫海建工志》的发行，更主要的不是纪念过去，而是揭示未来。鑫海的每一个员工，都应该有这个责任，为鑫海的明天，为鑫海的未来，贡献自己的聪明才智。在我们《东平鑫海建工志》发行的时候，我衷心感谢各级领导，各有关部门，各相关的我们建筑业产业链上的各相关企业，对鑫海过去工作的支持，对鑫海发展作出的贡献。我们也相信，在今后的日子里，将会得到社会各方面的支持，使鑫海更加强大。

由此，我衷心祝愿，鑫海的全体员工，以及社会各界，所有关心支持鑫海建设的，鑫海建工的领导、同志们，从过去的成功走向未来的更加成功，衷心祝愿，我们鑫海集团，从过去的辉煌走向未来的更加辉煌！

摘自东平鑫海建工《星海传媒》第16期

《东平鑫海建工志》

山东东平鑫海建工有限公司编撰的《东平鑫海建工志》，经山东省史志部门专业审定，国家住房和城乡建设部门相关领导全面审阅，由中国建筑工业出版社出版。该企业志是建工出版社出版的第一部建工企业志。

山东东平鑫海建工有限公司是由东平县建筑安装工程总公司改制成立的民营建筑业集团企业。该企业始建于1952年，迄今已有60年的历史，该企业志共15编，58章，74节，60余万字，翔实记述了企业60年创业的风风雨雨，经济、文化建设的方方面面，凸显出干部职工在企业发展建设及担当社会责任方面的不懈奋斗的历程和取得的丰硕成果，跌宕起伏，具有重要存史、资政、教育价值。

《东平鑫海建工志》的编修推动了企业经济文化建设发展。东平鑫海建工秉承编史修志是中华民族的传统美德、是企业经济文化建设需求的理念，组织专家、学者、员工共同参与编修企业志。通过资料收集、整理，补充、完善，初编、精编，使其资料性、思想性和科学性融为一体。编修过程中，坚持总结过去、传承文明、面向未来，坚持激励创新、激励上进，形成凝心聚力、共谋发展、拼搏进取的新局面。

《东平鑫海建工志》的探索与实践受到专家、学者的肯定和媒体的关注。山东省地方史志办主任刘秋增、山东省住房和城乡建设厅厅长杨焕彩、国家住房和城乡建设部领导姚兵、泰安市住房和城乡建设委党委书记李际山、东平县政府县长王骞等先后审阅志书并题词或作序。《企业经营管理报》《山东建筑业》《乡情》等媒体相继予以报道。

刘秋增在其序中认为，该志资料翔实、内容丰富，分类科学、归属得体，条理清晰、叙事完整、文字简洁，为史志百花园中一株绚丽奇葩。国家住建部领导姚兵在其序中要求"各地各级住房和城乡建设部门、建筑行业的同志、史志工作者、建筑企业的管理者，都应该认真读一读《东平鑫海建工志》，从中受到启迪，为加强本部门、本企业文化建设，建设经济文化强单位、强企业，提高中国建筑业的整体素质，为把住房和城乡建设系统、建筑行业的经济文化建设推向新辉煌，作出新的贡献"。

随着《东平鑫海建工志》发行，各建筑企业强化经济文化建设新举措的出台和实施，一批批建筑企业志的相继涌现，必将迎来中国建筑文化尤其是建筑企业文化大发展的新时代。

摘自《中国建设报》2012.10.5（陈树隆　张德舜）

盛世豪歌　奔向未来

——写在《东平鑫海建工志》首发之际

　　11月11日，一个风和日丽的好日子，在罗贯中的故里、梁山好汉曾经出没的东平湖畔，一次现代文史盛会正在这里——山东省泰安市东平县隆重举行。这场以企业文化研讨暨《东平鑫海建工志》首发式为主要内容的会议，吸引了出版界、史志界的名流以及各级住房城乡建设行政主管部门和建筑企业的负责同志、地方政府官员、鑫海建工职工共300余人参加。中央党校原副校长刘海藩、中国建筑金属结构协会会长姚兵等老领导亦欣然赴会。曾经担任过原建设部总工程师的姚兵对建筑企业文化情有独钟，他从六个方面阐述了鑫海建工修史明志的重大意义和行业示范作用。姚兵说，《东平鑫海建工志》展示了鑫海的团队精神，记载了鑫海60年的辉煌业绩，弘扬了鑫海的企业文化，报道了鑫海的各种创新，体现了鑫海的社会责任，揭示了鑫海的美好未来。姚兵的压轴讲话引起了全场共鸣，会议在热烈的掌声中落幕。

　　今年是东平鑫海建工60年华诞，他们用出版史志缅怀往昔、开拓未来的形式来欢度企业生日。董事长刘振海在会上介绍了鑫海公司60年来的发展历程和志书编修工作。

　　身为全国建设系统劳动模范的刘振海，把企业信誉和工程质量看得比什么都重。在他的领导下，鑫海建工两次夺得"泰山杯"。"鑫海"品牌赢得了社会信赖，鑫海住宅被社会称为"放心房"。在抓质量、树信誉的同时，鑫海建工通过兼并、投资等多种形式，发展成为建材、化工、食品、文化等领域多元发展的企业集团，提升了抗风浪的能力。

鑫海建工奉行"科学发展，回报社会"的理念，近年来先后向重点项目、重点工程、公益事业项目、民生经济链条拉动项目投入建设资金3亿元，建设了东平水浒影视城等一大批优质工程。

在东平湖抗洪抢险、灾后重建等急难险重任务中，鑫海建工人冲锋在前，在为当地农村修路打井、捐建书屋，为旅游业捐献龙舟、游船活动中，时有鑫海人的身影。他们还为贫困学子设立"鑫海奖学金"。为保民生、促就业，他们与技工学校、大中院校联合办班，培训技术工人，提供就业岗位。鑫海人设立了"鑫海剧社"，重资举办东平县戏剧节已达12届，聘请山东吕剧团、山东梆子剧团、河南豫剧团等院团到东平演出；开展书画比赛、篮球比赛、乒乓球比赛、钓鱼比赛等，活跃丰富居民文化生活。鑫海建工以高度的责任感、使命感，为地方社会经济、文化的发展贡献再贡献，谱写了一曲又一曲奉献之歌。鑫海人早已把加强党的建设和企业文化建设视作鑫海建工发展的保障。

志书出版单位——中国建筑工业出版社认为《东平鑫海建工志》将企业文化的内容与志书的形式结合起来，总结过去，传承文化，面向未来，开创了基层建筑企业文化建设的新路子。中国建筑工业出版社希望能有更多的建筑企业编写、出版自己的企业志，推动企业文化建设和各项工作的发展，提高建设行业的整体素质。

《鑫海建工志》由刘海藩、姚兵、杨焕彩、刘秋增、李际山、王骞等人主审、作序或题词，计15编、58章、60万字，珍贵图片600余幅，见证了东平建筑业的波澜起伏，见证了东平的建设与发展，更见证了鑫海人不屈不挠、勇往直前的奋斗精神。

摘自《中国建设报》2012.11.19（本报记者　王虹航，通讯员　陈树隆）

刘振海的领导艺术

——浅谈刘振海的决策与用人

刘振海同志在工作、学习、生活等诸方面，值得我们学习的优点、长处很多，这是他在企业经济文化建设中长期探索、不断修养的结果，应该认真总结，这是我们企业及员工共同的精神财富。

我是1987年到东平县建筑工程公司的，一直在人事秘书科工作或负责办公室工作，有幸经常参加总经理办公会并做记录，在跟随刘振海同志左右近30年的时间里，我是一个学生，学到很多知识，受益匪浅，自己也得到锻炼成长。我尝试着把刘振海同志的工作决策、选人用人艺术进行概括和总结，我认为这是一名领导干部的实质性工作，一是决策，二是用人。决策水平的高低，用人效果的好坏，不仅反映了企业"掌舵人"的个人素质和能力，而且决定着整个企业的兴衰与发展。

现在，我把个人的所见所闻，忠实的归纳出来，与大家分享，希望读到这篇文章的同志有所裨益。

决策艺术

一、刘振海常说："实践出真知，认识、总结、提高，再认识、再总结、再提高"。这就是他的辩证逻辑思维，并运用到具体的决策实践之中去。

决策是一门科学，是建立在丰富实践经验和深厚理论基础之上的科学管理思维能力。刘振海善于总结经验，善于对直接经验和间接经验进行理性思考，深入研究分析自己或他人的成败得失及其成因、环境、过程等，从中借鉴经验，实现决策科学；摒弃教训，避免重蹈覆辙。

经验总结是基础，决策能力的提高必须借助理论修养。刘振海不断加强理论特别是哲学学习和积累，提高自己对客观事物的分析判断能力和逻辑推理能力，培养自己思维过程的广阔性、深刻性、独创性、逻辑性等思辨能力，增强自己对复杂情况的鉴别能力和应变能力，防止决策失误，提高决策的科学性。

深入实际调查研究是科学决策的必然要求。只有充分了解和熟悉实际情况，掌握大量、准确、及时的信息，才能通过归纳、整理、比较、选择，按照科学的程序作出正确的决策；没有调查研究的决策是盲目的决策，是产生不了积极效果的决策。

二、刘振海善于集中不同意见，勇于拍板定案，敢于担当，有领导者独到的智慧和魄力。

"慎独"，这是刘振海请书法家杨化一先生写的一幅作品。自刘振海上任总经理职务到今天，一直悬挂在他办公室的显要位置，这是他的座右铭。

重大决策，集体研究，绝不搞"一言堂"。责任的问题一直是管理的基本问题，刘振海坚持集体决策和个人负责相一致的原则。在重大问题决议会议上，他明确表态：我是法人，我负这个责任。

发扬民主、善于集中，是领导者进行科学决策的重要原则。发扬民主，是集思广益的过程，是博采众长的过程；民主是过程，集中是目的；权衡得失，利害取舍，是决策过程中考验领导能力的重要尺度。

刘振海常说：项目经理、公司负责人必须培养全局意识，树立大局观念，用活"两害相权取其轻、两利相权取其重"的优化原则，在纷繁复杂的局势中作出准确、有效、务实、有利、有力的决策。

三、激烈的辩论往往是重大决策出炉的前奏。为了让辩论激烈地进行下去，刘振海往往提出"反方意见"，甚至对"扛顺风旗"的同志严厉批评。

刘振海善于启发人，让参加会议的同志提出自己的不同意见，并为捍卫自己的看法展开辩论。而辩论会议这不是一个孤立的案例，争论是实实在在地伴随办公会决策的始终，是那种为了寻求理解、共识而进行的认真辩论。是的，通过争锋和辩论才能做出正确决策。我们研究过的所有重大决策无一是在完全一致的情况下做出的，在这当中总是有些分歧。

也许，您会产生这样的疑问：这不会使决策难以执行吗？答案是否定的。在做出重大决策之前，需要进行认真的讨论、辩论。但是，在决策形成之后，就是班子的一致意见，大家必须团结一致，使决策获得坚决执行。

四、胸怀坦荡，公平公正，以"善""和"决断是非，做出决策，赢得职工、社会乃至竞争对手的好评、赞誉。

请示领导的问题，大多是没有明文规定应该怎么办的问题，又都是急办事项，也许这一分钟摆在刘振海面前的是车间、工地的安全问题，下一分钟摆在他面前的可能就是后勤、家属院的矛盾，用"多面手""救火员"

等词汇来形容"一把手"的工作特征毫不为过。

事实证明，大部分管理者都无法长时间地从事某一件事情的思考，甚至连深入了解事情的具体细节都不可能，管理者的思维总会被各种各样的零碎事务打断。旧问题没理清，新问题已经在排队等候了。

在刘振海办公室、会议室，等候请示的十几人是常见，一上午挨不上号的也不少。

在如此时间紧张的情况下，如何做出正确的决策？有些时候没有时间进行思考，机会稍纵即逝，必须当机立断。没有充足的时间进行思考，是否就意味着无法做出比较有效的决策呢？答案是否定的。

刘振海说：将心比心，推人及己，和为贵，善为上。这就是刘振海决策的原则。

刘振海说：同行是朋友，不是冤家。在鑫海建工60年大庆之际，不仅住房和城乡建设部老领导姚兵出席，泰安一建、二建及各县市区建工企业的负责同志也参加了盛会，就是一个很好的例证。

用人艺术

刘振海说：当好班长，弹好钢琴。用对人，做对事。

俗话说，人一上百，形形色色。社会上有各种各样的人，个性、能力千差万别，有的人胸襟广阔，有的人心地狭小，有的人处事平和，有的人个性急躁，有的人富于理性，有的人感情用事……正所谓千人千面，千人千心，如果用人不当，把工作交给不负责任或能力不够的人去做，必然是成事不足，败事有余。若是把好人当成坏人，或是把坏人当成好人，还会给企业带来不小的损失。

大道至简，用人之妙，存乎一心。

知人善用是用人之本，"不浪费一个人才、不误用一个庸才"也许过于理想化，但把合适的人用到合适的位置并不难。就是用对人、用好人、用活人。人们常常津津乐道"德才兼备"，现实情况却要求领导者用人时按具体需要对德与才进行权衡。

一、刘振海的人才十标准

1. 不忘初衷而虚心学习的人

2. 不墨守成规、不断创出新招的人

3. 爱护公司、和公司成为一体的人

4. 不自私而能为团体着想的人

5. 能作正确价值判断的人

6. 有自主经营能力的人

7. 主动、热情、不服输的人

8. 敢于直言、有个性的人

9. 有责任意识的人

10. 有气概担当经营重任的人

二、刘振海的选人十一标准

1. 用人不疑

2. 优点缺点分开看

3. 举贤不避亲

4. 不戴着有色眼镜看人（不抱成见）

5. 学历与能力并重

6. 价值观比能力更重要

7. 对不喜欢的有才华的人也要提拔

8. 善于跟性格迥异的人合作

9. 识别人潜在的才华

10. 人员结构是重要的

11. 不拘一格

三、刘振海的知人善任

刘振海，曾是篮球运动健将，他把用人与篮球运动有过形象的比喻：用人好比篮球运动，虽然每个队员都有自己的任务：防守、助攻、前锋、后卫，但这些都是不固定的，当情势有了变化，每个人都要跳出自己的职责，随机应变。而固守一职、按部就班，却好像是要一个后卫只做后卫，当球在他手上，他有绝好的投篮机会时，也要把球传给前锋。这毫无疑问是非常迂腐的。

1. 不识人，就找不到可用之人

2. 知人善用，各就其位

3. 知人知面要知心

4. 以眼代耳，忌道听途说

5. 相马不如赛马

6. 给人以用武之地

7. 敢于使用年轻人

8. 该淘汰的人必须淘汰

9. 能者上，庸者下

10. 选择忠于职守的人

四、刘振海为什么会赢得下属的忠诚

1. 日常交往中，多与同志们沟通：一是情感方面的沟通；二是信息方面的沟通；三是信任方面的沟通。

2. 布置工作、委派任务时，授予相应的权力，允许他正确行使权力，不加干预。

3. 让多数员工参与决策过程，明白公司的意图、目标，并为他们创造献计献策的机会。

4. 谈心式评价功过。一个人在取得成绩后，总会期望得到恰如其分的评价和适当的鼓励，而一旦发生某种过失时，最担心的莫过于大家的冷淡。这时候，及时给予适当的鼓励和热心的帮助，对其发扬成绩或改正缺点，往往会起到一种积极的作用。

5. 在职工遇到困难时，尽量满足他们的需求，公司设立了红白理事会，出车、出人为职工处理家庭大事，对困难职工实行救济等。

6. 发生矛盾时，对职工宽容以待。和员工之间发生矛盾是在所难免的，下级触犯上级的情况也时有发生，作为一位领导者不生气、不计较、不报复；但在原则问题上绝不能姑息迁就，必须指出其错误或缺点，并使其心服口服。

7. 培养下属的团队意识、令行禁止。俗话说，"打铁首先自身硬"。刘振海在公司制度面前率先垂范。要求下属做到的，自己必须首先做到；凡要求下属遵守的，自己必须首先遵守。

8. 为年轻人撑开保护伞，为他们搭建发展平台，刘振海常说的是：扶上马，再送一程，他允许年轻人犯错误，更为其认识、改正错误留出时间、空间，并充当"保护伞"。

9. 尊重人、理解人、关心人。

10. 不吝啬。

五、刘振海独特的用人观：诚恳对待调、离的员工，他们也是公司的宝贵财富。

鑫海建工60余年的历史上，不知有多少员工因为不同原因离开企业，是人走茶凉，还是永远的朋友？翻开企业大庆来客登记，我们就会发现，他们对鑫海充满了感情，有的甚至说，建筑公司，是他们的娘家！

他们，有的来自省市县机关，是部门领导：解培春、张广奎、常本祥、栾启虎、王玉山、周传英、董宪桐、王学晋……

有的来自农村，是退休在家的老人：徐庆琦、宫传奎、赵……

他们，时刻挂念公司，关心公司的发展，在不同岗位、以不同形式为公司做出了积极贡献。这是为什么？

因为，鑫海建工有一个关心他们的领导人——刘振海，他们，甚至亲切地称他"刘大哥"。

能否正确、合理地对待离开企业的员工，是衡量一个领导者是否成熟的重要标准。

在员工即将离开的时候，公司一般为其举办一个告别会，把该员工的同事们召集在一起，举办茶话会，合影留念，肯定他们在本企业的业绩与贡献，欢迎他们为企业临别赠言。同志们都以诚相待，一吐为快。此时此刻，情真意切，调出、离开的员工往往会一针见血地指出本企业客观存在而平时没有人肯说的一些弊端和问题。这对企业来说，是一件大好事，得到的是千金难买的肺腑之言。

六、刘振海不喜欢什么样的人？[①]

1. 没有主动性的人：他们只会模仿别人，跟在别人后面亦步亦趋，办事慢腾腾，没有一点儿紧迫感，得过且过，做一天和尚撞一天钟。

2. 对周边事务不敏感的人：他们不愿动脑筋，不肯多思考，碰到紧急情况假装没看见。

---

① 本段落是在刘振海同志多次讲话中抽取出来的，他在大会上，多次点名、不点名地批评了某些同志、某些现象，且频率较高。

3．不善于或不愿与人沟通的人。

4．不尊重客户的人：怠慢客户，敷衍客户，甚至和客户大吵大闹。

5．孤芳自赏的人：看别人是豆腐渣，看自己是一枝花，连自己身上的虱子都是双眼皮的。

6．浪费公司财富的人：没有成本意识，随意报销交通费、招待费，外出办事讲排场，花自己的钱锱铢必较，花公司的钱毫无节制。

7．牢骚满腹的人。

8．缺乏全局观念，没有团队精神、不合作的人。

9．不孝敬父母的人。

10．没有政治头脑的人。

摘自《企业管理研讨会材料汇编》2015.1（陈树隆）

关于深入开展向全国建设劳动模范
刘振海同志学习的决定

（鑫海党建2018〔1〕号）

各总支、支部：

总书记习近平同志在十九大报告《决胜全面建成小康社会　夺取新时代中国特色社会主义伟大胜利》中强调：

实现"两个一百年"奋斗目标、实现中华民族伟大复兴的中国梦，不断提高人民生活水平，必须坚定不移把发展作为党执政兴国的第一要务，坚持解放和发展社会生产力，坚持社会主义市场经济改革方向，推动经济持续健康发展。

激发和保护企业家精神，鼓励更多社会主体投身创新创业。建设知识型、技能型、创新型劳动者大军，弘扬劳模精神和工匠精神，营造劳动光荣的社会风尚和精益求精的敬业风气。

在共和国的光辉历史上，各条战线涌现出成千上万的先进模范人物。他们在不同的历史时期、发展阶段，始终走在社会主义建设和改革开放的最前线，以忘我的献身精神，激励着一代又一代劳动者为祖国的繁荣、富强而拼搏、奉献。

"戴花要戴大红花，听话要听党的话……"这支五六十年代的老歌，曾激励过那个年代的许多人争戴大红花的热潮。劳动最伟大、劳模最光荣,劳动模范成为人们心中最耀眼的明星。那个年代涌现出来的李瑞环、倪志福、郝建秀、王进喜、时传祥、张秉贵、向秀丽、郭凤莲、王崇伦等,带动了整个一代人,他们的精神激励鼓舞和影响了一个时代。他们的事迹激励了一代人学技术、学文化,争先进、做模范。劳模,是当之无愧的时代领跑者。

倡导学习劳模、尊重劳模、关爱劳模、崇尚劳模、争当劳模,是党中央的号召,更是新时代的需要。

劳模,就在我们身边。

刘振海同志被评为全国建设劳动模范,是他本人的光荣,是公司的骄傲,更是鑫海建工全体职工共同的宝贵精神财富。

为此,公司党委决定:号召全体党员、团员、全体干部、职工向刘振海同志学习,在全公司范围内深入开展向全国建设劳动模范刘振海同志学习的活动。

各个时期的劳模,虽有不同的时代特征,但他们心怀远大理想、拼搏奉献的精神,是共同的。

刘振海同志的精神,概括为:坚定的理想信念,以民族振兴为己任的主人翁精神,不断学习新知识、与时代同步的精神,忘我工作的炽烈热情,海纳百川的宽阔胸怀,五十年坚忍不拔的奋斗毅力,艰苦创业、勇于担当的精神,严守诚信,争创一流,淡泊名利,默默耕耘的"老黄牛"精神,老吾老以及人之老、幼吾幼以及人之幼的孝爱精神,为社会、为企业、为他人的无私奉献精神。

刘振海同志在政治、学习、工作、生活等多方面、多层次、多角度为我们树立了榜样。

刘振海同志,1968年参加工作,1976年加入中国共产党,他把维护党的各级领导作为最大的政治,贯穿工作始终,作为最重要的政治纪律和政治规矩,作为政治生活中最重要的事情。刘振海积极认真参加组织生活,按时交纳党费，多次交纳"特殊党费"。他讲大局，讲风格，讲奉献，不计个人得失，克服一切困难，按时间、按质量完成了泰安体育场东平段、水浒影视城等一大批市委、县委的重点工程，受到市委、市政府、县委、县政府的一致肯定，受到多次表彰。时任县委书记陈湘安同志亲笔撰文批示给予表彰。

刘振海同志善于学习。自青年时期，他就养成了读党报、听广播、学专业、记笔记的习惯，不断汲取新知识，不断思考、研究、总结，积极付诸工作实践。他建立企业制度并不断完善，独创设备调度"板式管理"，创新项目管理方法，自修大学课程，在我县较早取得高级经济师、高级政工师职称，被国家人事部聘为西部经济开发专家顾问。

刘振海同志从东平县石灰厂的一名采石工干起，从组长、班长、股长，一干就是十余年，他的实干精神、工作方法、人格品行深得同志们的拥护，军队转业干部、时任副厂长的梅成然同志夸赞说："这是一名好后生"。当刘振海同志调到东平县建筑公司工作后，石灰厂的同志们还向当时的主管部门——县基本建设委员会（县建设局的前身）领导强烈要求，要把刘振海同志要回去主持工作。

刘振海同志到东平县建筑公司后，从头学起，从头干起，很快就成为业务能手。历任供销股副股长、股长、公司副经理，1986年任东平县建筑安装总公司副经理、代经理，直至总经理、党委书记、董事长。1994～2004年上挂任东平县建设局副局长（正局级干部）。

刘振海同志担任公司党委书记、总经理职务，成为公司的"班长"，决策人。他以"慎独"二字为座右铭，以毛泽东主席"当好班长、弹好钢琴"的教导为指引，深入调查研究，权衡利弊、把握尺度，用一分为二的辩证法分析问题，做到科学决策、民主决策、依法决策。敢于拍板，敢于担当。尊重老同志，爱护小同志，得到全体干部职工的尊重和拥护。公司班子形成以刘振海同志为核心的坚强堡垒。

刘振海同志爱岗敬业，持之以恒。放弃节假日、星期天，早来晚走，工作至深夜是家常便饭。哪里最困难，哪里最危险，哪里矛盾最突出，他就出现在哪里，成为同志们的"主心骨"。他亲临工程现场抓进度、抓质量，厉行节约。在抗洪一线，与时任市委书记鲍志强同志商讨方案直至深夜，他只在车里休息一会，天不明又投入工作。

刘振海同志工作至今已逾50个年头，任领导职务30多年。在这几十年的日日夜夜里，刘振海同志呕心沥血，筹划公司的发展。使企业从原来单一的土建施工，发展到今天的房地产、安装、装饰、建材、设备、钢结构、电梯、起重、调味品、商品混凝土、物业、传媒等跨领域的生产集团，产值从不足百万元到今天的几亿元，施工资质从三级提升到总承包一级，实现了质与量的飞跃。

刘振海同志自觉服从服务于全县发展稳定大局，坚持创业发展与奉献社会并重。先后接纳了县属倒闭企业的县煤矿、县石灰厂、县调味品、县水泥厂、县装饰公司等企业，妥善安置下岗职工、恢复倒闭企业的生产，取得了显著的社会效益和经济效益，为地方经济社会的稳定发展做出了重大贡献。

刘振海同志善于发现人才、培养人才、使用人才，为人才的成长创造条件、搭设平台，他常说的一句话就是"扶上马，再送一程"，在公司现有的1100名在册职工中，有高级工程师11人，工程师56人，一二级项目经理、建造师86人，高级工36人，市县首席技师8人，荣获3项国家科技成果、多项技术专利，有300多人次受到国家部委、省市县表彰，企业获得的荣誉不胜枚举。形成了团结、创新、积极向上的鑫海团队和"铁队伍"的团队精神。刘振海同志还积极向上级部门输送优秀干部，让他们在更重要的岗位上发挥才干，体现了他的宽阔胸襟。

刘振海同志说"宁可不挣一分钱，不让工程留隐患"，把质量、安全工作放在首位。2001年，在工程质量奖去留与否的全国大讨论中，刘振海同志力排众议，撰写了《工程质量奖：企业创新的动力》理论文章，被《中国建设报》头版重要位置刊登，为全国建设系统保留工程质量奖项画上句号。他在抓工程质量上不遗余力，创出了山东省质量最高奖——"泰山杯"工程等一大批优良工程、优质结构工程，使鑫海建工的工程成为深入人心、社会肯定的"放心工程"，确立了鑫海建工工程优质的品牌形象。

刘振海同志积极参与全县文化建设，先后出重资举办戏剧节十二届，举办全县书画展、摄影展、篮球比赛、乒乓球比赛等群众文体活动多次，为市民广场无偿安装LED一台，为发展旅游事业无偿购置游船、龙舟，成立鑫海剧社，无偿为群众演出，为繁荣东平文化、构建东平和谐社会做出了积极贡献。

刘振海同志与公司家庭最困难的职工张继新、韩振虎结成帮扶对象，时常拿出自己的工资接济他们，使他们的孩子完成学业。每逢春节，刘振海组织慰问小组，给困难职工送去生活用品和资金。刘振海对父母极尽孝道，对公司的老一辈职工亲自探望。

刘振海同志在任市县人大代表期间，认真履行职责，调查研究，建言献策，多次被推举为提案小组组长。他提出的《泰安至东平旅游快速路建设和泰安东平旅游一体化设计意见》，得到领导肯定、媒体重视。该提案的落实，促进了泰安至东平的交通发展，促进了东平经济的提升。刘振海多次被评为市县优秀人大代表。

在企业创建60周年，《鑫海建工志》发行仪式上，中央党校刘海藩副校长、国家住房和城乡建设部姚兵副部长、省市县主管部门领导欣然与会并讲话。东平县委三任书记宋鲁、陈湘安、赵德健同志在百忙之中到会祝贺，充分体现领导的关怀，亦足以证明刘振海同志的人格魅力。

刘振海同志当选为第八届中共东平县委候补委员，东平县第十三届至十七届人大代表，泰安市第十二届至十六届人大代表，东平县政府经济顾问。荣获泰安市劳动模范、五一劳动奖章，泰安市人民政府记大功一次，

1999年被授予全国建设劳动模范。

刘振海同志的事绩，记录在《山东省年鉴》《东平县志》《东平县人大志》《东平鑫海建工志》《齐鲁英才》《二十世纪东平人物》《中国建设报》《大众日报》《齐鲁晚报》《泰安日报》《今日东平》《工作简报》《星海传媒》等书籍报刊媒体之中，成为全社会的精神食粮。

刘振海同志的精神，是鑫海建工的一面的旗帜。

新时代，需要劳模精神。做强优良的品牌，做大一流的企业，没有优秀的企业文化，没有激励员工奋进的企业精神做支撑是不可能实现的。我们必须道路自信、文化自信，加强鑫海精神文化建设。

学习刘振海同志，学习劳模的"精、气、神"，刘振海同志那股不一样的"精、气、神"，是内在正气、优秀品质的体现，是我们做人、做事的首要前提，更是我们做好一切工作的基础。

学习刘振海同志，要有新作为，更要培育守望"初心"，打磨"匠心"，用敬业精神、"工匠精神"树立起新时代的标杆。

学习刘振海同志，必须始终要有爱岗敬业、勇于担当、淬炼自我的情怀，对工作、对产品的品质孜孜以求，追求完美和极致。

"幸福都是奋斗出来的"。学习刘振海同志，让劳模精神内化于心，外化于行。自觉、自愿、主动向劳模看齐。做企业骨干，当家庭支柱，为社会榜样，成就光彩人生。

广泛、深入、持久地开展学习刘振海同志的劳模精神。各总支、支部组织个人自学、集中学习相结合，切实把学习活动扎实深入地开展起来。公司党委采取多种形式进行宣传报道，举办专题报告会。公司举办年度"学劳模、做劳模"评先树优活动。

让我们在刘振海同志劳模精神的旗帜下，团结起来，形成强大合力，克服前进道路上的一切困难，为实现我们共同的"中国梦"、"鑫海梦"而努力奋斗。

2018年5月4日

报：县住建局党委

送：县委组织部

摘自《星海传媒》2018.5

后记

　　前言中已言明，作者系党史、方志工作者，整理纂写过大量党史、地方志方面先烈、英模人物的传略、简介以及典型事例、事迹，对各类英模崇敬有余。尤其是长期战斗、工作在基层、一线单位、部门、企业的"脊梁""钢（铁）柱子""平凡人"，他们是共和国的中流砥柱，是基层群众的主心骨，是单位、部门的一把手，是企业的掌门人，对于这些英模，我更是爱慕有加。

　　2009～2011年，我主编《东平鑫海建工志》，通过查阅档案资料知晓，东平鑫海建工董事长刘振海系全国建设系统劳动模范、市县先进个人；在对企业职工、社会各界的走访中，人们较多讲述刘振海公平、公正及拼搏奉献的故事，是员工群众信赖、敬佩的人。刘振海做东平鑫海建工掌门人30余年，是企业的"主心骨"，是包括离退休员工在内的新老员工的贴心人，得到员工和社会的敬重。于是，我在注重对他拼搏奉献的人生进行深入、全面了解的同时，注重了搜集掌握其催人泪下、感人肺腑的故事，逐渐坚定了为其书写传记的强烈愿望。

我认为，这位普普通通的劳模，拼搏奉献的人生，和他诸多的故事，编撰成书，对于强化社会主义核心价值观教育，用社会主义核心价值观统领社会舆论，为社会增加正能量，具有重大作用；对于强化全民劳动教育，在全社会形成劳动光荣、创造光荣、奉献光荣，形成热爱劳动、崇敬劳模、争当劳模的风尚，用劳动托起中国梦，以实干、创造和奉献，实现中华民族伟大复兴的中国梦，具有重大作用；对于倡导打造稳定的优秀企业家队伍，确保国民经济持续稳定健康发展，人民富裕，国家强盛，必定产生重大作用和影响。在这些愿望和动机的强烈驱使下，于2014年春动笔，2017年夏完成初稿，经补充完善，精编，2018年初冬定稿，历时四个春秋。

创作过程中，依据"传记"一般要求，采用故事化叙述、场面化处理；注重发掘新资料，注重环境描写、细节描写、心理描写；坚持"党史人物传记必须真实、不可有任何虚构"的要求，对材料逐一核实，做到人真、事真、情真、意真，坚持以真服人、以情感人，以意动人；本人坚持不拔高，不溢美，努力呈现主人翁的真实人生，并以优美的语言，曲折的情节，细腻的心理活动，吸引读者，感染读者。

2015年，习近平《在庆祝"五一"国际劳动节暨表彰全国劳动模范和先进工作者大会上的讲话》，极大地鼓舞了作者，夜不成寐，在反复学习《讲话》，深入把握精神实质的基础上，不断加快创作步伐。

2017年10月，习近平在中共十九大报告中强调"弘扬劳模精神和工匠精神，营造劳动光荣的社会风尚和精益求精的敬业风气"。这一时代最强音，更进一步坚定了作者的信心：为弘扬劳动精神、创造精神、奉献精神，展示劳模胸怀、树好劳模形象、光大劳模精神，而不懈努力再努力！下大气力，让崇尚劳动、崇尚工匠、崇尚劳模，人人爱劳动、爱创造发明、爱劳模做劳模成为时尚，成为中华民族新风尚，让中国制造到中国创造、中国引领成为世界潮流！以诚实、不懈的创造性劳动托起中华民族伟大复兴的中国梦！

本书，得到国家住房和城乡建设部老领导姚兵、中国建筑工业出版社副总编辑刘江、东平县关心下一代工作委员会常务副主任、县政协原主席张辉等领导同志的支持和指导，在此表示衷心感谢。

由于水平所限，该书还会有许多错讹疏漏和读者不尽满意的地方，敬请批评指正。

张德舜　陈树隆　张克伟
2019年6月

刘振海被评为"东平县十大孝星"。图为 1994 年 3 月刘振海
陪同母亲游览东平县白佛山

刘振海之父刘泮铭在家中（摄于 1987 年）

1973 年 9 月，刘振海在本溪钢铁厂学习时留影

1997 年任东平县建筑安装总公司总经理的刘振海

1999 年 10 月，全国建设劳模刘振海携妻子焦恩梅应邀赴京观礼

1997 年 7 月 1 日，刘振海与妻子焦恩梅、儿子刘虎在山东
曲阜

2014 年 4 月，刘振海与妻子焦恩梅在东平县白佛山公园

刘振海与家人、亲友

刘振海的老家位于东平县城后屯村，建于 20 世纪 80 年代中期

董事长刘振海走访慰问职工

董事长刘振海慰问公司第一代职工张兴德（92岁）老人（摄于2008年）

东平县鑫海剧社

2009 年 9 月 23 日，县领导张雪玲、孙式川为鑫海剧社揭牌

总经理刘虎和县领导一起观看鑫海剧社表演的精彩节目

鑫海剧社"小舞台，大家唱"

东平县戏剧节（鑫海建工在春节过后连续出重资举办戏剧节活跃群众文化生活）

（第十一届）2011年2月25日~3月5日，鑫海建工特邀商丘、东平两个剧团分别在东平影剧院和露天广场为市民、村民演出。商丘豫剧院演出12场，东平豫剧团演出24场。

东平影剧院内：河南商丘豫剧院。主演陈新琴，全国人大代表，第二次来东平演出。

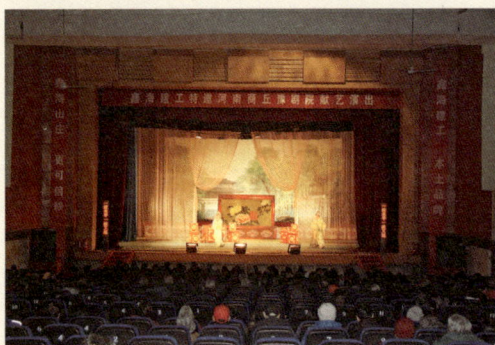

后屯村社区、鑫海山庄户外广场：东平豫剧团演出，虽逢降雪，演出不止，观众热情不减

东平县 "鑫海杯" 书法展

2010年6月17日，"鑫海杯"书画邀请大赛开幕。县领导郭冬云及特邀嘉宾刘海藩、孟凡贵、吴震启、曹志颖等剪彩

董事长刘振海在书法展开幕仪式上讲话

救灾、慈善、义捐活动

鑫海水泥董事长刘振海组织鑫海水泥员工为患病职工捐款

向灾区捐款

慈善月捐献

爱心助学

刘振海向学子捐款

受助学子反哺企业

颁发"鑫海"奖学金

捐建农家书屋

2011年6月16日，鑫海建工捐建农家书屋活动在东平县老湖镇九女泉村举行。山东省新闻出版局印刷发行管理处刘咏梅副处长，鑫海建工总经理刘虎，九女泉村委负责人、村民代表参加了捐建仪式。鑫海建工捐献图书1600册，以农业科技为主，涵盖政治、经济、医学、文学、艺术、少儿读物等多个门类。

山东省新闻出版局印刷发行管理处
刘咏梅副处长在捐建仪式上

总经理刘虎在捐建现场讲话

捐建公益事业项目

鑫海建工为市民广场捐购安装的 LED

市民在广场看电视消夏

鑫海建工捐购的"鑫海号"游船
（摄于东平清河客运码头）

东平湖龙舟赛

鑫海建工在东平县第二届国际龙舟赛获特别贡献奖，县长赵德健为总经理刘虎颁奖

鑫海建工参赛队

鑫海建工捐赠大龙舟一艘。在东平首届国际大龙舟比赛中夺得冠军（摄于东平湖）

鑫海山庄开盘

董事长刘振海宣布开盘

董事长为购房中奖者颁奖

鑫海山庄售楼处

创建学习型企业

总经理刘虎讲课

员工外出学习

公司员工在海南留影（摄于 2011 年）

三八妇女节，公司女员工在曲阜（摄于 2006 年）

三八妇女节，总经理刘虎带领公司女员工在云台山（摄于 2013 年）

公司员工赴韩国学习（摄于 2014 年）

安全演练

刘振海（右五）在全县安全
演练会现场

鑫海建工施工现场召开全县
建筑施工应急救援演练会。

安全救助演习

公司员工在《建筑工人安全誓言》前宣誓

住建部老领导姚兵为《全国建设劳模刘振海》作序

作者张德舜（左）、陈树隆（中）与刘振海合影

作者与编辑

左起：张克伟、张德舜、陈树隆、刘江、封毅、周方圆